国家自然科学基金资助(项目批准号:51378010,51008156)

住 区 避 难 圈

王江波　著

东南大学出版社
SOUTHEAST UNIVERSITY PRESS

·南京·

内容提要

　　避难场所是城市空间的重要组成部分，也是城市规划学科研究的新热点。在我国各地地震灾害频发的背景下，从居民对避难场所、路径的行为选择、避难圈的空间特征等方面出发，系统探讨住区居民的避难行为规律和避难圈的空间布局，显得十分迫切和必要。

　　本书是两项国家自然科学基金的部分研究成果，侧重基础理论探讨，图文并茂，系统阐述住区中居民选择避难场所、避难路径的空间特征、行为特征、影响要素，以及住区避难圈优良性的评价方法，建构住区避难场所布局模式和避难生活圈的划设方法，具有系统性、贴近规划前沿的特色。

　　本书可供城市规划学、地理学、建筑学、安全防灾学等相关学科的教学、研究和管理人员阅读参考。

图书在版编目(CIP)数据

　　住区避难圈/王江波著. —南京:东南大学出版
社,2016.3
　　ISBN　978 - 7 - 5641 - 6421 - 8

　　Ⅰ. ①住…　Ⅱ. ①王…　Ⅲ. ①居住区-紧急避
难-研究　Ⅳ. ①TU984.12

　　中国版本图书馆 CIP 数据核字(2016)第 043744 号

住区避难圈

出版发行	东南大学出版社
社　　址	南京市四牌楼 2 号(邮编:210096)
出 版 人	江建中
经　　销	全国各地新华书店
印　　刷	江苏凤凰数码印务有限公司
开　　本	787mm×1092mm　1/16
印　　张	17.25
彩　　插	24 面
字　　数	374 千字
版　　次	2016 年 3 月第 1 版
印　　次	2016 年 3 月第 1 次印刷
书　　号	ISBN 978 - 7 - 5641 - 6421 - 8
定　　价	59.00 元

本社图书若有印装质量问题,请直接与营销部联系,电话:025 - 83791830。

前　言

在快速城市化的背景下,大量人口在城市的聚集,高强度的空间开发,再加上频繁发生的各类突发事件,使得我们被动地进入了一个高风险的社会之中。很多灾害不可避免地会发生,而我们人类也要在城市中取得更好的就业机会和提高生活水平,那么城市的防灾能力就显得尤为重要。以地震为例,避难场所的规模容量和空间布局会直接影响到城市居民的避难效率和效果。我们无法阻止地震的发生,我们无法预知高危事件的出现,但我们需要生活在城市中,因此我们只能选择与灾害共存。那么,提高我们的避难能力势在必行。

近十多年来,我国地震灾害频发,避难场所作为一种特殊的社会公共产品,开始逐步走入广大民众的日常生活。然而,在地震发生的紧急时刻,居民如何选择避难空间来进行避难;同时,又该如何对居民的避难选择行为进行评价分析,并用来有效指导避难空间的规划布局,是本书的核心研究问题。

本书将居民的避难行为作为研究的出发点,通过大量的访谈问卷和行为地图的调查,研究居民选择避难路径和避难场所的空间特征和行为特征,分析其影响因素,建立起避难空间选择特征的分析框架和评价方法,并构建基于居民避难行为特征的住区避难场所布局模式和避难生活圈的划设方法。

在空间特征方面,本书重点分析了居民选择避难地点的用地类型、有效性、规模与等级;避难路径的长度、集中度、绕曲性、方向性、连续性和拥挤性;避难圈的平面构型、紧凑度和重心的偏离度等内容。研究发现,居民自主选择避难场所的有效性存在一定问题,尤其在老小区;紧急避难场所和短期固定避难场所的被选择率明显高于中长期避难场所;绝大部分居民选择的避难路径的实际长度都小于 500 m;避难圈的平面构型很不规则,其紧凑度偏低,重心偏离度偏高。

在行为特征方面,居民避难空间选择具有七种典型行为,即就近避难、出口滞留、原地不动、返宅行为、迂回行为、惯性行为和从众行为。同时,居民的自主避难行为具有总体分散和局部群集、离心性与向心性并存、内向性大于外向性等特征。

在布局研究方面,分析了人对避难空间的需求和避难资源的供给原则,提出了避难资源需求和供给理论,初步建立了需求曲线和供给曲线,并图示了避难场所布局和避难圈划设的理想模式。同时,对样本小区的避难场所布局进行了优化。

本书的主要结论如下:一是居民的避难行为具有有限理性的特征;二是空间的可避难性直接决定了避难行为的效率;三是住区层面适宜解决的重点是紧急避难和短期固定避难问题;四是避难资源的供需平衡点应成为限制城市开发强度过高的重要指标;五是供需关系是影响避难生活圈布局形式的决定性因素。主要创新点体现在:首先,将居民的避难行为选择特征作为研究出发点;其次,从居住小区层面提出避难圈的基本布局模式;然后,对国家标准中的相关指标提出了完善建议。最后,提出了未来应进一步努力的方向与重点。

王江波

2015 年 6 月

目　　录

第1章 绪 论

1.1 研究背景

近十多年来,我国各类重大灾害频繁发生,给民众的生命财产造成了重大损失。例如,1998 年的洪水、2006 年的"桑美"台风、2008 年的南方雪灾和汶川地震、2010 年的上海11·15 大火、2013 年的雅安芦山地震、2014 年的"海鸥"台风、云南鲁甸地震、凤凰古城的暴雨洪灾等等。在灾害发生时,人们无处避难,或者避难行为不当,导致人员伤亡的事件经常发生。由此,灾害引发的避难问题逐渐引起社会各界的广泛关注。

不同灾害由于其特征的差异,对避难场所的要求也不同:为了预防地震灾害要求避难场所避开地震断裂带;为了预防洪涝灾害要求避难场所设在地势较高的地方;为了预防台风灾害要求避难场所设在建筑室内;等等。本书主要关注的是地震灾害引发的避难问题。

以汶川地震为例,震后建筑倒塌严重,避难场所非常缺乏,再加上连绵大雨和山体滑坡,给灾民的避难生活带来诸多困难。同时,从新闻媒体上曝光的很多监控视频中可以发现,地震发生时,人们四处逃生,纷纷从室内逃向室外,有的躲在院子里,有的站在广场上,有的站在绿化隔离带上,有的跑到城市道路上,有的跑到河边,等等,不一而足。从中可以发现两个问题:第一,在地震发生的紧急时刻,人们不知道应该逃向哪里才可以获得安全;第二,城市中没有为广大民众提供足够数量和规模的避难场所,城市空间的避难功能不足。也就是说,城市中人们对避难场所的需求很大,但实际的供给却很少。

同时,高强度和高密度开发正在成为我国城市建设的一种主流趋势,而这将使得城市中居民的有效避难疏散问题面临严峻考验。尤其是在大城市和特大城市的中心城区,建筑高度密集,人口高度集中,开放空间严重缺乏;一旦发生大型地震灾害,损失将十分惨重。

另一方面,汶川地震之后,各地陆续开始编制避难场所规划,并进行试点建设,如北京、上海、广州、深圳、杭州、武汉等。整体上看,目前的相关规划主要存在如下两个问题。

第一,重视中心避难场所而忽视紧急避难场所。目前,国内开展的避难场所规划实践,多集中在总规层面,针对范围是全市域范围或中心城区,侧重对中心避难场所和固定避难场所的选址,对紧急避难场所仅提出了指标性要求,而不落地。这与规划编制的层面和工作深度、工作量大小有关。在实际建设中,更加重视中心避难场所的建设,而对紧急避难场所往往只提一些原则性要求。中心避难场所由于用地规模较大,中心城区很难满足其用地条件,因此,通常分布在城郊结合部。但是,这样一来,带来很多不利的问题,诸如区位条件不佳,远离人口密集区,可达性差,居民使用不便,受惠人群较少,从而影响其实际的有效性。反过来,紧急避难场所由于用地面积小,可以在中心城区寻找合适的场地来布局;同时,由于数量较多,分布较广,离人口密集区近,可达性高,而方便周边居民就近避难,其实际使用效率较高。理应成为在震时发挥作用最大的避难设施,而得到足够的重视,并进行广泛的布局。

第二,忽视避难主体的行为特征。在我国目前的避难场所规划实践中,最核心的工作内容就是避难场所体系的空间布局。于是,避难问题就被简化为一个特殊的公共设施的选址问题,一个简单的纯空间性问题。而事实上,从本质上讲,避难场所规划涉及四个基本要素,即灾害、人、空间、时间。避难场所规划必须对四个基本要素之间的相互关系进行深入研究[1]。目前的相关规划实践侧重对空间的关注,而忽视其他相关要素,尤其是忽视了人的问题。

从人的角度出发,当灾害来临时,需要研究灾民在不同时期的行为方式特点,空间分布特征、对不同空间的需求情况,对救援活动的需求情况等;同时,调查研究当地城市居民的避难意识水平,避难知识和技能掌握的情况等。这方面的研究成果,对于发现避难行为的时间空间规律具有重要的价值。但是,目前国内的相关研究较少。

既有研究的不足,导致在进行避难空间体系规划时,单纯地以空间为核心,把问题简单化处理,对人的问题考虑得不充分、不细致、不深入,从而不能够真正高效全面地解决由地震带来的人的避难需求问题。

1.2　研究问题

在地震发生的紧急时刻,由于事发突然,政府部门还没有来得及开展大规模的、有组织的避难活动,这时,民众不得不进行自主避难。如果民众的避难知识不足,事前又没有指定足够数量的避难场所,必然会产生极为混乱的局面。每个人都根据自己的判断来选择避难地点,结果很可能是,居民自主选择的很多地点是不安全的,人满为患;而有些指定的避难场所中人数却寥寥无几,避难的效率和效果都不理想。由此可见,地震时,人员的高效疏散是关键。在地震发生的第一时间选择一条有效的避难路径也许就能决定个人的生死。研究民众避难行为的特征,可以更好地为避难场所规划服务。

本书的核心研究问题是:在地震发生的紧急时刻,居民如何选择避难空间来进行避难;同时,又该如何对居民的避难选择行为进行评价分析,并用来有效指导避难空间的规划布局。

(1) 人的避难行为模式

人的避难行为有哪些特点和规律?具体包括:当地震发生时,居民如何选择避难路径和避难地点?所选择的这些避难路径和避难地点具有哪些特征?是什么因素在影响居民的避难空间选择?地震灾害发生时,不同人群根据自身情况的不同,采取不同的避难行为方式,有些行为方式对避难而言是高效的,而有些方式却是低效的。如何从大量人群的不同避难行为中总结高效的行为模式,是进行避难空间布局的基础和前提。

(2) 理想的避难场所和避难生活圈布局模式

一个高效的避难生活圈应如何布局?避难空间的规划,必须结合人的避难行为来进行,才能提高人的避难效率,改善实际的避难效果。在大城市中心城区,建筑高度密集、开放空间严重短缺,如何利用有限的空间资源条件,构建科学高效的避难生活圈,以提高住区的避难效率,增强城市的整体减灾能力,是解决避难疏散问题的关键。

1.3 研究对象与概念界定

1.3.1 研究对象与研究范围

首先,本书的研究灾种是地震。人的避难行为和避难场所布局的研究均是以地震发生为背景的;对于台风灾害、洪涝灾害和火灾爆炸等其他灾害,本书暂不涉及。

研究对象包括两类:一是物质空间对象,即居住小区,研究居住小区内外部的物质空间环境;二是人,即居住小区内的居民,研究居民在地震来临时的避难行为方式。

居住小区内外的物质空间环境,包括建筑层数、建筑功能、建筑形态、道路形式、道路宽度、小区出入口的位置和数量、小区周边城市道路的宽度、等级、过街设施、小区内的人口数等。

居民的属性特征包括年龄、性别、学历、防灾培训等;避难行为包括居民对避难路径和避难地点的选择行为,一些在避难过程中与避难目的无关的其他行为,不在本研究考虑之内。

研究对象是居民,非本地居民的避难行为不列入本课题。居民对其居住的小区内外部环境都是比较熟悉的,那些非本地居民由于对本地环境不熟悉,在紧急状态下,找不到方向,容易迷路,此类迷路型避难行为不列入本课题的研究范畴。

研究的空间范围是城市中心城区,因为这些区域的建筑和人口高度密集,避难问题比较突出,有较强的代表性。

1.3.2 概念界定

1.3.2.1 避难、避难行为与避难方式

（1）避难

根据《现代汉语词典》的解释可知,"避难"是躲避灾难或迫害。

根据日本标准型综合性百科工具书《世界大百科事典》的解释,"避难"是因地震、暴雨、火山活动等异常自然现象或过失、事故、战争等人为原因引发灾害,从原来功能遭受破坏的场所或预想危险的场所,向人身和财产安全的场所转移。

"避",是指避开、躲避;"难"是指灾害、灾难。"难"的类型包括人的生命消亡或身体创伤,以及房屋建筑财产的破坏等。"难"的发生是由灾害及其次生灾害引起的。

在本书中,"避难"是指地震灾害发生时,一种躲避地震灾害的普遍行为,是人在紧急状态下的一种应急行为方式。避难的主体是人,躲避的对象是地震灾害。在避难过程中,人的空间位置发生转移,从危险场所转移到安全场所。

（2）避难行为

避难行为是指为了达到避难目的而进行的避难活动,包括从开始实施避难到到达避难

场所的过程中的所有相关行为,具体包括决定避难、选择避难开始时间和避难方向、选择避难路径、开展避难行动、选择避难场所,以及到达避难场所等。

避难行为的特征因人而异,因地而异;避难行为在有组织避难行动中和无组织的自主避难行动中的表现形式也存在明显差异。避难行为的正确与否,直接影响了避难的成功与否,以及避难效率的高低。

本书中研究的避难行为,侧重在自主避难的条件下,居民对避难路径和避难场所的选择行为。

(3)避难方式

避难方式,包括逃荒、灾前避难、灾后避难、远程避难、自主避难、引导避难等。其中,逃荒在旧社会和古代经常发生,目前因为在灾后都有政府的援助,已经很少发生。灾民可以在灾区就近避难。

灾前避难,是指在临震预报发布之后,城市居民躲避即将发生的地震灾害而采取的避难行动。灾前避难可以有效减少人民群众的生命和财产损失,但是,这对地震灾害的准确预报有很高的要求。

灾后避难,是指在地震灾害发生后的避难。由于地震通常会造成房屋倒塌等现象,为避免部分居民无家可归,需要有安全的场所为这些人提供临时的居留处所。

远程避难,是指灾民转移到较远的地点进行避难活动。造成远程避难的原因是由于近处的避难场所的规模容量不足或者是灾害的影响范围较大,损失较严重,需要有组织地到远处进行避难。

自主避难,是指在地震灾害刚刚发生时,居民自主地、自愿地、无组织地进行自我避难的行为[2]。

引导避难,是指灾民被有组织地、有计划地疏散到各避难场所的行为。

本书中研究的避难方式主要侧重自主避难,通过研究人在紧急状态下的避难行为规律,来为后续的避难圈规划提供依据。

1.3.2.2 避难路径与避难场所

(1)避难路径

避难路径,在我国大陆地区的相关文献中鲜有涉及,多数相关的概念为疏散通道、避难道路,此类概念多偏重空间性,少考虑人的因素。其他相关的概念,多为路径选择,但侧重于机动车辆的路径选择,而非个人的紧急状态下的步行路径选择。

在本书中,避难路径,是指在地震发生时,民众进行逃生避难,以及到达避难场所时所经过的道路。避难路径是把疏散通道和避难者结合在一起的概念,是灾民走过的道路或通道。

本书中涉及居民选择的通道时,为强调道路的居民个人选择属性,使用"避难路径"一词;在强调道路的空间属性而非社会属性时,使用"避难道路"或"疏散通道"的概念。避难路径在空间上的分布,反映了灾民在地震发生的紧急状态下的空间位移特征。不同的道路,由于受多种因素的影响,民众的选择情况是有差异的。每个人选择的避难路径都是唯一的,不同属性人群选择的避难路径具有一定的相似性和差异性。避难路径的选择,对于民众能否成功逃生,以及避难效率的高低有很大影响。影响避难路径选择的因素,包括可选择道路的空间属性条件,以及开始避难行为的时机及周围的状况、个人的偏好等因素。

（2）避难场所

关于避难场所的概念界定,在国家相关标准中多次出现,名称略有不同,其基本内涵是相同的,只是文字表述略有差异。

在《城市抗震防灾规划标准》(GB 50413-2007)中,避难场所的名称是避震疏散场所,是指用作地震时受灾人员疏散的场地和建筑。

在2012年《城市抗震防灾规划标准》(修订版报批稿)中,名称未变,定义略有文字上的微调:避震疏散场所,是指用作因地震产生的避难人员集中进行救援和避难生活的避难场地和避难建筑,也称作地震应急避难场所,简称避难场所。避难场所可划分为紧急、固定和中心避难场所,固定避难场所可划分为短期、中期和长期固定避难场所。

在2012年《防灾避难场所设计规范》(报批稿)中,防灾避难场所是指指定用于因灾害产生的避难人员集中进行救援和避难生活,配置应急保障基础设施和应急辅助设施的避难场地及避难建筑。

同时,按照该国标的规定,避难场所大体可以分为三类,即紧急避难场所、固定避难场所和中心避难场所。紧急避难场所,是指用于避难人员就近紧急或临时避难的场所,也是避难人员集合并转移到固定避难场所的过渡性场所。

固定避难场所,是指具备避难宿住功能,用于避难人员固定避难和进行集中性救援的避难场所。可划分为三类,即短期固定避难场所、中期固定避难场所和长期固定避难场所。所谓短期固定避难场所,是指用于短期安置避难人员的固定避难场所,避难时间一般不超过15天。中期固定避难场所,是指用于短期和中期安置避难人员的固定避难场所,避难时间一般不超过30天。长期固定避难场所,是指用于短期、中期和长期安置避难人员的固定避难场所,避难时间一般不超过100天。中心避难场所,是指具备救灾指挥、应急物资储备、综合应急医疗救援等功能的长期固定避难场所。场所内一般设应急管理区、应急物资储备区、应急医疗区、专业救灾队伍营地等。

在2013年《城市综合防灾规划标准》(报批稿)中,防灾避难场所,是指指定用于因灾产生的避难人员集中进行救援和避难生活,符合应急避难要求的避难场地和避难建筑。由此可知,避难场所主要包括两类,一类是室外场地型的避难场所,另一类是室内建筑型的避难建筑。

苏幼坡(2006)认为,避难疏散场所是市民避难行动和避难生活的空间。

本书中,避难场所是指在地震灾害发生前或发生后,为方便民众躲避灾害带来的直接或间接伤害,能保障基本避难生活需求而预先划定的带有一定功能设施的场所。基本含义与相关国标一致。

本书使用了避难场所、避难地点、潜在的避难场所等不同概念,是为了区分不同情况下的用地的特征。避难场所特指按照国标规定的能够为民众提供安全保障的场所,具有法定地位的空间场所,是通过相关规划已经明确或已经挂牌的为民众提供避难服务的场所。

潜在的避难场所是指符合国家标准中对避难场所要求的用地规模和安全性等方面的规定,仅需配套一定的设施就可以作为避难场所来使用的场地,目前仍未挂牌,也未被相关规划明确作为指定避难场所的场地。

避难地点是指居民自主选择的避难空间。为强调居民选择的避难空间的点状空间属性和方便比较这些点空间的相对区位关系,侧重从外部空间来看待该地点,将其视为一个空间点,而使用"避难地点"一词。这些空间是否满足避难场所的基本要求,还有待考核,此类地点的避难有效性需要评价,特别是那些无效的避难地点,需要在后续规划中加以排除或者进行改造。

1.3.2.3 避难圈与避难生活圈

(1)避难圈

避难圈,通常认为是一个避难场所的服务范围。对于指定的避难场所,避难圈是震前规划好的;对于震后灾民自主选择的避难场所,避难圈是对实际避难者的出发地点的空间分布统计值。避难圈是城市避难场所规划建设的重要指标,依据避难场所规划原则和要求,科学确定适宜的避难圈规模,对居民避难安全和避难弱者就近避难有着重要意义。

避难圈的大小,由平均避难距离决定。避难距离,是指灾民从出发地点到达避难场所,即从避难起点到避难终点的距离。避难圈越大,则路上消耗的时间就越多,遇到风险的概率也越高,不利于老人和儿童等避难行动能力较弱的人开展避难活动。

与避难圈意义相近的概念,还包括90%避难圈、沃罗诺伊图(Voronoi Diagram)和希求线图等。

90%避难圈,是指以某避难场所为中心,画一最小的圆圈,此圆圈覆盖的空间地域内,涵盖了在该避难场所内所有避难总人数的90%。

沃罗诺伊图(Voronoi Diagram),是指通过绘制相邻避难场所之间的垂直平分线,从而得到的多边形图形。图形及其变化主要取决于相邻避难所的距离和布局等因素。

希求线图,是指用避难直线的距离线段来绘制的放射状线图,是多条避难距离线段的汇总。利用该图形,可以用来估算避难圈的半径大小。

(2)避难生活圈

避难圈、避难生活圈和防灾生活圈的概念,在日本的研究中,基本上是可以互通的,都是以避难场所为中心,进行圈形的划设。

在本书中,避难生活圈是指以居住小区为中心,以居民选择的各避难场所为顶点,所形成的圈形。在居住小区周边通常会有多个避难场所可供选择,但是并不是每个避难场所的选择率都是相同的,居民会选择哪些地点进行避难,受很多主客观因素的影响。避难圈的规模大小和圈形构图,都会影响居民的实际避难效率和效果。该圈的构建,反映了从人出发的研究立脚点,人的避难行为的规律特征是开展避难空间规划布局的理论基础。

1.3.2.4 避难距离与避难效率

(1)避难距离

避难距离是指从避难出发地到达避难场所的距离。避难距离包括两个类型,第一个是避难直线距离,即从避难起点到避难终点的直线距离;第二个是避难实际距离,是指从避难起点到避难终点,避难者经过的所有路段的实际长度之和。本书为避免问题过于复杂,故将建筑简化为一个点,因此,避难距离不包括建筑内部的距离,从建筑楼下单元门口开始算起。

与避难距离密切相关的两个基本概念是避难时间和避难速度。

避难时间是指从避难起点到终点所花费的时间。避难时间越短,对避难者越有利;时间越长,所面临的风险概率就越高。

避难速度,是指避难者在避难过程中的行进速度,其平均避难速度等于避难距离与避难时间的比值。在行进过程中,避难速度受空间环境的影响较大,会发生较大变化,通常是使用平均避难速度来衡量人的避难行为能力以及空间环境的状况。

本书中,对避难速度的考量,不考虑乘坐交通工具的情况,如骑自行车、电瓶车或者开车等,仅研究以步行为主的避难方式。

（2）避难效率

避难效率,是指在单位时间内,能进行有效避难活动,并成功到达避难场所的人数。避难效率的高低,与该地区的人口结构和空间环境有关。通常情况下,老年人和儿童的避难行动能力较弱,行走速度较慢,避难效率较低;中青年人的避难行动能力较强,行走速度较快,效率较高。但是在实际情况中,经常出现以家庭为单位的避难行动群体,老年、儿童和中青年人一起进行避难,因此,会对行走速度影响较大,从而影响到整体的避难效率。

1.3.2.5 住区与居住小区

对于住区的概念,目前缺乏相关的国家标准对此进行统一的界定。本书为避免将问题复杂化,从空间角度出发,将住区等同于居住区。《城市居住区规划设计规范》(2002年版)中规定,居住区按居住户数或人口规模可分为居住区、小区、组团三级。各等级的控制规模,应符合表1-1的规定。

表1-1 居住区人口的分级控制规模

类别	居住区	小区	组团
户数(户)	10 000～16 000	3 000～5 000	300～1 000
人口(人)	30 000～50 000	10 000～15 000	1 000～3 000

资料来源:《城市居住区规划设计规范》(2002年版)

城市居住区,一般称居住区,泛指不同居住人口规模的居住生活聚居地和特指城市干道或自然分界线所围合,并与居住人口规模(3万～5万人)相对应,配建有一整套较完善的、能满足该区居民物质与文化生活所需的公共服务设施的居住生活聚居地。

居住小区,一般称小区,是指被城市道路或自然分界线所围合,并与居住人口规模(1万～1.5万人)相对应,配建有一套能满足该区居民基本的物质与文化生活所需的公共服务设施的居住生活聚居地。

居住组团,一般称组团,指一般被小区道路分隔,并与居住人口规模(1 000～3 000人)相对应,配建有居民所需的基层公共服务设施的居住生活聚居地。

本书重点研究的基本单元是居住小区,小区的规模有大有小。旨在从一个基本单元入手,探究其避难圈的构型原则和关键要素,从而为提高居民的实际避难效率打下理论基础。

1.4 研究目标与研究意义

1.4.1 研究目标

本课题将居民的避难行为作为研究的出发点,研究居民选择避难路径和避难场所的空间特征和行为特征,分析其影响因素,构建基于居民避难行为特征的住区避难场所布局和避难生活圈划设的最优模式。

1.4.2 研究意义

本书的研究意义,将从理论价值和实践价值两个方面展开论述。

在理论价值方面,本课题将为避难生活圈的划设布局提供理论基础。目前的防震减灾相关规划在布局避难场所时,主要依据各防灾分区的用地与人口规模,分派指定各避难场所的设置;理论方面的研究非常薄弱。路径选择以人为中心,研究人的避难行为模式和路径选择模式,并以此为划设避难生活圈的依据。本书系统总结出居民的避难空间选择特征,从而为避难空间规划的相关研究和实践提供一定的理论基础。

在实践价值方面,住区层面的避难空间体系的构建最为有效和迫切。目前的防震减灾相关规划,大多重视市级避难中心的规划,忽视住区避难场所的设置。对居民而言,住区层面的避难场所由于布点数量多、分布面广、地处人口密集区内、可达性高,因而将成为发挥作用最大的设施。

1.5 研究方法与框架

1.5.1 研究方法

1.5.1.1 问卷调查法与访谈法

问卷调查法,是指通过向被调查者发出简明扼要的书面问卷,请其填写对有关问题的意见和建议来间接获得材料和信息的一种方法。本书对南京主城区内 16 个样本小区的居民进行了问卷调查,分两个阶段进行,共回收有效问卷 2 633 份,以此作为研究分析的基础。

访谈法,是指通过与受访者面谈,来了解情况、收集资料的方法。访谈法包括非结构性访谈和结构性访谈两种。本书主要采用非结构性访谈形式,即事先不预定访问程度,不用问卷或表格,对回答没有任何限制,仅仅是事先确定调查的目的和问题的大致内容。本书在进行问卷调查的同时,还就一些避难行为的问题对居民展开访谈,以便深入了解其避难行为选择背后的原因。

1.5.1.2 行为地图法

行为地图(Behavioral Mapping)是一种从时间和空间角度,系统地观察研究行为的方法。1970 年由 Ittlelson 等人提出并发展起来的,用于记录发生在所设计的建筑物中的行为,以帮助设计者把设计特点与行为在时间和空间上连接起来。从时间和空间角度还可以有两个维度进行观察:以人群或个体为观察单位、以地点为观察单位。以人群或个体为观察单位观察人群以及个体的行为、语言、行动路线等,得到关于这个人或这一个体的习性、性格特征等。以地点为观察单位来进行行为地图的研究,主要会运用于公园、医院、图书馆、博物馆等公共场所,研究人们的行为路线,从而提升公共设施的便利性、人性化。行为地图的优点包括:平面图清晰明了,对目标个体的行为有观察、有数据、有描述、在位置上有明确的标定等。

本书通过对居民的访问,将其选择的避难路径和避难场所落在地图上,记录每个人选择的避难空间,以便后期分析避难空间与避难行为的相关性。

1.5.1.3 统计分析法

统计分析法,是指通过对研究对象的规模、速度、范围、程度等数量关系的分析研究,认识和揭示事物间的关系、特征和规律,以达到对事物进行科学解释的方法。世间任何事物都有质和量两个方面,认识事物的本质时必须掌握事物的量的规律。统计分析法运用数学方式,建立数学模型,对通过调查获取的各种数据及资料进行数理统计和分析,形成定量的结论。统计分析方法是目前广泛使用的现代科学方法,是一种比较科学、精确和客观的测评方法。

本书中通过对问卷调查和行为地图进行统计分析,以便从中找寻出居民避难意识和避难行为的主要特征和规律。

1.5.1.4 文献研究法

文献研究法,主要是指搜集、鉴别、整理文献,并通过对文献的研究形成对事实的科学认识,了解研究对象的历史和基本情况,为进一步调查和比较分析做准备。文献法的一般过程包括五个基本环节:提出课题或假设,研究设计,搜集文献,整理文献和进行文献综述。文献种类有书籍、论文、报纸杂志、文件、档案、工作记录、汇报总结、统计数据、各种声像资料等。

本书采用文献法,收集国内外大量有关描述灾害避难心理与行为的文献,以及避难路径和避难场所的相关文献,来跟踪目前国内外在地震避难问题上的研究进展。

1.5.2 研究框架

本书分为4个板块。

第一个板块包括1个章节,即绪论。在绪论中,对整个论文的研究背景,研究问题、目标、研究对象、研究方法进行阐述,对涉及的基本概念进行界定。对我国目前避难场所规划中的主要问题进行检讨,指出基础理论研究对于规划实践的重要性和紧迫性。

第二个板块包括2个章节,即文献综述、理论基础和分析框架。在文献综述中,对避难心理与行为、避难路径选择、避难场所选择、避难场所布局、避难圈相关研究进行全面回顾和述评。本课题的理论基础主要涉及两个方面,一是心理学相关理论,二是空间选址相关理论。从空间特征、行为特征、影响因素三个方面切入,构建居民避难行为分析的框架,寻求避难空间研究思路和方法的创新。

第三个板块包括 3 个章节,对居民选择避难场所、避难路径和避难圈的特征进行分析。在避难场所选择特征分析中,主要对用地类型、有效性、规模与等级、位置关系、距离等指标进行了考核。在避难路径分析中,考核指标包括方向性、绕曲性、长度、集中度、拥挤度、连续性等。在避难圈分析中,主要分析了避难圈的平面构型和规模;同时,在评判避难圈的优良度时,提出了重心偏离度和紧凑度两个重要指标。

第四个板块包括 3 个章节,系统阐述了住区避难场所布局和避难生活圈划设的理想模式。包括避难资源需求和供给理论、避难场所布局的基本要求和布局模式,避难圈布局的数学模型、划设方法;同时,对样本小区的避难圈构型进行了优化。最后,总结出本书的主要研究结论和创新点,并提出未来研究工作应进一步努力的方向和重点。

研究技术路线见下图。

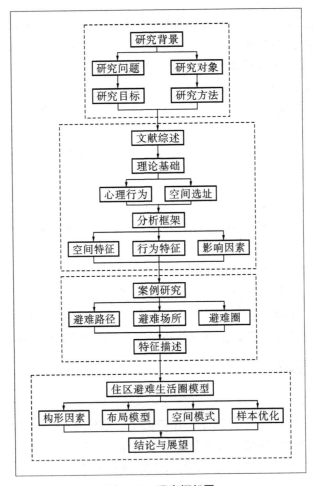

图 1-1　研究框架图

第2章 避难心理、行为与空间

人的避难心理和行为方式对避难空间的布局影响重大。人对避难路径的选择、对避难场所的选择、人的避难行为能力高低都对人的避难行为能否成功起着决定性作用。避难行为包括避难方式、避难活动、避难速度、避难转移等[3]。避难心理直接影响人的避难行为。避难行为是避难心理的外在表现。将避难行为心理研究的相关成果用于指导城市防灾避灾设施的构建，有利于城市的灾害防御体系的完善，降低灾害带来的损失[4]。在本章中，对避难心理和行为、避难路径选择、避难场所选择、避难场所布局、避难圈的相关文献进行了回顾和述评。

2.1 避难心理

避难心理是人在灾害发生时的心理反应。震时人们心理行为的反应特征，是指地震突然发生的一瞬间人们表现出的心理行为倾向。制约震时人们心理行为反应的客观因素包括地震强度、发震时间、城市类型、活动环境；主观因素包括震时意识状态、灾民地震知识状况、身体、年龄、性别状况。刘更才研究了城市地震时人的心理反应与应急对策[5]，国内外震后心理调查的结果表明，震时的强烈恐怖感和精神危机是震时人们共同的心理现象。震时瞬间，人们为了摆脱险境，必然缺乏理智和冷静，并伴随着大脑的高度兴奋和或多或少的思维混乱，使行为失去控制，常常采取不恰当的避险方法和盲目外逃行动，这是震时人们行为的主要特征。

程辉、崔秋文简要总结了国外对地震灾害的心理科学和行为科学的研究进展[6]，20世纪五六十年代的地震心理问题研究包括地震的心理过程、情绪过程和意志过程，以及个性心理特征两类问题。加州大学社会学研究所和心理行为研究所在20世纪80年代设立了地震与人的行为研究计划，比较系统地研究了：① 地震事件与人的行为分析；② 影响人的行为的主要生理因素；③ 影响人的行为的主要因素；④ 影响人的行为的主要社会心理因素；⑤ 影响个人行为的主要社会因素。

朱华桂基于突发灾害情境下个体行为发生的心理机制，以风险认知过程为主线，提炼出行为选择的主要维度和内在的逻辑框架，重点分析了灾民行为反应类型及恐慌行为的影响因素，构建了一般恐慌行为的概念模型[7]。

岳丽霞、欧国强对灾害发生时影响居民心理承受能力的社会心理因素进行了分析,研究显示,个体面对灾害时的心理承受能力的影响因素为:灾害意识、灾时行为、灾害认知、社会支持[8]。

王玉玲、姜丽萍对不同人群在灾害事件中的心理行为反应进行了研究[9],并综述了灾害事件对人群造成的心理应激障碍、心理行为反应,提出了受灾人群的心理与行为干预措施[10]。

陈兴民对个体面对灾害行为反应的心理基础进行了系统研究。他认为,个体行为反应有很大的差异性和规律性,有一般避难行为、领袖型行为、利他行为、过度防御行为、惊逃行为、自私行为、越轨行为和"木鸡"行为等八种类型,影响社会个体行为反应的社会因素主要有社会互动、社会规范和社会关系等[11]。

苏筠、伍国凤、朱莉等调查了北京5所高校大学生的自然灾害知觉现状及特征[12]。统计分析显示,大学生在自然灾害知觉中存在不安全心理特性,主要表现在:对自身的灾害知识存在过高估计、悲观的心理噪声效应、消极情绪,对政府行为依赖性、服从性偏高。

苏筠等通过对北京702名公众在汶川地震前后灾害认知的变化及对风险沟通看法进行了调查,结果显示:被调查公众对汶川灾害高度关注,电视、网络是公众获取信息最主要的渠道;被调查者所掌握的灾害应急避险知识水平低,而且在地震后这一情况没有得到改善,但是减灾意识及行为倾向有所改善。样本个体的教育水平、性别、灾害经历,对其灾害认知有影响[13]。

文彦君对宝鸡市宝钛小区居民的地震灾害认知与响应状况进行研究。结果表明,居民地震灾害认知与响应的总体水平不理想,自救互救方面最差,居民对地震灾害知识了解的准确性欠缺、防震减灾技能掌握不足;居民自救互救的主动性和组织性较差,地震谣言辨别能力不强,易于传播谣言。类似的问题不仅存在于小区居民身上,也广泛存在于中学生身上[14]。他认为,充分发挥居住小区基层机构的宣传、引导、组织和管理作用,充分提高小区居民对地震灾害的认知与响应水平,是增强居住小区防震减灾综合能力的有效途径之一[15]。

马德富研究了影响农民的灾害心理及行为选择的主要特征及其主要影响因素,分析了其行为选择的有限理性[16]。郁耀闰、周旗、徐春迪以陕西省宝鸡地区为例,不同地貌类型区农村居民的灾害感知差异分析[17]。结果显示,宝鸡农村居民的居住地貌类型区差异与灾害感知指数显著相关。居住在不同地貌区环境下的人群所担心的灾害类型与当地的真实自然灾害类型基本一致。

冉茂梅通过对成都市汶川地震后的避难行为心理调研数据进行分析,找出居民的避难行为规律,并对成都市避难场所规划进行分析评价[4]。

2.2 避难行为

2.2.1 研究概述

目前在国际上,对灾害避难行为研究最多的是日本。最早的灾害避难问题的研究文献是 1921 年和 1924 年,代表者分别是田崎慎治和河田杰,研究避难港口的费用分担和作为避难所的公园广场,侧重于对避难空间的研究。

日本学者对避难心理和行为的研究始于 1950 年代,代表人物是户川喜久二,研究百货店、剧场、避难设施和疏散楼梯[18]的设置、避难人流的观察[19]和计算;使用的研究方法主要是实地观测;灾种是火灾。

1960 年代的代表人物是户川喜久二、星野昌一[20]、芦浦义雄[21],主要研究高层建筑的火灾避难问题。1969 年,针对东京都—江东地带大地震的避难对策问题被提出[22]。

1970 年代,日本的灾害避难研究文献量开始有所增加,有关超高层建筑、地下空间以及地震次生火灾导致的街道人群避难问题开始[23]受到关注;同时,有学者开始对避难场所的规划设计策略进行研究[24]。谷口汎邦等人对居民的避难意识进行调查研究[25]。避难开始阶段的行为特征、避难人群的速度等方面。这个阶段,虽然现场观察仍是主要的研究手段,但模拟实验的方法已经陆续被采用。代表人物包括崛内三郎、室崎益辉、寺井俊夫、栗山知广、渡边仁史、池原义郎等。

1980 年代,研究文献量较 1970 年代略有增加,主要代表人物是北後明彦、室崎益辉、安倍北夫、崛内三郎等。研究内容包括居民对避难场所的选择问题、空间要素对避难行动的影响、避难诱导问题、避难行动的影响要素分析、避难场所选择偏好与空间认知度的关系、避难行动心理、迷路型避难、避难路径的选择率、避难行动的概率等;并开始使用数学模型来对避难行动问题进行解释。同时,弱智者的避难问题开始被提出。在灾种方面,除火灾外,洪水和海啸等水灾的避难行动也被关注。这个时期,有关地震的避难行为问题尚未得到广泛关注。

1990 年代之后,每十年为一阶段的研究文献量较之前均有大幅增加,呈倍数关系增长,这与大规模地震灾害的发生有很大关系,如 1995 年的阪神大地震、2004 年的新潟地震、2011年的 3·11 东日本大地震等。研究内容包括避难时间的推定预测、儿童的避难行动、地震避难行动的意识调查、传递信息作用模型、地理认知对避难行动的影响、学校教师在地震开始时的避难意识和行动、高龄者和残疾人的紧急避难、阪神大地震市民初期的应对行动、避难者实态调查、不同年龄人群的避难行动特性等。

2000 年代,以小泉真一郎、室崎益辉、大西一嘉等人为代表,研究内容包括小学校紧急地震避难训练的意识调查[26]、避难开始时间的影响要素、避难开始时间的设定方法、避难行动决策、单人和多人避难的行动观察、避难路径的可识别性和避难步行速度的关系、避难者心理状态预测、弱势群体的避难方法、地震时避难行动和对生命线设施风险的认知[27]、预测地震时紧急避难行动的预测与模拟、群体避难行动中高龄者和残障者步行行动特征等。该阶段,学者们大量使用实验和仿真模拟的手段对不同人群的避难行动特征进行细化分类研究,研究的空间对象类型也日趋复杂化。

2010 年之后,对避难行为的研究日趋细化,例如避难时的居民心理[28]、地震时集体避难的起因[29]、大地震时的广域避难行动模拟模型[30]、被动避难转为自发避难[31]、居民自发高地避难行为[32]等。

由于主要灾害的类型与亚洲国家存在一定的差异性,欧美国家对于避难问题的研究也是以火灾居多,其次是飓风和洪水,对地震的避难疏散问题相对偏少。在相关研究中,主要内容包括大尺度空间中的人流密集模拟[33]、避难模型中的人类感知行为[34]、行人避难时间预测[35]、人流密集区的避难等待时间[36]、高风险工业区的紧急避难模型[37]、通过避难规划来解决地点路径问题的多目标方法[38]、交通网络中的多目标避难路径模型[39]、避难路径的网络模型[40]等。

国内而言,目前见到较早的系统研究避难问题的书籍是民国时期在 1930 年代由大路社专门委员会编辑、上海的国防常识出版社出版的国防常识丛书,共十册,分别是《公民训练》《民兵训练》《防空训练》《消防训练》《防毒训练》《救护常识》《炮火下的活动》《乡村避难法》《都市避难法》和《难民养生法》。其中,《乡村避难法》和《都市避难法》分别是 1936 年 8 月和 1937 年 6 月出版的。《都市避难法》的主要内容包括十个章节,分别是难前的准备、难时的组织、难民收容所的组织、难民的防护、难民的给养、消防工作、防毒工作、防空工作、巷战的练习和最后的处置。本书出版的背景是当时国内正处于日本侵华的关键时期,战事不断,为提高难民的各种活动、组织和训练而出版的一套普及性丛书。虽然避难主要针对的灾种是空袭的,但也可以看出,在当时的情形下,避难问题已经受到国内相关专业人士的关注。

新中国成立后,国内对地震灾害的系统研究始于 1976 年的唐山大地震,促进了相关建筑法规的制定。研究集中在土木工程领域,关注的重点问题是提高建筑的抗震性能。对人的避难行为的研究始于 1990 年代,早期的研究文献数量很少,主要也是借鉴日本的经验,一些代表人物也都曾经在日本留学。例如,刘树坤认为,避难行动就是组织应该避难的居民沿着安全、合理的路径转移至避难目标的过程。其中包括三方面内容:一是避难对象的确定,二是避难设施的确定,三是避难路线的确定[41]。关于避难途径的选择标准包括:① 安全,在行动过程中不受烈火袭击;② 道路目标都为居民所熟悉不致引起混乱;③ 避难距离最短;④ 对火灾的变化富有弹性。刘树坤(1990)利用民意测验的方法,通过对大兴安岭特大森林火灾中居民避难行动的调查,对重大灾害发生后避难系统工程进行了探讨,并分别对该工程进行了评价。

2003 年之后,国内对避难疏散行为的研究陆续增多,以安全学科、土木学科、仿真学科[42],以及人工智能领域的研究居多,代表人物如苏幼坡[43]、陈晋、袁启萌、张培红等。几乎全部是针对火灾中建筑物室内空间的避难行为,研究的建筑类型包括单人房、双人房[44]、高层建筑[45]、大型商场[46]、体育场馆[47]、地铁[48]等人员密集型建筑;研究内容包括疏散行为的基本特征、疏散行为的时间预测[49]、疏散行动开始前的决策行为[50]、避难疏散行为与伤亡原因的相关性、疏散行为对疏散时间的影响、路径选择的特点、危机行为的特点等;技术手段包括虚拟现实技术、仿真技术、人工智能技术等,提出人群疏散仿真模型。研究表明,火灾状态下,人员应急疏散行动开始前的决策行为与人员火灾经验、人员的初始状态与居住条件等因素有关。

在室外空间方面,相比室内,现有研究成果很少,刘博佳(2011)研究了基于避难行为的城市广场设计[51],提出了兼顾避难心理行为特点的城市广场设计原则主要是安全性、功能性、可识别性、功能分区的合理性与可转换性。

目前国内对避难行为的研究,建筑室内为对象的多,室外空间的少;以火灾为对象的相关研究较多,而以地震为对象的避难行为研究相对很少;相关学科的多,规划学科的少;简单前提条件设置模拟的多,复杂前提的研究少;用模拟技术研究避难行为的多,系统研究避难心理的少。计算机模拟研究多,灾害现场研究少。无论在广度和深度上,日本都有很多方面值得我们认真学习。

2.2.2 避难行为的类型

柏原士郎等人(1998)针对阪神、淡路大震灾后居民避难行为分析[52],研究结果如下:

① 有无避难行为的关键因素包括震度的大小和被害程度的严重大小。

② 决定避难的理由包括担心余震,水、电及瓦斯无法使用以致不能居住和认为在室内会有危险。

③ 开始避难的时间包括第一阶段地震后马上避难,第二阶段地震后数小时进行避难。

④ 最初考虑的避难据点包括小学、国中和其他场所。

⑤ 选择避难据点的理由包括认为安全的场所、离住家较近的地方、指定为避难所的地方、公共设施、附近的人都往该处避难。

⑥ 决定避难方向的原因包括:预先考虑的避难所之路径和平时最容易通往的道路。

在我国台湾地区的相关研究中,灾时人类的避难行为以1984年廖明川在火灾发生后所进行的调查研究最具代表性[53],对地震后避难行为的研究也具有一定的可借鉴性,其特征如下:

① 习惯性的行为:例如大楼发生火灾,居民大多会习惯性地回到自己的房间,或逃生时平常开车的人便会想利用车辆离开,习惯走路的人则依然利用双脚,并且会选择自己熟悉的道路避难。

② 从众的行为:在供公众使用的空间发生灾难时,从众行为非常明显,由于对环境不熟悉,加上因灾难引发的恐慌,很容易使人失去了主见,而造成盲从的现象。

③ 惊慌的行为:在灾害发生时,由于生理因素影响了人的认知与移动的能力,若加上对环境的不熟悉则容易有惊慌的行为,尤其当受到浓烟或高温侵袭时最容易失去应变弹性,混乱而缺乏引导。但也有另一种说法持相反意见,认为灾难发生时的利己行为并不能认定视为一种反社会、攻击性与不适当的行为,虽然这些行动有时候并不能发生避难的功能,但是不适宜用惊慌来形容这些逃生行为。

④ 无逃生行为:无避难逃生的行为归纳为下列六项,等待进一步讯息;等待协助及通知消防队;进行灾后整理工作;寻找其他人;警告或帮助其他人;抢救财物。

李泳龙、何明锦和戴政安(2008)以永康市为例,研究影响居民避难行为的因素,研究发现:当地避难行为相对弱势群的家户单位高达67.3%;居民对于紧急避难据点选择类型大多以学校型设施为主;居民对地区避难交通计划的接受意愿、教育程度及居住年数等3个变量,是影响居民是否避难的主要因素[54]。

2.2.3 避难行为的时序特征

1923年,日本发生关东大地震时,引发多起次生火灾。因此,将大规模的地震发生后避难时序加以整理为:自己安全确保、暂时避难、大规模避难、收容避难、搬入紧急住宅。此次避难中,1/3的人是在火灾发生后1小时内开始避难,而2/3的人是在3小时后才开始避难。

1995年的日本阪神地震中,避难人数在灾后一周达到最高峰,兵库县总避难人数为31.6万人,大阪府为3 100人。在高峰期后总避难人数则降至29万人。在灾后一周的避难高峰期中,避难率的平均值为27.5%,各灾区的避难率在15%~40%之间,最大值则出现在神户市的长田区灾后十日的避难率为40%。

我国台湾地区学者陈亮全(1988)对地震灾害发生时间序列在阶段性行动上强调避难、救援、安置及复原等四个阶段,并将此视为发展防救灾计划的基础(表2-1)。由表说明地震发生后五小时内所有行动皆处于避难阶段,而救灾时间则由发生后第五小时开始进入救援、安置以及复原等行动阶段,但在这五小时避难阶段时间内并不代表没有执行救灾,而是避难与救灾双重进行,唯其五小时内以避难为行动的要点[55]。

表2-1 地震发生时序表

时序	发震期	混乱期	避难行动期	避难救援期	避难生活期	复旧期
阶段	避难	避难	避难	救援	安置	复原
时间	0~10分钟	10分钟~1小时	1~5小时	5~40小时	40小时~7日	3日~1个月
现象	建筑物倒塌 起火 人员伤亡 交通混乱	火灾发生 机能瘫痪 建筑物倒塌 紧急对策	延烧扩大 危险因素产生 避难行动 资讯混乱	都市全面火灾发生 人心恐慌 避难地集中 人员伤亡	市区大火救灾 物资缺乏 救护行动 移住避难地	复原行动 社会混乱
对应 行动	初期灭火 状况掌握	紧急对策 消防行动	避难行动 紧急救助	待援行动 救护行动	滞留生活 物资供给	复原行动 生活恢复
救灾 对策	警报 逃离建筑物至安全地 自发性避难 等待家人同往避难所 消防、警察、医疗等相关救灾单位立即整备待命		灭火 导引避难 救急、救助 巡回医疗 物资运送发放 物资储放 义工支援 自发性组织 交通维持 灾害情报 消息发布 对策指挥 治安维持		尸体处理 伤患后送 住宿收容 义工支援 消息发布	资讯接收发送 都市经济活动 对策指挥 交通维持 治安维持 瓦砾清理 物资输送 消息发布 维生管线恢复

资料来源:陈亮全.有关台湾都市地震灾害及其成因之初步探讨[R].台北:台湾内政主管部门营建署,1988:1.

2.2.4　避难速度

关于群集人流观察实验较早的是日本学者户川喜久二在 1955 年所发表的研究报告[56]。其他代表学者还包括 1983 年神忠久对明治神宫参拜群集、青梅马拉松跑者及观众群集的观察[57]，以及 1996 年奈良松范、大岛泰伸及渡部学等人对冬天夏天下楼梯速度与传统水平步行、垂直步行速度的比较研究[58]。

田中孝义在 1986 年对不同状态下人的步行速度进行了测试[59]，得到了个人步行速度的基础数据（表 2-2）。

表 2-2　个人步行速度表

项目	步行速度(m/s)
行走速度快的人	2.00
行走速度慢的人	1.00
标准	1.33
小步跑	3.0
中步跑	4.0
快步跑	6.0
急步跑	8.0
烟雾中(已知)	0.7
烟雾中(未知)	0.3
利用肘与膝爬行	0.3
利用手与膝爬行	0.4
利用手与足爬行	0.5
最低姿势步行	0.6

资料来源：廖显侑．应用 Simulex 模拟震灾发生后民众避难时间之研究——以台中市西区为例[D]．台中：朝阳科技大学，2009．

根据东京消防厅过去的救急活动资料显示，一般家庭由于受老人、小孩的影响，步行速度以每小时 1.5～2.0 km 为极限，集团步行最慢为每秒 50 cm，如果加上建筑倒塌、危险物爆炸、街道淹没等因素，可能更慢。

我国台湾地区对地震灾害避难人群避难步行速度进行研究最具代表性的学者是简贤文、何明锦、邱景祥和江崇诚[60-64]等，在 1999 年发生 9·21 集集大地震之后，他们开展了一系列的相关研究。

研究多通过对指定地点人群步行速度的观测，得出基本数据。观察地点包括台湾地区的"中央警察大学"活动中心餐厅、地铁台北车站、台北中山纪念馆、台北市立社教馆、大型体育馆、百货商场等大型商业设施[65-66]。

避难速度是衡量避难行为重要指标之一，而避难速度又与避难人员的心理认知、本身能力、当时人群密度及场地特性有关[67-68]。避难所需时间越长，其导致灾情扩大的概率就越高，步行速度即是人员的行动能力，而群流速度系指人员聚集行动时人口密度提高而产生混杂状况的步行速度，即是步行空间内所包含的步行者全体平均速度，其影响着避难时间下避难据点区位的设置，而群集密度大小不同，影响着不同的群流速度。群流速度与商圈空间的大小成正比关系，与人员数量成反比关系，但人员数量达一定值以上时，其群流速度趋于一定[69]。

简贤文将台湾地区"中央警察大学"消防研究所进行的各空间的人群流动等观察而得到数据建构密度、速度与流量关系式,并与日本学者神忠久的研究进行比较后发现:神忠久实验在密度 1.5 人/m² 时,有最大流量 1.03 人/m＊s,此时速度是 0.69 m/s;捷运车站在密度 2.0 人/m² 时,有最大流量 1.28 人/m＊s,此时速度是 0.64 m/s;而密度 0.5 人/m² 时,速度、流量值几乎与神忠久相同,密度 1.0 人/m² 时,速度、流量与神忠久也相近,显示出在较低密度时,二者的关系式是近似的[70]。

简贤文、许铭显、江崇诚等人对大型体育馆人群群流特性进行观察研究后发现[71]:① 同一空间中,不同活动属性、不同人流属性、不同时段(白天、夜晚),其步行速度及群流总数也相近;但避难弱者的存在致使步行速度无法增大。② 一个大群流高密度形态,在通过同一出口宽度时,将发生严重滞留,会产生雪崩般推挤致死伤的现象。③ 就相同年龄组成的群流,如国内五月天或美梦成真演唱会群流,与国外学者所观察的公共场所群流一致,当密度为 1.5 人/m² 时,步行速度开始下降。④ 就不同年龄组成的群流,如国内何嘉仁亲子运动会群流,与国外学者观察结果一致,当密度为 1.0 人/m² 时,步行速度开始下降。

2.3 避难路径选择

2.3.1 研究概述

路径选择的核心是在给定的起始点到终止点的道路集合中,找到最优路径[72]。避难者的路径选择行为实质上是一种多阶段的决策过程,包括接收信息的判断、编辑、评价以及避难路径的最终决策。国际上对避难路径选择的研究以日本学者居多。

日本的研究阶段划分节点是 1995 年阪神大地震。在此之前,对避难路径选择的研究相对较少,最早的文献是崛内三郎等人于 1977 年发表的关于避难路径选择中双向疏散通道必要条件的论文[73]。此阶段研究主要针对地下街,以火灾为主,重点是避难路径的空间特性[74-75]。阪神大地震之后,研究文献明显增加,主要内容包括避难路径选择与街道空间、建筑要素特征的关系[76-77]、路径的安全性评价[78]、避难的向光性问题[79]、过长距离避难路径的消解策略[80],以及由于道路阻塞造成避难路径改变,影响避难所布局和配置的情形[81-83]。近年来,研究重点集中在路径选择与路网信赖度变化的相关性[84],以及肢体残障者和盲人等弱势群体的避难路径问题[85]等。

美国和其他各国学者的研究热点主要集中在避难路径模型建构[86]、多路径选择方法[87]、最快疏散路径的优化[88]、基于疏散通道的最佳疏散时间[89],以及居民路径选择偏好[90]等。其中,使用的技术手段包括多媒体仿真[91-92]、虚拟现实[93]、GIS 平台[94]、机器人应用[95]等。

可以看到,国外对避难路径选择的研究从早期关注空间特性,越来越倾向于关注人的出行行为和路径空间特性的关系上。

我国台湾地区在 1999 年 9・21 大地震后,研究重点放在避难疏散最适路径[96]、紧急路网评估方法[97]、疏散路网信赖度评估[98]、存活路网模型[99]等方面;认为安全、效率、最短距离、最少时间是民众选择避难路线考虑最多的因素[100]。例如,萧素月通过问卷调查发现路径的安全仍是民众选择避难路径的第一考虑要素,但灾民因无法取得即时资讯,常以最短距离到达避难地点,加入安全因素后的路径模拟,其路径吻合度虽稍降低,但可减轻避难过程的伤亡[101]。对地震条件下居民避难路径选择问题的研究,以张明辉的研究较为典型。他以台北市万华区龇陋小区街廓为例,探讨了小区居民逃生避难过程中,避难据点选择和避难路径的选择倾向和差异性[102]。研究结论包括:居民的教育程度、职业、小区参与程度、居住时间长短的不同对于避难据点选择具有显著差异。居民对避难路线的考虑因素为道路的宽度、障碍物数量、可能坠落物品的多少。直接通达开放空间与校园道路使用率较高。居民对避难地点和路径的认知与实际进行逃生行为有落差与冲突,可能在地震发生时因恐慌与其他因素而失去选择避难据点、避难路径的自主性,影响逃生安全。

在大陆地区,路径选择研究多用于智能交通系统中;应对灾害等突发事件情况下的路径选择问题,以车辆疏散、应急物流调配为对象的研究较多[103-104]。同时,还较多地研究了有诱导信息条件下的路径选择问题[105-110],基于驾驶员偏好的最优路径选择问题[111]、基于合理多路径的路径选择方法问题[112],面向决策过程的动态路径选择模型[113]等。在路径选择的仿真和优化研究中,普遍使用了一些智能算法和其他理论工具,如多智能体系统[114]、蚁群算法[115-122]、神经网络[123-125]、模糊数学[126-128]、前景理论[129]、参考依赖法[130]、GIS[131]等。

由于我国大陆地区的避难场所规划刚起步,还处在探索期,规划往往会重点考虑空间和人口规模的问题,而容易忽略居民作为避难主体的行为特征。从人的角度出发,对于避难者如何选择避难路径的研究,在我国大陆地区目前极为少见。相关的研究集中在疏散通道上,研究各等级疏散通道的规划原则、道路宽度、网络布局等内容[132]。

2.3.2　避难路径选择的心理特征

在日本学者对灾害条件下人的避难路径选择心理研究中,以室崎益辉及其众多学生的系列研究成果最具代表性,被广为引用。室崎益辉的经典研究是以火灾条件、建筑物室内人群为对象来开展的。虽然火灾和地震不同,室内和室外不同,但是,他的研究方法和成果对于开展地震条件下住区内室外空间的居民避难心理和行为特征研究,仍然具有很强的借鉴意义。

室崎益辉在研究中发现,人类选择避难路径的心理特性具有如下特征[133]:

① 归巢性:从进入的路径进行避难。

② 向光性:向明亮的地方避难。

③ 向开放性:与向光性类似,视野开阔处愈有逃生方向之可能性。

④ 直进性:选择笔直的楼梯或路径避难。

⑤ 从众性:选择追随多数人避难方向避难。

⑥ 日常动线的指向型:往经常或熟悉使用的出入口方向避难。

⑦ 易视路径的选择性:朝向最先看到的路径或是容易看到的楼梯避难。

⑧ 最近距离的选择性:选择最近的楼梯避难,但与直进性冲突者,就无此特性。

⑨ 本能危险的回避性:遇到危险时立刻远离危险状况,向安全的地方避难。

⑩ 理性安全的指向型:选择一条安全的路径。

对地震后道路安全性的心理认知直接决定其在避难时是否会选择该条道路。日本学者对阪神大地震后的避难道路危险度意识调查表明，认为非常危险的人占调查总人数的 37.8%，认为稍有危险的占 29.7%，两者合计超过 70%，还有 15% 的人震前就感到避难道路不安全。危险意识来源于地区的震害特征，包括：房屋建筑的倒塌和严重破坏、电线杆倒地、瓦片和玻璃落下、煤气泄漏、门柱和屏风的倒坏、火灾等。同时，危险意识可能使部分灾民产生畏惧心理，避难路上缩手缩脚，降低行走速度，延长避难的路途时间，增加危险概率[134]。

2.3.3 疏散路径选择模型

在路径选择的建模中，出行时间最少和出行距离最短被认为是最重要的选择依据。众多学者围绕这个核心问题从不同角度展开了一系列的相关研究。

宫建在对应急交通疏散交通流特性和应急交通疏散策略进行研究和分析的基础上，建立了应急交通疏散路径选择模型；并以虚拟的奥运会突发事件交通疏散为例，利用 OREMS 软件对应急交通疏散路径选择模型和交通流分配模型进行分析和验证[135]。

黄隆飞、宋瑞、郑锂建立以公共交通工具（客车）作为主要工具的紧急疏散路径优化模型，并设计了基于最小费用、最大流的求解算法[136]。

卢茜考虑了地震灾害中救灾物资运输的时效性和通行能力，将最短路径运用于地震灾害的应急车辆路径选择中，建立应急物流系统中公路运输路径选择模型[104]。

刘杨、云美萍、彭国雄针对城市中应急车辆的救援路径优化问题，分析了基于交通信息中心的应急车辆最优路径的多目标属性，以出行时间最小化和行程时间可靠度最大化为目标，考虑了出行的可靠性、安全性、道路条件等，建立了应急车辆最优路径选择的多目标规划模型[137]。

龚亚伟分析了灾害发生时的路段行程时间的变化情况，将车流波动理论的原理运用到车辆排队事件的分析中，把道路的长度、交通流量、路口等待等综合的因素转化成车辆的行驶时间，然后结合路段阻断风险建立了灾害发生时应急物资车辆路径选择模式[138]。

白永秀、周溪召运用多目标函数建立应急物资配送路径选择的数学模型，运用 AHP 法确定每个目标函数的权重值，将多目标函数模型转化为相对简单的单目标函数模型[139]。

交通网络的快速发展带来了复杂的路径选择问题，现实世界的多变性更增加了其复杂性。刘丽霞、杨骅飞借助最短路和相异路算法，通过对道路网络基本信息的修正和对相异度计算的改进，使产生的最优路径和相异路径更符合出行者的参考要求，有较好的实用性[140]。刘万锋、范珉、袁媛等人也从不同角度研究了突发事件下的路径选择问题，并建立了相应的模型[141-143]。

2.4 避难场所选择

2.4.1 避难场所选择的原因

对于地震，多数人倾向选择离家数百米的学校或公园，不会选远离本身生活圈的避难场所进行避难。

日本阪神地震灾后 1.5 个月后,兵库县震度 7 级《灾害救助法》适用地区,主要的避难原因是:担心余震的有 27.5%,因为家里水电、燃气受到破坏而避难的有 20%,因为担心室内不安全、或是追随别人或因受到周遭的人劝告而开始避难的有 18%,只有 5% 是因为建筑物倒塌避难。

根据台湾雾峰地区在 9·21 地震后的调查,民众对于避难据点的选择可归纳为以下几个原因:① 地势空旷、治安良好与有安全感(34.7%)。② 靠近自宅,可以就近处理救援及赔偿事宜(33.3%)。③ 环境熟悉,有归属感,互相认识,互相照应(18.7%)。

2.4.2 避难场所选择的用地类型

日本阪神大地震后,经调查发现,在《灾害救助法》的适用地区,到小学校避难的占 20%(极震区约为 57%),到中学的占 13%,到公园的占 8%。学校特别是小学是避难者最愿意选择的避难设施,小学数量多,分布广且均匀,距离市民住宅近,而大学的数量少,虽然也有诸多有利条件,但市民的普遍可选性较小学低。

根据蔡绰芳对台湾 9·21 大地震的调查和分析结果[144],学校和公园为主要的避难据点,收容人口合计占总收容人数的 59.83%,而道路、停车场、市集夜市与庙宇收容人数约为 23.87%。具体的各类避难设施的类型选择及其比例为:学校,34.76%;公园,22.37%;机关,11.63%;道路,5.34%;其他,5.13%;停车场,4.66%;市场,4.64%;寺庙,4.10%;活动中心,2.39%;体育场,1.22%;车站,1.02%;加油站,0.04%。

1966 年,河北邢台地震后,搭建防震棚的人数占被调查者的 83.6%;6.8 和 7.2 级地震的地震烈度 9 度区搭建防震棚者占总人数的 90% 以上。1976 年,唐山大地震后,由于事前没有规划建设避难场所,所以不存在指定避难场所,市民只能自主避难,90% 以上的市民在公园、操场、空地、建筑物废墟旁搭建防震棚。2005 年江西九江地震后,在灾区普遍搭建了帐篷村[145]。

根据中国地震灾害防御中心王东明等人的问卷调查,露宿街头人员比例从震后 24 小时的 47% 减少到 48 小时的 25%,再到 72 小时的 18%。相对汶川特大地震震后灾民安置情况的调查数据而言,玉树地震后的安置情况要明显好于汶川地震的情形。因为汶川地震当晚,超过 70% 的人员露宿街头,有超过 50% 的人直到震后第 5 天才住进政府的安置点。从以往经验来看,我国大多数地震应急期间灾民安置方式包括"简易棚、救灾帐篷、简易房、过渡安置房、投亲靠友"等。玉树地震后的 72 小时内也保持了这种态势,特别是震后的 24 小时,只有 3% 灾民住进政府提供的帐篷,充分反映了灾区缺乏应急避难所和应急物资储备的事实。震后 72 小时之后,住进帐篷的灾民逐步增加到 29%。在被调查的 1 013 位灾民中,有 60% 是在地震发生 96 小时之后才得到有效安置,这是因为地震 3 天后政府提供的帐篷数量开始激增,外援救灾物资不断运抵灾区[146]。

2.5 避难场所布局

2.5.1 相关法规

我国在相关法规中最早提及避难场所规划的是 1985 年《关于城市抗震防灾规划编制工作暂行规定》，里面提到了城市抗震防灾规划的主要内容应包括避震疏散规划；1987 年《建设部城市抗震防灾规划编制工作补充规定》中要求甲类模式抗震防灾规划的主要内容也应包括避震疏散规划；之后的二十年中，"避震疏散规划"的字眼也多次出现在相关法规中，但都是原则性的语言，仅要求设置避难疏散场地，而究竟如何设置，并没有实质性的办法。

第一次对避难场所规划提出系统要求的是 2007 年颁布的《城市抗震防灾规划标准》（GB50413—2007）。其中的第 8 章避震疏散，提出了对避难场所和疏散通道的一般规定、评价和规划要求。明确了避难场所的等级分类和相应的各类指标，包括服务半径、用地规模等。目前，国内抗震方面的避难场所规划都是依据这个标准来开展的。

2008 年汶川地震之后，中国地震局颁布了《地震应急避难场所场址及配套设施》（GB21734—2008）中，也对避难场所的分类、用地面积、人均面积以及配套设施进行了规定。与建设部颁布的《城市抗震防灾规划标准》相比，其内容更偏重避难场所内部配套设施的要求，而在避难场所的规划布局和具体建设所涉及的用地规模、服务半径、服务区大小、服务人口规模等方面，则没有进行明确。

在国家层面的其他相关规划和标准中，也有涉及避难场所规划建设，如 2006 年《国家综合减灾"十一五"规划》、2011 年《城乡建设防灾减灾"十二五"规划》和 2010 年《全国综合减灾示范社区标准》等，都是要求设置避难场所等原则性内容，不太涉及具体空间布局的问题（表 2-3）。

表 2-3 我国避难场所规划相关法规内容简表

时间	法规名称	条文内容
1985 年	《关于城市抗震防灾规划编制工作暂行规定》	城市抗震防灾规划的主要内容应包括避震疏散规划
1987 年	《建设部城市抗震防灾规划编制工作补充规定》	甲类模式抗震防灾规划的主要内容包括避震疏散规划
1995	《破坏性地震应急条例》（第 172 号令）	第十九条：在临震应急期，有关地方人民政府应当根据实际情况，向预报区的居民以及其他人员提出避震撤离的劝告；情况紧急时，应当有组织地进行避震疏散。 第二十条：在临震应急期，有关地方人民政府有权在本行政区域内紧急调用物资、设备、人员和占用场地，任何组织或者个人都不得阻拦；调用物资、设备或者占用场地的，事后应当及时归还或者给予补偿。 第二十九条：民政部门应当迅速设置避难场所和救济物资供应点，提供救济物品等，保障灾民的基本生活，做好灾民的转移和安置工作。其他部门应当支持、配合民政部门妥善安置灾民

住区避难圈

时间	法规名称	条文内容
1997 年	《中华人民共和国防震减灾法》	第三十五条:地震灾区的县级以上地方人民政府应当组织民政和其他有关部门和单位,迅速设置避难场所和救济物资供应点,提供救济物品,妥善安排灾民生活,做好灾民的转移和安置工作
2003 年	《城市抗震防灾规划管理规定》(建设部令第 117 号)	第九条:市、区级避震通道及避震疏散场地(如绿地、广场等)和避难中心的设置与人员疏散的措施
2006 年	《国家综合减灾"十一五"规划》	强化减灾避难功能,在多灾易灾的城乡社区建设避难场所。在台风、风暴潮、洪涝、地震、滑坡、泥石流和沙尘暴等灾害高风险区和大中城市,建设社区避难场所示范工程
2006 年	《城市规划编制办法》	总体规划的强制性内容包括城市抗震与消防疏散通道
2007 年	《城市抗震防灾规划标准》(GB50413—2007)	8 避震疏散:一般规定、评价与规划要求
2008 年	《地震应急避难场所场址及配套设施》(GB21734—2008)	本标准规定了地震应急避难场所的分类、场址选择及设施配置的要求。 本标准适用于经城乡规划选定为地震应急避难场所的设计、建设或改造。 分为以下三类:Ⅰ类地震应急避难场所具备综合设施配置,可安置受助人员 30 天以上;Ⅱ类地震应急避难场所具备一般设施配置,可安置受助人员 10 天至 30 天;Ⅲ类地震应急避难场所具备基本设施配置,可安置受助人员 10 天以内
2008 年	《中华人民共和国防震减灾法》(修订版)	第四十一条:城乡规划应当根据地震应急避难的需要,合理确定应急疏散通道和应急避难场所,统筹安排地震应急避难所必需的交通、供水、供电、排污等基础设施建设。 第五十条第四款:启用应急避难场所或者设置临时避难场所,设置救济物资供应点,提供救济物品、简易住所和临时住所,及时转移和安置受灾群众,确保饮用水消毒和水质安全,积极开展卫生防疫,妥善安排受灾群众生活
2010 年	《全国综合减灾示范社区标准》	预案中有社区综合避难图,明确了灾害风险隐患点(带)、应急避难所分布、安全疏散路径、脆弱人群临时安置位置、消防和医疗设施及指挥中心位置等信息。 1. 通过新建、加固或确认等方式,建立社区灾害应急避难场所,明确避难场所位置、可安置人数、管理人员等信息。 2. 在避难场所、关键路口等,设置醒目的安全应急标志或指示牌,引导居民快速找到避难所。 3. 避难场所标有明确的救助、安置、医疗等功能分区
2011 年	《城乡建设防灾减灾"十二五"规划》(住房和城乡建设部建质〔2011〕141 号)	3. 防灾避难场所建设。开展城市绿地系统防灾避险规划编制或修订完善;基本完成位于地震重点监视防御区和灾害风险较高地区城镇中心城区的防灾避难场所和避难通道的规划和建设,其他地区开展防灾避难场所建设试点工作;开展农村防灾避难场所建设试点。 建设依托学校、医院和大型公共建筑的防灾避难场所试点。 重点加强城镇防灾避难场所建设,推进新建社区的防灾设施、避难场所与房屋建筑同时规划设计,确保社区防灾设施齐全和足够的避难疏散空间; (三)积极推进防灾避难场所建设 一是结合城镇防灾规划和绿地系统防灾避险规划的编制和实施,基本建立具有综合防灾特点的防灾避难和灾后安置体系,完善相关应急保障基础设施,大幅提高我国城镇应急救灾能力。 二是制定《城镇防灾避难场所设计规范》,进行避难场所及其配套设施建设,完善避难场所各项防灾功能。在固定防灾避难场所建设中,加强防灾避难功能审查,严格工程质量监管;建立和完善日常管理制度,确保防灾避难场所的保障能力;结合城镇详细规划和社区建设,开展防灾避难场所和疏散道路整治,以及高密度城区防灾据点建设。 三是建立以城镇人均防灾避难场所有效疏散面积为主要考核指标的评价体系,确保各类防灾避难场所的规划布局、服务范围、用地规模和道路、给水、电力、排水等配套基础设施满足城镇应急避难需要

资料来源:笔者根据相关文献资料整理.

在地方层面,有些城市多出台了国家法规的配套规定或实施办法,以北京市为例,2001年通过的《北京市实施〈中华人民共和国防震减灾法〉办法》,2002年的《北京市公园条例》,2012年的《北京市综合防灾减灾社区标准(试行)》,2012年的《北京市人民政府关于加强本市城乡社区综合防灾减灾工作的指导意见》(京政发〔2012〕24号)等,都涉及避难场所的设置要求,但是其具体内容都比较原则性。

2009年,北京公布了《北京中心城地震及应急避难场所(室外)规划纲要》,并在2010年出台了《北京市地震应急避难场所规划》,使得北京市的避难场所真正拥有了全面系统的空间布局方面的依据。2011年,又出台了北京市地方标准《公园绿地应急避难功能设计规范》(DB11-794-2011),作为避难场所建设的配套法规来实施(表2-4)。

表 2-4　北京市避难场所相关法规文件简表

时间	法规名称	条文内容
2001年	《北京市实施〈中华人民共和国防震减灾法〉办法》	第二十条:本市在城市规划和建设中,应当考虑地震发生时人员紧急疏散和避险的需要,预留通道和必要的绿地、广场和空地。 地震行政主管部门应当会同规划、市政、园林、文物等部门划定地震避难场所。 学校、医院、商场、影剧院、机场、车站等人员较集中的公共场所,应当设置紧急疏散通道。 避难场所、紧急疏散通道的所有权人或者授权管理者,应当保持避难场所、疏散通道的完好与畅通,并按照规范设置明显标志。 第三十一条:已确定为避难场所和其他可以作为避难场所的空地,在破坏性地震发生后,有关单位应当无偿开放
2002年	《北京市公园条例》	第四十九条　对发生地震等重大灾害需要进入公园避灾避险的,公园管理机构应当及时开放已经划定的避难场所。公园内避灾的居民应当服从公园管理机构的管理。灾害消除后,在公园避灾的居民应当及时撤出,公园管理机构应当恢复公园原貌
2012年	《北京市人民政府关于加强本市城乡社区综合防灾减灾工作的指导意见》	(七)加强社区灾害应急避难场所建设。在本市城乡各社区,充分考虑城市、农村区域空间差异因素,通过确认、改建、新建等方式,将社区内的学校、体育场、公园绿地和广场等场所设定为社区灾害应急避难场所
2012年	《北京市综合防灾减灾社区标准(试行)》	第十八条　避险措施 社区应当充分利用辖区内的学校、体育场馆、公园及广场等资源,规划和设定转移安置场所、疏散转移路线。要在明显位置设立方向指示牌、绘制社区综合避难图,明确灾害风险隐患点(带)、应急避难场所分布、安全疏散路径、弱势人群临时安置避险位置、消防和医疗设施及社区指挥中心位置等信息。同时,配备必要的综合防灾减灾设备。 设置社区应急疏散避险场所参照的基本标准为: 室内安置场所人均有效面积不低于2 m²; 室外安置场所人均有效面积不低于3 m²

资料来源:笔者根据相关文献资料整理.

由上可知,《城市抗震防灾规划标准》及一系列涉及防灾社区和防灾公园的配套法规的出台,使得国内关于避难场所规划的相关法规体系已初步形成。虽然在很多方面还处在初期的探索阶段,很多内容还需要继续深入研究,但是,毕竟使得避难场所规划的实践工作有了基本的标准和依据;而反过来,相关规划的实践工作,又加深了对该领域的研究,促进了相关规范标准的不断修订。

2.5.2 用地指标

关于避难场所的用地指标,在我国大陆地区,涉及多个国家标准和规范。首先是在《城市抗震防灾规划标准》(GB 50413—2007)。该标准是 2007 年由国家建设部主编并批准的,对避难场所的分类、用地规模、服务半径和人均面积等用地指标,进行了明确规定(表 2-5)。2008 年由国家地震局主编的《地震应急避难场所及配套设施设计规范》(GB 21734—2008)出台,也划分了三类避难场所,但是名称与《城市抗震防灾规划标准》(GB 50413—2007)中有所不同,在用地规模的指标上,只有一个下限,没有对不同等级避难场所的用地规模进行明确设定。

《城市抗震防灾规划标准》在 2011~2012 年进行了修订,并在 2012 年报送国家住建部审批;同时报批的还有《城市综合防灾规划标准》和《防灾避难场所设计规范》。在 2013 年提交国家住建部审批的两个标准和一个规范的报批稿中,关于避难场所的用地指标取得了统一(表 2-5)。

表 2-5 国标中关于避难场所的基本指标要求

规范名称	场所分类	用地规模	服务半径	人均面积
《城市抗震防灾规划标准》 (GB 50413—2007)	紧急避震疏散场地	≥0.1 hm²	500 m	≥1 m²
	固定避震疏散场地	≥1 hm²	2~3 km	≥2 m²
	中心避震疏散场地	≥50 hm²	—	—
《地震应急避难场所及 配套设施设计规范》 (GB 21734—2008)	Ⅰ类地震应急避难场所	≥2 000 m²	—	≥1.5 m²
	Ⅱ类地震应急避难场所			
	Ⅲ类地震应急避难场所			
《城市抗震防灾规划标准》 (2013 年报批稿)	紧急避难场所	不限	500 m	≥1 m²
	短期固定避难场所	0.2~1.0 hm²	0.5~1.0 km	≥2 m²
	中期固定避难场所	1.0~5.0 hm²	1.0~1.5 km	≥3 m²
	长期固定避难场所	5.0~20.0 hm²	1.5~2.5 km	≥4.5 m²
	中心避难场所	≥20 hm²	—	—

资料来源:笔者根据相关文献资料整理.

在汶川地震之后,避难场所的重要性得到大家的关注。国家也及时修订了《防震减灾法》,要求各地重视避难场所的规划和建设。于是,各地开始编制避难场所布局规划。这几年间,已有很多城市编制了此类规划。本书通过查阅各类文献资料,收集到国内若干主要城市避难场所规划的数据资料,并对这些数据进行比较分析。可以看出,各地在实际编制避难场所规划时,所依据的国标略有差异,有的是依据《城市抗震防灾规划标准》(GB 50413—2007),有的是依据《地震应急避难场所及配套设施设计规范》(GB 21734—2008),所以导致在避难场所的名称上存在差异,在用地规模、服务半径等指标上也存在一定的不同(表 2-6)。

城市名称	等级	用地规模(hm²)	服务半径(m)	人均用地指标(m²/人)	资料来源
上海	Ⅰ类场所	≥2(浦西内环以内1.5以上)	5 000	中心城区人均实际有效用地面积控制为3.0(浦西内环内不低于2.5),其中,Ⅰ类应急避难场所2.0(浦西内环内不低于1.5)	上海市人民政府办公厅.关于推进本市应急避难所建设的意见,2010 杨文耀,林伟明.城市应急避难场所布局研究——以上海市中心城应急避难场所布局规划为例[J].城市规划学刊,2008,(Z1):254－257
	Ⅱ类场所	≥0.4	1 000		
	Ⅲ类场所	≥0.2	500		
天津	紧急	0.1~0.15(宽度大于10 m)	500以内	人均避难场所用地为2,其中临时性避难场所用地不低于0.5,永久性避难场所用地不低于1.5	胡志良,张丽梅.城市公共安全的规划探索——以《天津市中心城区应急避难场所(提升)规划》为例[C].城市规划和科学发展——2009中国城市规划年会论文集,2009:4262－4269
	固定Ⅲ类	1~5(有效面积大于0.2)	500~2 000		
	固定Ⅱ类	5~10	2 000~4 000		
	固定Ⅰ类	≥10	4 000~6 000		
北京	紧急避难场所	≥0.2	500	大于1.5~2.0	北京市城市规划设计研究院.北京市地震应急避难场所规划[R].2010 北京中心城地震应急避难场所(室外)规划纲要
	固定避难场所	≥1	2 000~3 000	大于2~3	
	中心避难场所	≥50	不设要求	大于2~3	
深圳	紧急避难场所	≥0.1	不宜超过500	不宜低于1	深圳市规划和国土资源委员会.深圳市应急避难场所专项规划(2009—2020)文本(草案)[R].2009
	固定避难场所	≥1	不宜超过2 000	2~3	
	中心避难场所	≥10	不宜超过10 km		
	室内避难场所		不宜超过2 000	3~5	
杭州	社区(村)级应急避难场所			1.0~1.5	杭州市城市规划设计研究院.杭州市应急疏散避难场所布局规划(2008—2020)[R].2009
	街道(乡镇)级应急避难场所			1.5~2.0	
	区级应急避难场所			2.0~3.5	
	市级应急避难场所			3.5~5.0	
武汉	紧急避难场所	0.1	0.5~1.0	1	武汉市规划设计研究院.武汉都市发展区综合防灾及避难场所布局规划(2010—2020)[R].2010
	固定避难场所	0.3	2.0~3.0	全市平均为2,中央活动区最低不小于1.5	
	中心固定避难场所	10	5.0~10.0	9	
广州	紧急避难场所	≥0.2	500(步行10 min)	1.5	闫永涛,唐勇,魏宗财.地震应急避难场所专项规划编制探索——以广州市地震应急避难场所专项规划纲要为例[C].规划创新:2010中国城市规划年会论文集,2010
	固定避难场所	≥3.0	500~3 000(步行1 h)	2.0	
	中心避难场所	≥10.0	10 000(可借助交通工具到达)	3.0	

住区避难圈

城市名称	等级	用地规模(hm²)	服务半径(m)	人均用地指标(m²/人)	资料来源
重庆	紧急避难场所(社区级)	＞0.2	500(步行 10 min)	2	重庆市规划设计研究院. 重庆市主城区突发公共事件防灾应急避难场所规划(2007—2020)[R]. 2008 杨蜀光,余颖,冉杨等. 构建城市生命屏障——《重庆市主城区突发公共事件防灾应急避难场所规划》简析[J]. 城市规划,2010(07):92－96
	临时避难场所(区级)	＞2	2 km(步行 1 h)	4	
	长期避难场所(市级)	＞10	10 km	9	
西安	四类避难场所(临时紧急避难场所)		300～500(步行 5～10 min)	《西安市城区应急避难场所规划》确定西安市应急避难场所人均面积标准为2.5 m²	西安市城市规划设计研究院. 西安市城区应急避难场所规划[R]. 2011
	三类避难场所		800(步行 15 min)		
	二类避难场所		1 500(步行 0.5 h)		
	一类避难场所		3 000(步行 0.5～1 h)		
淮南	Ⅰ类避难场所			2.1	中国城市规划设计研究院. 淮南市城市综合防灾规划[R]. 2010
	Ⅱ类避难场所			1.6	
	Ⅲ类避难场所	≥0.1	500～1 000(步行 15 min)	1.0	
西昌	紧急避难场所	1	500		张艳,郑岭,高捷. 城市防震避难空间规划探讨:以西昌市为例[J]. 规划师,2011(08):19－25
	固定避难场所	10～25	1 300～2 000		
	中心避难场所	≥50	不设要求		

资料来源:笔者根据相关文献资料整理.

2.5.3 布局方法

1994 年,在我国台湾地区行政主管部门颁布的《灾害防救方案》中,开始制定了有关都市防灾避难所、消防救灾路线等都市防灾设施规划设计原则的相关规定[147],并纳入 1997 年修订的《都市计划通盘检讨实施办法》。自此,台湾各县市都市计划通盘检讨时,均须依此规定,对防灾设施进行规划和检讨。我国台湾内政主管部门建筑研究所于 1999 年 9 月 21 日集集大地震后,制定《都市计划防灾规划手册汇编》,完整提出了都市计划防灾空间系统规划的内容。该手册的主要内容包括疏散道路、避难场所、医疗、消防、物资、治安等六大系统的布局[148](图 2－1)。

台湾地区的学者对避难场所布局问题的研究也是在 1999 年 9·21 大地震之后突然增加的,研究文献的数量呈现出爆发式的增长,比震前大幅度增加,代表学者有何明锦、张益三、简贤文、黄定国、李威仪、陈亮全、蔡柏全、蔡绰芳、萧江碧、江崇诚、陈建忠等。根据时间序列的先后,避难场所分为紧急避难场所、临时避难收容场所、中长期收容场所等不同等级。周天颖、简甫任(2001)将一般公共设施选址模型和特殊公共设施选址模型引入避难场所布局领域,并比较了 P 中位模式、P 中心模式、区位覆盖模式和最大区位覆盖模式的差异性;同时,建立了灾害避难场所区位选派模式[149]。

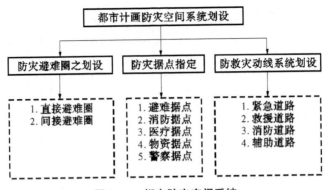

图 2-1　都市防灾空间系统

资料来源:何明锦.都市计划防灾规划手册汇编[R].台北:台湾内政主管部门建筑研究所,2000:58.

　　2008 年至今,北京、上海、重庆、深圳、攀枝花、淄博、什邡等地均已编制完成避难场所规划。从各地实践来看,其主要内容要点包括:灾害要素、可用资源分析、用地指标确定、选点和责任区划分、疏散通道布局、应急能力建设等方面。

　　在避难场所规划方法方面,大体可以分为三个步骤:一是现有用地资源条件分析;二是划分责任区,把避难场所按照服务半径分为紧急避难、固定避难、中心避难三个等级,按照不同服务半径来划分各避难场所的责任区域;三是确定用地指标,然后按照城市未来的规划人口规模,计算避难用地需求,把各责任区的人口分派下去,使人口和避难场所能够对应。

　　在避难场所布局模型建构的研究方面,以陈志芬和李刚等人的研究为代表。陈志芬(2011)研究应急避难场所选址规划的进展,对应急避难场所进行了层次性分析,提出了应急避难场所层次选址布局模型,并阐述了应急避难场所选址布局模型的应用方法[150]。

　　随着避难时间的推移,群众的避难需求表现出逐级上升的层次性,由此决定了应急避难场所在选址和空间布局时应当考虑层次性及其结构特征。陈志芬等人(2010)在将应急避难场所划分为临时避难场所、短期避难场所和中长期避难场所三个层次,并进一步探讨避难需求与应急避难场所的层次性关系的基础上,揭示了应急避难场所的层次结构在空间上表现出的单一流、嵌套和非空间一致性的特点[151]。

　　陈志芬等(2010)分析应急避难场所层次选址的目标因素:建设成本和避难效果,提出总的移动距离最短和建设成本最小两类选址目标,立足城市发展程度差异和现状应急避难场所建设情况分析,将应急避难场所选址类型分为规划性选址、老城新选址、补充性选址三种。依据应急避难场所的三级层次划分,分别建立了应急避难场所的规划性选址、老城新选址、补充性选址共 8 个三级层次选址模型,并通过模拟实验对模型的效果进行了检验[152]。

　　李刚(2006)根据地震应急避难场所和责任区域的特点,提出以各场所的覆盖半径为权重,使用加权 Voronoi 图方法在 GIS 技术上对场所责任区域进行空间划分。提出影响覆盖半径的七个因子,给出各因子权重计算方法并编制专用程序进行各因子的权重计算,得出加权覆盖半径后,可确定各场所较合理的空间影响范围[153]。

　　刘强等人(2010)以 5·12 汶川特大地震为背景,针对地震灾区处于丘陵高山和经济欠发达地区的特点,论述特大地震灾害应急避难场所选址的原则与模型。根据野外实地考察数据与分析资料,通过对地震灾害的全面风险分析与评估,建立层次化评价指标体系,应用AHP方法建立选址原则层次分析模型并进行定量分析[154]。

吴健宏、翁文国(2011)针对城市避难场所选址和避难人员分配问题,开发了基于GIS和多目标规划模型的决策支持系统。通过图层叠加,筛选出城市风险区之外的绿地、公园等空间作为避难场所备选点。通过GIS的网络分析功能,提取城市道路网络的拓扑,计算节点之间的最短路径。建立城市避难场所选址优化的多目标规划模型,优化城市所需的避难场所个数、选址和服务区域[155]。

周亚飞、刘茂、王丽(2010)充分考虑选址问题中的"公平"和"效率"原则,提出城市避难场所选址的多目标规划模型,并利用建模优化软件LINGO进行r求解,从而得出避难场所的最佳选址位置[156]。

徐波等(2008)按照城市级、区级、社区级三个层次对防灾空间分布提出了分布优化模型,防灾空间面积的大小根据各防灾空间所覆盖人口数量确定。给出疏散道路宽度与人流密度、疏散人口数量的动态优化模型[157]。

徐礼鹏等(2012)以安庆城区为例,根据城市人口分布状况以及城市总体的空间布局,分析应急避难场所的特征及其与城市的适应程度。采用GIS的空间查询、网络分析、最佳路径分析等功能,检验该市应急避难场所的合理性,针对城市规划中应急避难场所空间布局上不合理的问题,进行方案优化[158]。

马浩然、冯启民(2009)通过引入当量长度的概念,构建了有组织疏散的城市避震疏散优化模型,并采用遗传算法(GA)实现了模型的优化求解;当量长度考虑了疏散环节各种影响因素,较之单纯采用道路长度作为疏散距离而言更有实际意义[159]。

徐伟等人(2008)通过对比中、日、美三国的灾害避难所及其规划设计指导手册,总结了灾害避难所的基本类型和避难所规划的空间尺度。从营养系统的角度给出了避难所规划的3个大类及8个实施标准,并以此为基础,提出了灾害避难所规划或评价的3个基本模式[160]。

2.6 避难圈

2.6.1 避难圈的相关概念

日本对避难圈的研究主要集中在1995年阪神大地震之后,围绕避难场所的选址、服务半径和影响因素展开。对震时实际避难所的人员构成、出行距离、服务范围、以家庭为单位进行避难活动的情况等进行了现场调查,主要代表学者包括柏原士郎、阪田弘一、横田隆司、冨田光则等人[161-168]。

国外的相关研究包括避难圈、90%避难圈、沃罗诺伊图(Voronoi Diagram)、希求线图等[169]。我国台湾地区普遍采用区位模型方法进行避难场所的规划,区位模型中包括了区位模型中P中位模型、P中心模型、区位覆盖模型、最大覆盖模型、极大嫡法、替选区位选派模式等[170]。

目前国内大部分城市都是根据人口和用地规模的对应关系,进行避难场所的指定和人口的分派;使用科学方法的实例不多,特别是借助于数学模型的研究较少。在笔者查阅到的文献中,仅有李刚[171](2006)、何淑华等人[172](2008)使用 WVD 法,分别对厦门和淄博的避难场所责任区进行了划分;周晓猛等人(2006)针对避难场所的布局优化提出了网络优化模型[173],其他相关研究则明显不足,致使规划的科学性程度不高。

2.6.2 防灾生活圈

在避难生活圈的相关研究中,最具代表性的是日本的"防灾生活圈",其他国家尚未见到系统的此类研究。

2.6.2.1 防灾生活圈的缘起

1980 年,日本首次在"My Town"构想恳谈会中提出防灾生活圈的构想,其内容以规划都市发生地震时不引发火灾以及防止火势延烧为主[174]。

1982 年,东京在拟定的东京都长期计划中,决议施行整建延烧阻断带与推动防灾生活圈示范事业,并在 1985 年正式实施。

1990 年,所拟定的第三次东京都长期计划中,除了继续进行防灾生活圈示范作业外,也持续推动防灾生活圈。

1992 年,日本国土厅在《首都圈基本计划》中,提出防灾隔断地带、避难地、避难路等概念,丰富了防灾生活圈的内涵[175]。

1995 年阪神大地震后,日本国土防灾局在《防灾基本计划》中,增加了防灾据点与安全防灾街廓计划等内容。由此,防灾生活圈便成为日本防灾体系中的一部分,并发展出一套完整的防灾生活圈模式。

同年,日本阪神大地震后,神户市着手研究建设计划,神户市震灾复兴本部总括局并在《神户市复兴计划》中提出都市安心、活力、魅力及互动等四个主题作为都市建设的目标,据以建设神户市为"安全的都市"。安全都市的主要内容为:① 都市防灾基本计划;② 都市计划(防灾生活圈);③ 防灾都市基盘;④ 都市防灾管理。防灾生活圈则属于都市计划面的规划。

安全都市的建立应从生活圈做起,因此,防灾生活圈为安全都市的基本要求,唯有完善的防灾生活圈,才可建立安全的都市。防灾生活圈是以延烧遮断带的形成,规划灾害时安全的都市架构,再从依据圈域内生活环境的生活质量改善,策划提升市街地的防灾性。

日本阪神的经验,将生活圈规划得相当周全,每个生活圈均成为"安心生活圈",防灾生活圈依照圈域的不同可区分为邻里生活圈、生活文化圈与区域生活圈。每一生活圈有关防灾设施规划,包含救灾路线、避难路径、避难场所、防灾轴、防火区划及防灾据点等。

1995 年,我国台湾地区在台湾行政主管部门第 16 次科技顾问会议中,参酌日本东京都震灾防治计划,将"防灾生活圈"列为都市防灾建设及重点防治工作内容之一,由此,"防灾生活圈"的观念便引入国内的防灾体系中。在台湾地区目前有关防灾生活圈的研究中,以萧江碧、陈建忠、何明锦、李威仪、黄定国等人为代表,主张将防灾生活圈的观念纳入都市计划的防灾计划中,并探讨相关防灾设施的准则。例如,李威仪、钱学陶等(1997)尝试引入"防灾生活"的概念,将"防灾生活圈"纳入台北市都市计划防灾系统之中,并规划出台北市防灾计划的"直接避难区域"及"阶段避难区域";2000年,台中市出台都市发展策略研究,也在都市计划中强调及建议防灾生活圈的观念[176]。目前,台湾地区的防灾生活圈概念主要包括避难场所、防灾救灾道路、消防站、医疗救护站、救灾物资储存与转运站点以及警察指挥据点等都市六大防灾空间系统。

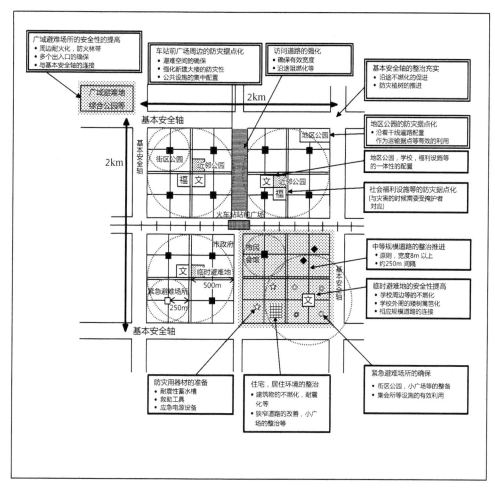

图 2-2 日本安全生活圈示意图

资料来源:東京都都市整備局.東京都防災都市づくり推進計画[R].2010.

2.6.2.2 防灾生活圈的等级与规模

防灾生活圈在都市空间层级而言,日本防灾基本计划将其分为邻里生活圈、生活文化圈以及区域生活圈(表2-7,表2-8,表2-9)。我国台湾地区目前的防灾计划的观念及组织架构多沿用日本体系,且所形成防灾避难圈的内容架构也类似。台湾地区的相关研究则分为直接避难圈与阶段避难圈,或为邻里救灾避难圈、地区救灾避难圈、全市救灾避难圈以及"全国"救灾避难圈。避难圈与生活圈的概念是混用的,意思基本相同[177]。

（1）邻里生活圈

邻里生活圈是以小学、中学以及 1~10 hm² 以下的邻里公园等避难据点为生活圈的核心，即日本防灾区域计划中的"一次避难地"。这些避难据点为地区性的防灾公园，Yasushi Tanaka 与 Akiyo Hattori 认为防灾公园其周围为可防止火灾延烧的防火树林带，公园内部则设有储备仓库、耐震性水槽、广播设施、情报通信设施、发电设施及防止延烧的洒水设施等。居民在此避难据点内，经由互助的方式进行小区建设，于灾害发生时，能独立展开防灾活动，灾害发生之后能立即以地区防灾据点为中心，建设小区的独立性生活。一般邻里生活圈是以小学的服务半径为范围，而台湾地区《都市计划定期通盘检讨实施办法》第十八条中规定：小学应以每一相邻单位或服务半径不超过 600 m 配设为原则[178]。

（2）地区生活圈

邻里生活圈的避难据点其面积规模较小，当大规模地震发生时，易为邻近建筑物倒塌所伤害，当大火蔓延而无法抵御时，根据日本神户大地震的经验，于防灾公园避难的居民，在大火蔓延时必须撤离，前往大规模的防灾避难所。或是灾情持续扩大，二次灾害已威胁到邻里生活圈的防灾据点时，需迁移至较大规模的避难场所，也就是所谓的广域避难地。日本的广域避难地为 10 hm² 以上的小区公园、区域公园等避难据点。地区生活圈主要是以广域避难地为生活圈的核心，每人平均避难面积为 2 m²。台湾地区学者何明锦提出生活文化圈的区域规模为人员徒步 2 km 以上的远距离地区。其他地区生活圈除拥有广域避难据点（大学、区域公园、小区公园）外，尚具消防救灾（消防分队）、警察指挥（警察分局）、医疗救护（地区医院、区域医院及教学医院等）以及物资运送（批发仓储业、物流业等）等防灾空间系统，并支持邻里生活圈的防灾功能。

（3）全市型生活圈

全市型生活圈主要是以全市性公园及体育场所等为生活圈的核心，并以市政府为中心展开广泛性的救援活动。一方面与邻里生活圈及生活文化圈必须维持联系，另一方面区域内必须能接受外部所供应支持的救援物资、收集情报、发布情报等。其服务圈域是以县市的行政区域为单位。区域生活圈拥有完整的避难据点（全市性公园、体育场）、消防救灾（消防队）、警察指挥（警察局）、医疗救护（医学中心、区域医院）、物资运送（批发仓储业、物流业）以及防救灾路网等防灾空间系统。

表 2-7　防灾生活圈划设标准表

等级	空间类别	划设指标	防灾必要设施及设备
全市防灾避难圈	学校、全市性公园、医学中心、消防队、警察局、仓库批发业、车站	以全市为单位	提供避难居民中长期居住的空间。 提供避难居民所需的粮食生活必需品储存。 紧急医疗器材药品。 区域间资料汇集、建立防灾资料库及情报联络设备
地区防灾避难圈	中学、社区公园、地区医院、消防分队、警察分局	步行距离为 1 500~1 800 m（约 3 个邻里）	区域内居民间情报联络及对外联络的设备。 消防相关器材、紧急用车辆器材。 进行救灾所需大型广场、空地。 提供临时避难者所需的饮用水、粮食与生活必需品的储存
邻里防灾避难圈	小学、邻里公园、诊所、卫生所、派出所	步行距离为 500~700 m（约一个邻里单元）	居民进行灾害应对活动所需的空间与器材。 区域内居民间情报联络及对外联络的设备

资料来源：张益三. 都市防灾规划之研究[R]. 台湾省"住都处市乡规划局"，1999.

住区避难圈

表 2-8　神户市复兴计划防灾生活圈划设标准表

圈域类型	近邻生活圈	生活文化圈	区生活圈
圈域体系运作	由民众自主组成防救灾团体之生活圈域运作模式	由各邻近地区民众自主结合组成防救灾团体之自愿工作团体干部,进行人员、物资、情报之整合,并订定相互支援的各近邻生活圈结构体系	由区公所辖属各单位组成区内之救难与防灾运作体系结构
圈域规模划设依据	概略同国小学区	数个近邻生活圈组合而成	行政区
圈域内重要防灾据点设施	地区防灾据点 中小学、邻里公园等	防灾支援据点 公园、学校等公共设施	防灾综合据点 区公所、消防队等

资料来源:张益三.建立都市防灾规划中基础避难圈域之服务规模推估模式[C].2003年第七届国土规划论坛学术研讨会论文集,2003.

戴瑞文.地震灾害之防灾系统空间规划及灾害潜势风险评估之研究:以彰化县员林镇为例[D].台南:成功大学,2006.

表 2-9　日本相关避难圈域(地区防救灾生活圈)规模表

县市名称	人口数(人)	面积(km²)	人口密度(人/km²)	避难生活圈之分区依据	避难生活圈主要中心	避难生活圈概约规模(km²)	分区数	所属县府都
千叶市 Chiba	873 617	272	3 211	町村行政区	市民会所、小学校	7.4	37	千叶县
富山市 Toyama	325 693	209	1 558	町村行政区	市民会所、小学校	4.3	48	福山县
高知市 Kochi	330 654	145	2 244	小学学区	小学校	6.3	23	高知县
小牧市 Komaki	140 228	63	2 332	小学学区	小学校	3.9	16	爱知县
高槻市 Takatsuki	354 977	105	3 371	町村行政区	小学校	6.5	16	大阪府
盐尻市 Shiojiri	62 520	172	363	无	公园广场、小学校	3.1	56	长野县
秋田市 Akita	312 706	460	680	小学学区	小学校	1.2—12.5	41	秋田县

资料来源:张益三.建立都市防灾规划中基础避难圈域之服务规模推估模式[C].2003年第七届国土规划论坛学术研讨会论文集,2003.

2.6.3　防灾分区与避难单元

在汶川地震之后,我国各地开始陆续编制避难场所规划、抗震防灾规划或综合防灾规划,在涉及空间层面时,多使用防灾分区或避难单元来对城市空间进行细分。其原理也是借用了日本的"防灾生活圈"概念,使得局部灾害能够被有效地控制在各分区内,各分区内的人口能够尽量安排在本区域内部开展避难活动。同时,各分区配备相应的消防设施、医疗急救设施、救灾物资储备设施、指挥设施、避难场所、疏散通道等。

在淮南、深圳、武汉、合肥、杭州等地的相关规划中,都使用了相关的概念。其规划手法通常是根据城市用地适宜性布局、城市结构型态现状以及总体规划布局要求,考虑城市防灾的需要,将城市防灾空间结构分成三个等级:一级防灾分区、二级防灾分区和三级防灾分区,并划定每个防灾分区的空间范围(图 2-3)。

其中,一级防灾分区有隔离带或天然屏障(如河流、山体等)防止次生灾害,具备功能齐全的中心避难场所,综合性医疗救援机构,消防救援机构,物资储备,对外畅通的救灾干道。分区隔离带不低于 50 m。

二级防灾分区以自然边界、城市快速路作为主要边界,具备固定的避难场所、物资供应、医疗消防等防灾救灾设施。分区隔离带不低于 30 m。

三级防灾分区由自然边界、绿化带、城市主次干道为主要边界,社区为单位,紧急避难场所的半径约为 500 m,分区隔离带不低于 15 m。

图 2-3 某市一、二级抗震防灾分区划分图

资料来源:某市城市规划设计研究院.某市抗震防灾规划[R].2010.

日本"防灾生活圈"的研究重点集中在避难所人数的变化与避难者对避难所选择的相关性[27],避难所的规模、数量和布局[28]以及日常活动与选择避难所的相关性[29]等方面。其他

住区避难圈

国家学者对避难场所的圈域研究还涉及避难圈、90％避难圈、沃罗诺伊图（Voronoi diagram）、希求线图[30]等。但是，所有这些避难圈域的图形都与防灾生活圈类似，即都是以避难场所为中心进行划分的。日本虽然也研究了人的避难行为模式，探讨了人的日常活动与避难场所设立的关系，但是，"防灾生活圈"以避难场所为中心，通过导向系统进行避难引导，却忽视了居民对避难地点的自主选择与指定的避难场所之间的差异。而且，不同人群日常出行习惯的不同，也直接影响到对避难空间的选择。

我国台湾地区在 9・21 大地震之后，学习日本经验，对防灾生活圈[39]的划设做了研究。后来逐步形成了自己的特点，明确了规划内容，即包括避难场所、疏散通道、消防、医疗、物资、警察等六大系统[40]。

而大陆地区在此方面的研究起步相对较晚，2005 年才开始有学者借鉴日本和我国台湾地区的经验，进行了初步探索[41]。主要关注的是避难场所的设置与布局[42-44]、避难场所的用地规模、服务半径、等级体系和人均面积等方面[45-47]；规划采用较多的防灾分区，也是来源于日本的防灾生活圈。

由此可知，国内目前对避难场所问题的研究，以避难空间资源分配为主。对于避难行为的研究，以建筑室内为对象的多，室外空间的少；大型公共设施的多，居住建筑的少；火灾的多，地震的少。庆幸的是，已经开始有少量学者认识到将避难行为与避难空间结合起来进行研究的必要性，也进行了初步的研究探索，但是目前还未能形成系统的研究成果。

目前而言，在避难空间领域内，最具代表性的做法就是日本的防灾生活圈。但是，"防灾生活圈"也存在一定的不足，如下所示：

① 规划指定的避难场所是基于这样的假设：地震来临时，人会自动跑到（或被引导到）指定的避难场所去避难。但是，事实上，当地震灾害发生时，在自主型避难的情况下，居民对避难地点的选择与指定的避难场所之间存在一定的差异性。这种差异往往导致避难时间的延长和避难效率的降低。

② 不同人群日常出行习惯不同。人对避难空间的选择与日常出行习惯有很强的相关性。这种相关性需要认真研究并在规划中充分利用，以提高避难效率。

基于此，本书提出"避难生活圈"概念。"避难生活圈"是以居住小区为中心，以小区周边的各个避难场所为边界节点所构成的圈域。与"防灾生活圈"相反，避难场所位于"避难生活圈"的外围边界上，而不是在圈域的中心。它能更加真实地反映地震发生时居民的避难行动轨迹，并基于居民的避难路径选择和日常出行习惯进行划设。

2.7　小结

本章对避难心理与行为、避难路径和避难场所选择、避难场所布局和避难圈划设的相关研究文献进行了回顾。

在避难心理方面，阐述了避难心理的概念，以及与其他相关概念的关系；解释了震时人们的心理反应特征及其影响要素；并回顾了国内有关灾害心理和认知的代表文献。

在避难行为方面，以最具代表性的日本为例，简述了日本有关灾害避难行为的研究历史,并对国内的相关研究进行了整理和述评。同时,对避难行为的类型、时序特征和避难速度的研究进行了回顾。

在避难路径选择方面,对日本、我国台湾地区和大陆地区的相关研究进行了回顾和比较,并对避难路径选择的心理特征和选择模型进行了综述。

在避难场所选择方面,主要论述了避难场所的选择原因,以及选择的用地类型及其比例。

在避难场所布局方面,对我国有关避难场所规划建设的相关法规进行了系统的回顾,对比了不同标准规范中的用地指标要求,并比较了国内各大主要城市的避难场所规划中的关键指标的差别。

在避难圈方面,重点回顾了日本的防灾生活圈概念的提出及其具体做法和实例,说明了我国台湾地区和大陆地区目前主流做法与日本防灾生活圈的关系,并指出了防灾生活圈的不足之处,提出了"避难生活圈"的概念。

第3章　理论基础与研究设计

本章重点阐述了本书研究工作的理论基础,包括两个方面,一是心理学和行为学的相关理论,二是空间选址的相关理论。前者用来分析人的行为和心理特征,解释人的避难行为选择的合理性与科学性,后者用来对避难场所的布局提供科学基础。在分析框架中,说明了本书进行系统分析的逻辑关系和要素,而后,概要地介绍了本课题的数据采集方法。

3.1　理论基础

3.1.1　心理学的相关理论

3.1.1.1　心理学与行为学

心理学研究的基本目的是揭示心理现象的规律,并运用这些规律为社会实践服务。具体来说,心理学的研究目的是描述、解释、预测、控制[179]。

人的心理是客观存在的现象。为了发现隐藏在现象之后的规律,心理学家的首要任务就是要客观地描述这些现象。描述是科学研究中的首要步骤。在描述之后,心理学家的第二步工作就是对所描述的现象作出科学解释,揭示出现象背后的规律。解释的目的是发现现象出现的前因后果,对现象作出理论上的说明。心理学还应能够对人未来的心理和行为或未观察到的心理事实作出预测。预测的基础是对人的心理现象的本质和规律性的认知和把握。研究心理和行为的目的是为了对人的行为进行控制,使行为朝着人们所希望的方向发展,使不良的心理和行为尽可能不发生。

（1）行为主义与新行为主义

19 世纪末 20 世纪初,正当构造主义和机能主义在许多心理学问题上争论不休之际,行为主义（Behaviourism）异军突起,1913 年,美国心理学家华生（John Watson）发表了他的重要论文"从一个行为主义者眼光中所看的心理学",宣告了行为主义的诞生。行为主义主要论点如下:① 反对研究意识,主张心理学应研究行为。② 反对内省法,主张采用实验法。③ 反对遗传决定论,主张环境决定论。行为主义主张研究可观察到的行为,创立了许多心理学研究方法和手段,对心理学走上客观研究道路起到了巨大的推动作用。但是,行为主义反对研究意识,反对研究心理的结构、过程和功能,也限制了心理学的健康发展,因而受到许多批判。

20 世纪中期之后,信息科学和计算机技术兴起,人本主义心理学和认知心理学相继出现,行为主义逐步走向衰落,其作为一个学派已经消亡,但是作为一种研究范式,它还活跃在心理学的某些研究领域中。只不过这种行为主义是经过修正后的行为主义,即新行为主义。其中,著名的代表人物和理论包括托尔曼(Edward Chace Tolman)的目的行为主义、赫尔(Clark Leonard Hull)的假设演绎行为学、斯金纳(Burrhus Frederic Skinner)的操作行为主义、班杜拉(Albert Bandura)的社会学习理论[180]。新行为主义的观点是,人的行为是在和环境的相互作用中形成的,个体的一切行为的产生和改变,都源于刺激和反应之间的联结关系。主要研究问题包括:行为在何种条件下产生? 刺激对行为的作用如何? 行为结果又如何影响随后的行为? 行为主义在学习、动机、机器教学、行为治疗、社会行为等领域有着较多的研究和应用[181]。

(2) 认知心理学

20 世纪中后期,认知心理学逐步成为当代西方心理学的主要范式。认知心理学有广义和狭义之分:凡是以人类认知为研究对象者,就属于广义的认知心理学;狭义的认知心理学指以信息加工观点研究人接收、加工、储存、提取信息的过程的心理学。认知心理学起源于20 世纪 20～30 年代的瑞士心理学家皮亚杰和前苏联心理学家维果茨基,50～60 年代的乔姆斯基和奈瑟(V. Neisser)也是杰出代表。认知心理学虽然研究人内部的心理过程,但在研究方法上却仍然坚持行为主义的客观立场,用实验法作为主要的研究方法[182]。认知心理学的主要研究问题包括注意、模式识别、记忆、知识的组织、语言、推理、问题解决、分类、概念和类型等[183]。

(3) 动机与行为

① 动机

动机(Motivation)是发动、指引和维持个体活动的内在心理过程和内部动力。在有特定目标的活动中,动机涉及活动的全部内在机制,包括能量的激活,使活动指向一定目标,维持有组织的反应模式,直到活动完成。因此,动机是推动人们活动的内部原因和动力。人的一切活动总是受动机的调节和支配。

动机的概念是由美国心理学家伍德沃斯(R. Woodworth,1918)率先引入心理学的。他把动机视为决定行为的内在动力。在指向特定目标的活动中,刺激激发有机体释放一种能量,这就是驱动力。在心理学史上,行为主义只重视外部刺激的作用,否认动机作用。随着行为主义衰落,心理学家越来越重视动机的研究,其研究成果在实际生活中发挥越来越大的作用[184]。动机具有激活功能、指向功能、维持和调整功能、评价行为功能。

动机理论是指心理学家对动机概念和实质所作的理论性和系统性解释。主要研究问题包括:动机怎样产生? 生物和环境因素在动机产生中有什么作用? 动机仅具有种系特征还是与人的个性有关。

动机理论主要包括:本能理论、驱力理论、诱因理论、唤醒理论、认知理论。

② 行为

人的心理具有看不见、摸不着的特点,这是心理现象的特殊性。人不能直接地观察心理现象,所有心理学研究必须通过中介才能进行。这种中介就是人的行为。观察与了解人的行为,可以间接地了解人的心理。所以,行为就成为心理学研究的对象之一。

行为是有机体的反应系统,是有机体外显的活动、动作、运动、反应或行动的统称,它由一系列反应动作和活动构成。行为总在一定条件下产生。引起行为的内外条件心理学上称为刺激。行为不同于心理,行为外显,心理内隐。行为和心理有密切联系,心理是介于刺激和反应的中介环节。任何外显行为都在心理的支配和调节下产生。人的心理通过行为表现,行为是心理活动的外化。因此,要了解、预测、调节和控制人的行为,就需要探讨人的心理活动的规律[185]。

心理学研究的行为可分为两类:一是可观察到的行为和反应,称为外显行为(Overt Behavior);二是内隐行为(Covert Behavior)。

③ 动机与行为的关系

动机与行为关系的复杂性:同一行为可能有不同的动机;相似或相同的动机可能会引起不同的行为。在同一个体身上,行为动机也可能多种多样。

动机与行为效果之间的复杂性:动机与行为效果是统一的,但两者也有不一致的情况。行为效果不仅仅由动机决定,还有许多其他主客观因素,客观因素包括人物难度、情境和机遇;主观因素包括个人的知识经验、能力和人格等。

动机与行为效率:表现在动机强度和工作效率的关系上。两者是一种倒 U 形曲线关系,中等强度的动机最有利于任务的完成,效率最高。

(4) 心理与环境

心理在环境刺激作用下产生。环境刺激作用于人,在人的头脑中产生心理,心理又通过人的行为作用于环境。格式塔心理学家勒温(K. Lewin)指出,个体行为决定于心理和环境间的交互作用,并提出了著名的人的行为的公式:B=f(P,E),即个体行为是人格和环境的函数,环境是行为的重要决定力量。当代美国著名认知心理学家西蒙(H. A. Simon,1969)也指出,环境是有机体的生活空间,是与有机体的感觉器官、要求和活动相互依存的。不同环境对人的心理和行为影响不同。

(5) 需要、诱因与动机

① 需要理论

需要(Need)是有机体内部的一种不平衡的状态,是个体和社会生活中必需的事物在人脑中的反映。需要在主观上通常被体验为一种不满足感,需要是人对某种客观要求的反映;需要是人活动的基本动力,是个体行为积极性的源泉。需要的特性包括对象性、动力性、多样性、社会性、个体性、发展性。

马克思的需要理论:马克思充分肯定了人的需要的合理性;由于需要反映了个体对环境的需求和依赖,因此就应重视研究人的需要。马克思将人的需要分为三类,即生存需要、享受需要和发展需要。

莫瑞的需要理论:莫瑞(H. A. Murray)是美国著名的人格心理学家。他从分析人的需要入手,挖掘人格深层的东西。莫瑞的需要论由三个方面构成:需要、压力和两者的相互作用。需要是相互作用的,遵循四条原则,即优势原则、融合原则、辅助原则、冲突原则。

马斯洛的需要层次论:马斯洛(A. H. Maslow)认为,人的需要是由五个等级构成的:生理需要、安全需要、爱和归属的需要、尊重的需要、自我实现的需要。其中,安全的需要表现为人们要求稳定、安全、受到保护、有秩序、能免除恐惧和焦虑等。人们希望劳动安全、职业安全、生活稳定、免予灾难等，都是安全需要[186]。马斯洛认为，这五种需要是人们最基本的需要，是天生的，它们构成了不同等级和水平，并成为激励和控制个体行为的力量。

② 诱因与动机

动机产生的条件有二：一是内在条件，二是外在条件，前者是需要，后者是诱因。

需要是动机产生的内部条件，是动机产生的基础。

诱因是动机产生的外部条件，是指能满足个体需要的外部刺激。

需要和诱因的关系非常密切。需要是内在、隐蔽，是支持有机体行为的内部因素；诱因是与需要相联系的外界刺激物，它吸引有机体的活动，并使需要有可能得到满足。动机的强度与需要和诱因的性质有关。

(6) 人的行为模式

① S—O—R 模式

S 代表刺激(Stimulate)，O 代表有机体(Organism)，R 代表反应(Reaction)。一个人的任何行为，通常都是基于某种刺激或某种状况的存在从而传达到人的神经系统内，每个人由于生活状况、知识背景、身体状况及情绪作用不同，会有不同的情况，因而，对其行为反应的解释也会不同。

② B＝f(P×E)模式

勒温(Lewin)的场地理论认为，人类的行为会随着个人与环境因素的变化而变化，同一个体因所处环境不同而有不同的反应。同时，不同的个体虽所处相同的环境亦有不同的反应。一个人的行为因不断的互动、重复而加强其心理承受力。即表明个人行为的促成受到场地内外势力的相互影响，内部势力即动机，外部势力即认知对象。他以 B＝f(P×E)模式表明行为是个体与其周围环境的函数关系。B 表示个体的行为，f 是函数，P 表示个体的特征，E 表示环境。可见，个体行为的差异除了源于人的个别特征外，更受其所处环境的影响。

③ 勒维特的行为模式

勒维特的行为模式是基于行为的因果关系、目标导向及激励等三个基本因素而建立的。一个人的行为可以说是由于避免紧张而引起的行动。当个体受到周围环境的刺激后，就会感到需要，产生动机，在心理上产生紧张及不安的感觉，促使采取行动，以期达到目标满足愿望。由动机所促成的实际活动就是行为。所以，行为是一种努力，用以寻求目标与消除紧张。行为目标的获得，通过反馈过程又成为行为发生的主要刺激物，如此循环，生生不息，直到最终均衡。

④ 行为激励模式

由勒维特的行为模式可知人的行为以需要为基础，由人的动机所推动。需要是人在生活中感到某种欠缺而力求满足的一种内心状态。动机是推动人们进行活动的原动力，是引起人们活动的直接原因。目标是促使产生行为的激励因素，对勒维特的行为模式进行改进就可以得到行为激励模式。

需要是激励的起点，它引起个人内心的激奋，导致个人积极谋求满足需要的某种行为，从而缓和激奋心理。对人的行为进行激励就是利用外部因素刺激和诱导人的内在需要，激发人的动机,唤起人的积极行为,以满足人的需要的过程。

目标一旦达到,需要得到满足,激励过程也就完成。这时另一种需要就会强烈起来,于是行为发生新的变化,指向下一个奋斗目标。而且并不是所有的目标都能达到,当人的行为受挫时,就有可能达不到目标,甚至于不得不放弃目标或改变目标的方向。

管理者如果要影响一个人的行为,就必须先估计到什么样的目标才对其最有价值和意义。目标越适合其需要结构,他所受到的激励就越强烈,其行为就越积极。因此,激励的一般程序是:了解需要、情况分析、利益兼顾、目标协调。

⑤ 科勒斯(Kolasa)的行为模式

近年来,行为科学家已经很少用简单的"刺激—反应"模式对人类行为进行研究,而是进一步用系统分析方法研究,把计算机的"投入—输出系统"反应到人脑对事物的处理上。

科勒斯的行为模式是重视体系内外的相互关系,用可以观察的实体现象来说明行为过程。此模式也以资料处理中心的功能来说明投入与输出或刺激与反应的情形。资料处理中心由"认知"(知觉)"中心认识过程""决策形成"等组成,资料处理中心具有存储功能,即一般的记忆。

反馈是行为体系模式很重要的一部分,属闭路线圈系统,提供资料由"输出"部分回流作为新的投入,反馈可在控制下改变动作以保持有效的活动。

人类行为可用"投入—输出系统观念"来说明。刺激投入了体系,感觉器官接收资料,并将资料加以组织而生出完整的意义。所以,资料处理中心的功能,第一步是知觉,把刺激加以组织,再通过"中心认识过程"的思想或认识,提供决策与行动的基础。记忆或资料存储是资料处理中心的附带功能。是否采取行动及控制方法,属于体系中输出的范围,反应是语言过程的结果[187]。

3.1.1.2　环境心理学

环境心理学涉及两种环境:自然的或人工的物理环境,社会环境。环境心理学主要研究内容包括:个体空间、领地行为、应激环境、建筑设计、环境保护等[188]。

（1）唤醒理论（Arousal Theory）

环境刺激对人产生的直接效果是提高唤醒水平,无论刺激是令人愉快的还是不愉快的,对提高唤醒水平的作用是相同的。在神经生理学上,唤醒是指在刺激作用下通过脑干的网状结构提高大脑皮层的兴奋性,同时加强肌肉的紧张状态。大脑可能处于不同的唤醒水平,唤醒可以被描述为连续变化的过程,其一端为困倦或睡眠状态,另一端为高度觉醒的兴奋状态。唤醒在生理上的表现是自主活动的提高,如心率加快、血压升高、呼吸急促、肾上腺分泌增加等。行为上可能表现为情绪的变化和体力活动的增加。

认知心理学认为,一定的唤醒水平总是伴随着某种情绪状态,微弱平静持久的情绪状态就是我们平常所说的心情或心境。

周遭环境的情感性质是个人与环境关系中最重要的部分,因为它是决定与场所相联系的心境与记忆的主要因素,它不仅影响个人当时的情绪、绩效,甚至影响个人长期的心境和健康状况。

耶尔克斯—多德森定律（Yerkes-Dodson law）指出,正常从事某项任务的人都需要维持一定的唤醒水平。唤醒水平过低或过高都不能获得理想的效率,而且容易发生错误,只有在唤醒处于中等水平时,即环境刺激适中时,达到最高绩效,即任务绩效与唤醒水平之间呈倒U形曲线水平,这一最适宜的唤醒水平称最优唤醒水平。

最优唤醒水平存在个人差异,但总的来说,随着任务的难易,倒U形曲线的峰值会向左或向右偏移:在从事复杂任务时,最优唤醒水平偏低;从事简单任务时,最优唤醒水平偏高。

(2)环境应激

令人不愉快的环境刺激所引起的紧张反应称为应激(Atress),引起应激反应的环境刺激称为应激物(Stressors)。应激是主体应对环境挑战时出现的不平衡,当主体感到面临挑战而应对能力不足时,就会产生应激反应。

应激包括生理反应、情绪反应和行为反应。加拿大生理学家塞利(Hans Selye)的研究证明,在应激状态下,主体会经历一系列全方位的生理反应,包括三个阶段,即警戒反应(Alarm Reaction)、抗拒阶段(Stage of Resistance)、衰竭阶段(Stage of Exhaustion),总称为一般性适应症候群(GAS)。

拉扎勒斯(Lazarus)的研究表明,并非所有的应激性刺激都会引起警戒反应和抗拒反应。主体开始产生应激反应,必定是把某一刺激经认知评价为对自身构成威胁。个人把刺激是否评价为威胁却因人而异,取决于个人对刺激的认知评价。认知评价受到个人心理因素以及对特定刺激情境的认知的影响。

应激物的种类,按照冲击强度和影响范围,可以分为三类:灾变事件、个人应激物、背景应激物。灾变事件是势不可挡的应激物,具有不可预测性和突发性,波及范围广,影响人数多[189]。

(3)理性行为理论与计划行为论

理性行为理论(Theory of Reasoned Action,TRA)又译作"理性行动理论",是由美国学者菲什拜因(Fishbein)和阿耶兹(Ajzen)于1975年提出的,主要用于分析态度如何有意识地影响个体行为,关注基于认知信息的态度形成过程,其基本假设是认为人是理性的,在做出某一行为前会综合各种信息来考虑自身行为的意义和后果[190]。

该理论认为个体的行为在某种程度上可以由行为意向合理地推断,而个体的行为意向又是由对行为的态度和主观准则决定的。人的行为意向是人们打算从事某一特定行为的量度,而态度是人们对从事某一目标行为所持有的正面或负面的情感,它是由对行为结果的主要信念以及对这种结果重要程度的估计所决定的。主观规范(主观准则)指的是人们认为对其有重要影响的人希望自己使用新系统的感知程度,是由个体对他人认为应该如何做的信任程度以及自己对与他人意见保持一致的动机水平所决定的。这些因素结合起来,便产生了行为意向(倾向),最终导致了行为改变。

理性行为理论是一个通用模型(图3-1),它提出任何因素只能通过态度和主观准则来间接地影响使用行为,这使得人们对行为的合理产生有了一个清晰的认识。该理论有一个重要的隐含假设:人有完全控制自己行为的能力。但是,在组织环境下,个体的行为要受到管理干预以及外部环境的制约。因此,需要引入一些外在变量,如情境变量和自我控制变量等,以适应研究的需要[191]。

住区避难圈

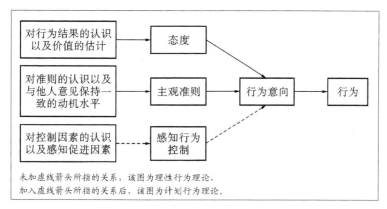

图 3-1 理性行为理论（TRA）及计划行为理论（TPB）

资料来源:于丹,董大海,刘瑞明,等.理性行为理论及其拓展研究的现状与展望[J].心理科学进展,2008,16(5):796-802.

Ajzen 提出了心理学领域经典的计划行为论(Theory of Planned Behavior,TPB)。TPB 理论指出,如果个人对某行为的态度愈积极、所感受到外部规范的压力愈大,对该行为所感知到的控制越多,那么个人采取该行为的意向便愈强。

（4）预测环境行为的 ABC 理论

Guagnano 等学者提出了预测环境行为的 ABC 理论,该理论指出环境行为(B)是个人的环境态度变量(A)和外部条件(C)相互作用的结果,当外部条件的影响比较中立或者趋近于零的时候,环境行为和环境态度的关系最强;当外部条件极为有利或者不利的时候,可能会大大促进或者阻止环境行为的发生,此时环境态度对环境行为的影响力就会显著变弱。该研究的贡献在于通过实证检验了外部条件对环境态度和环境行为之间关系的调节作用[192]。

3.1.1.3 行为地理学

（1）行为空间

行为空间的研究是行为地理学的核心问题,人类行为过程的选择是有意识的、自觉的主体选择。其次,人类行为是在理解社会有关其他人的意图、动机、欲求下,实现自我价值和规范的情况下进行的。

人类行为空间就是人类活动的地区限界范围。行为空间,包括人类行为直接活动空间,也包括通过交流的间接认识空间。

（2）活动空间

活动空间包括,在居住小区内或附近的移动,活动地点间的规则的往复移动(通勤、通学、购物、交际等),向这些活动地点的周边移动。这些移动在地理空间上的投影即活动空间。高里基(G. Golledge)为了说明人类活动空间形成规律提出"锚点理论"(Anchor Point Theory),假设新到一个地区的人,为了扩展活动空间认识环境要有一个规律。他必须首先到居住场所,买食品的商店,工作场所。它们组成第一次的结节点,以它们为起点进一步认识三点相连的路线,沿此路线逐步形成和扩大活动空间。

活动空间具有距离递减的规律,距离愈近活动机会愈多,随着距离的增加活动机会减少[193]。

（3）空间行为

佳克尔认为空间行为是"与利用场所有关的人类的知觉、选择、行为"，实质就是影响空间形成的各种人类活动。他提出了空间行为模式，包括 5 个环节组成，即对象环境（Object Environment）、知觉（Perception）、认知（Cognition）、地理的优选（Geography Perference）和空间活动（Spatial Activity）。

（4）西方行为地理学的研究演变

西方行为地理学的初期研究主要集中在认知、偏好—选择等方面，尝试建立基于个人决策过程来理解空间现象的模型，以取代传统的区位论、中心地理论甚至微观经济学模型。但是，由于人类决策行为的复杂性，行为地理学初期在广度和深度上都存在很多问题。

空间中人类行为决策背后的认知模式研究，包含认知地图与空间知识学历过程，构成了行为地理学早期研究的核心。对于认知的本质，存在着两种不同的假定，第一种假定认为，认知过程是环境给个体施加刺激后的客观产物。这意味着研究认知的目的就是寻找个体受到环境刺激时存在的不变的、决定性的规则。Gould 指出，人在环境面前的认知受最优行为规则控制，这既包括最经济行为也包括最满意行为，提出了追求风险损失最小化的"零和博弈"规则。第二种假定认为，认知过程是受个人经验、情感、心理、理解力影响的主观过程，人在环境中的行为通过大脑中的主观体验性而形成。代表性研究包括认知地图和空间学习理论。研究者认为，个体对不同地点有着不同等级的偏好，由此连成的偏好趋势面被称为"意境地图"；人脑认知地图中存在距离扭曲，所以指导实际行为的并非真实环境，而是心理歪曲后的认知地图[194]。

西方行为地理学借鉴经济计量学和心理学的分析方法，催生了大量的个人偏好—选择模型。其特点是借助精密的模型方法和复杂的研究设计，直接用于模拟消费、居住地选择等空间行为的选择偏好和决策上，而不把偏好评价之前的认知"黑箱"纳入模型的表达。其缺陷是效用函数的假定过于绝对，无法处理多目的的行为，忽略了主观认知的偏好与实际行为之间的不一致性。

西方在经历了能源和经济危机后，行为地理学研究逐渐把偏好选择过程视为其制约下的结果，将行为的发生放到更大的社会结构中去考察。行为地理学家注意到了实际空间和行动空间的差异，后者是影响决策的感知空间，两种空间之间的差异部分可以被理解为决策选择集的局限性，从而为非理性行为给出了一种解释框架。

最近二十年来，行为地理学研究的日常生活化趋势，引发了对更加精确的行为模型的需要。近十多年来，随着西方城市越来越强调居民需求的中心性，基于活动分析法的模型开始被用于城市交通规划研究中。GIS 科学、GPS 技术和 ITS 的发展也使新的行为决策模型相继问世，除了效用模型以外，还包括结构方程模型、生存模型、规则模型以及新兴的各种微观模拟模型。行为决策模型的应用领域已经遍及交通预测、交通优化管理、土地利用系统、空间决策支持等多个方面。

3.1.2 空间选址的相关理论

3.1.2.1 P中位模式

P 中位模型（P-Median Problem）是一种使总旅行时间最小化之区位分派模式，是由 Hakimi 于 1964 年提出，内容为 P 个设施点能组成一个最佳 P 中位数解集合，使所有使用者之平均旅行时间达到最低，该模式后来由 Torgas、ReVel 及 Swain 转换成整数规划形态。此模式因架构简单明了、易于运算，同时亦可显示公平程度，故目前被广泛应用在公共设施配置研究中[195]。其数学函数形式如下。

目标函数：

$$\text{Min } Z = \sum_{i=1}^{n} \sum_{j=1}^{n} W_{ij} D_{ij} X_{ij}$$

限制式：

$$\text{s. t.} \sum_{j=1}^{n} X_{ij} = 1 \quad i = 1, 2, \cdots, n$$

$$\sum_{j=1}^{n} X_{ij} = P$$

$$0 \leqslant X_{ij} \leqslant X_{jj} \quad i = 1, 2, \cdots, n \quad j = 1, 2, n \quad i \neq j$$

$$X_{ij} = 0 \text{ or } 1$$

其中 n＝需被服务的分区数；D_{ij}＝i 区至 j 区之最短路线距离；W_{ij}＝i 区之人口数；P＝欲配置设施数；X_{ij}＝二元决策变量——当 $X_{ij} = 1$，表示 i 区被分派至 j 区服务；当 $X_{ij} = 0$，表示为其他情况。

基本假设：

① P 个设施之均提供同质服务，同时各分区需求者没有选择偏好，单纯以距离之远近作为选择依据。

② 各分区必须仅由一设施服务，而每个设施之服务容量假设为无限制。

③ 人的行为是理性的，会利用相同的最短路线，移动至相同的设施，同时路况是固定的，无论何时均不变。

④ 分区规模较小，且需求分布均匀，同时设施规模大小不影响需求，主要由需求决定设施规模。

3.1.2.2 P中心模式

P 中心模式（P-Center Problem）是一种寻找已预先设定设施数目之最适区位分派模式，主要使设施与需求点之间的最长距离最小化。一般而言，该模式通常被用于紧急设施区位配置选择，如消防分队、医院、警察局等。其数学函数形式如下。

目标函数：

$$\text{Min}[\max d_{ij} X_{ij}]$$

限制式：

$$\text{s. t.} \sum_{j=1}^{n} X_{ij} = 1 \quad i = 1, 2, \cdots, n$$

$$\sum_{j=1}^{n} X_{ij} = P$$

$$0 \leqslant X_{ij} \leqslant X_{jj} \quad i = 1,2,\cdots,n \quad j = 1,2,n \quad i \neq j$$

$$X_{ij} = 0 \text{ or } 1$$

其中 $n=$ 需被服务的分区数；$D_{ij}=$ 区至 j 区之最短路线距离；$P=$ 欲配置设施数；$X_{ij}=$ 二元决策变量——当 $X_{ij}=1$，表示由 j 区分派至 i 区之服务；当 $X_{ij}=0$，表示为其他情况。

基本假设：同 P 中位模式。

3.1.2.3 区位覆盖模式

区位覆盖模式（Location Set Covering Problem, LSCP）是基于最大服务距离限制条件，使最少的设施数目和区位获得确定，同时使所有的需求点均能在设施最大服务距离之内获得服务的提供。该模式为在公平原则下追求最佳区位配置，通常被用于紧急设施区位配置选择。其数学函数形式如下。

目标函数：

$$\text{Min} \sum_{i=j} X_j$$

限制式：

$$\text{s. t.} \sum_{j \in N_i} X_j \geqslant 1 \quad \forall i \in I$$

$$X_j = 0 \text{ or } 1 \quad \forall j \in J$$

$$N_i = \{j \in J; d_{ij} \leqslant S\} \quad \forall i \in I$$

$$X_{ij} = 0 \text{ or } 1$$

其中 $I=$ 需求点之集合；$J=$ 可能设置地点之集合；$N_i=$ 能服务 i 点之设施地点集合；$d_{ij}=i$ 至 j 之最短路线距离；$S=$ 最大服务距离；$P=$ 欲配置设施数；$X_j=$ 二元决策变量——当 $X_j=1$，表示配置于 j 区；当 $X_j=0$，表示为其他情况。

基本假设：

（1）所有节点之距离为已知，且成本是确定的。

（2）需求仅产生于节点之上。

（3）各节点之需求仅被一个设施所服务。

（4）每个节点最多仅能有一个设施设置。

3.1.2.4 最大区位覆盖模式

最大区位覆盖模式（Maximal Covering Location Problem，MCLP）主要在于限定服务距离，同时在限定服务距离内决定 P 个设施的区位结构，使所覆盖的范围内的需求量为最大。换句话说，就是在设施数目一定的条件下，选择一个涵盖最多需求的最适区位。最大区位覆盖模式主要运用于具时效性的紧急性服务设施，可使居民在合理有效的时间内接受服务，但无法保证每一需求点皆被服务[196]。其数学函数形式如下。

目标函数：

$$\text{Max} \sum_i hizi$$

限制式：

$$\text{s. t. } Z_i \leqslant \sum_j a_{ij} X_j \quad \forall i \in I$$

$$\sum_j X_j \leqslant P$$

$$N_i = \{j \mid d_{ij} \leqslant S\} \quad \forall i \in I$$

$$X_j = 0,1 \quad \forall j$$

$$Z_i = 0,1 \quad \forall i$$

其中 h_i＝节点 i 之需求；a_{ij}＝i 至 j 之最短路线距离；N_i＝能服务 i 点之设施地点集合；S＝最大服务距离；P＝欲配置设施数；Z_i＝二元决策变量——当 $Z_i = 1$，表示节点 i 被覆盖；当 $Z_i = 0$，表示为其他情况；X_j＝二元决策变量——当 $X_j = 1$，表示配置于 j 区；当 $X_j = 0$，表示为其他情况。

基本假设：除欲配置的设施数为已知外，其余假设与 LSCP 相同。

3.2　研究设计

3.2.1　避难场所选择的特征分析

避难场所是在地震发生的紧急时刻，居民开展避难行为的目的地，是避难路径的终点，也是避难生活圈圈形构图上的顶点。居民在避难后的空间特征，都可以通过避难场所的分布特征表现出来。避难场所在空间的分布，将在很大程度上影响居民的避难选择行为。那么，居民在紧急情况下，究竟如何选择避难地点？居民选择的避难地点具有哪些空间特征？选择的这些地点是否能够合理，是否有效，是否能保证居民的安全，是否在某些地点会出现人员过于拥挤的情况？所有这些问题，都需要通过细致的研究，逐一进行解答，从中找出典型行为的特征，分析其行为的合理性与不合理性，为后面解决方案的提出打下基础。

具体分析包括三个方面，一是居民选择的避难场所的空间特征；二是居民选择避难场所的行为特征，三是居民选择行为的影响要素。

在空间特征方面，主要包括用地类型、有效性、用地规模、与小区的位置关系、距离等。用地类型涉及城市中的各大主要用地类型，通过调查分析各用地类型所占的比重，以期能够发现居民对避难点在用地类型的偏好，以便后续的用地调整和合理布局。由于居民在避难知识、意识和能力方面存在着诸多差异，居民选择的避难地点不一定是有效的避难场所，因此，需要对这些避难地点进行分析，对有效地点和无效地点进行分类，以便后续能够对居民的避难行为进行更好的指导和引导。用地规模涉及避难场地的大小，需要找出居民选择的避难场所的规模和等级，并对后续的规划布局提供依据。距离涉及居民能够接受的空间范围问题，也涉及各有效避难点的服务半径问题，是避难空间规划中最核心的指标之一，也是本书重点研究的内容。距离的远与近，还涉及避难场所供给的数量与规模，避难空间资源的充足与否，后续城市空间改造的程度；当然，也涉及居民避难的方便程度。

在行为特征方面，需要通过调查居民在选择避难场所时的典型行为，分析其合理性与不合理性,找出影响居民避难选择的影响要素,从而为后续的规划改造提供依据。

3.2.2 避难路径选择的特征分析

避难路径是连接避难起点和避难终点的通道,也是避难行为的空间载体。在作出避难决策之后,所有的避难行为都是在避难道路上发生的,所面临的风险也来自避难道路两侧或周边,影响避难行为改变的因素很大程度上也是由于避难道路上其他空间要素的变化或者其他人员的避难行为倾向。

避难路径的空间特征分析主要包括路径的方向性、绕曲性、长度、集中度、拥挤性和连续。避难路径的方向性越强,则说明路径的线形越简洁,避难效率越高;反之,路径线形就越复杂,会直接影响到居民的避难效率。路径的方向性受主观和客观两个方面的要素影响。

避难路径的长度也就是避难距离,可以分为直线避难距离和实际避难距离,直线避难距离是起点和终点之间连直线的长度,要比实际走过的真实距离要小,用实际距离与直线距离相比就可以得出该条路径的绕曲指数。绕曲指数越高,说明居民选择的避难路线不太合理,也会降低避难的效率。分析绕曲指数的分布区间,可以反映居民选择避难路线的合理性,也可以反映建筑空间形态布局的科学性。

避难路径的集中度反映了居民选择避难路径和目标避难地点的相似性。集中度越高,说明居民选择行为的相似性越高,也说明某些地点对居民的避难吸引力越大。集中度的大小,与周边避难空间资源的多与寡相关。

避难路径的连续性则与跨越城市道路的数量有关。跨越城市道路的数量越少,则连续性越好;跨越越多,则连续性越差。避难路径连续性的好与差,会影响到避难过程中的安全性。

避难路径选择行为分析中,需要通过调查,总结出典型行为的类型和特征,并需要找出其产生原因。

3.2.3 避难圈选择的特征分析

避难圈的特征分析包括空间特征、紧凑度和重心偏离度。在空间特征中,避难圈的平面构型和圈域规模是基本分析内容。避难圈构型的影响要素主要与避难场所的数量、位置,以及居民的熟悉程度有关。避难圈的规模是指避难圈围合的用地规模;规模越大,则说明居民的平均避难距离越长,圈形的效率越低;反之,平均避难距离越短,效率越高。

同时,避难圈的优良度评价是本章的重点内容,通过构建避难圈重心的偏离度和避难圈的紧凑度两大指标,来进行系统的考核。

避难圈的紧凑度研究,借鉴了城市形态研究领域的一些方法,通过研究避难圈的形状率、形状指数、圆形率和最小外接圆等指标,来全面评价各样本小区避难圈的紧凑程度,以期发现避难圈在圈形上存在的问题。

避难圈重心的偏离度,涉及小区的平面空间几何中心、避难人流的分布重心、避难地点面积的重心等三个点位。通过分析三个空间点的相对位置关系来判断偏离度的大小,从而构建了"偏离三角形"的概念。三角形的边长越长、面积越大,则偏离度越高;反之,则偏离度越低。最理想的情况是三心完全重叠,偏离三角形消失,则避难圈的构型最为优良。

3.3 数据采集

3.3.1 样本选择

3.3.1.1 样本小区选择条件

本课题以南京中心城区内的居住小区为例,展开相关研究。调查住区的样本选择条件如下:

① 区位分布:不同样本小区应位于中心城区内的各个方位上,保证一定的覆盖范围。

② 建设年代:不同样本小区的建设年代应具有较长的时间范围,最好能覆盖建国以后的不同典型历史时期。

③ 用地规模:不同样本小区的用地规模应有大有小,而且周边也有成片的居住小区。

④ 内部布局:样本小区内部的建筑高度和排列形式应具有一定的典型性;且不同样本小区之间应有一定的差异性,以保证研究样本的多样性。

⑤ 外部条件:不同样本小区周边的情况应具有一定的多样性,例如道路等级、广场绿地等。

3.3.1.2 样本基地概况

本书调查的样本小区按照年代先后大体可以分为两类,一类是1990年之前的(以后简称"老小区"),有8个小区;另一类是1990年之后的(以后简称"新小区"),有10个小区。18个小区在全城的分布大体均衡(图3-2)。

图3-2 样本小区区位图

注:A是三牌楼小区,B是工人新村,C是山西路小区,D是上海路小区,E是明华新村,F是集庆门小区,G是仁义里,H是瑞金路小区,I是清江花苑,J是龙凤花园,K是金陵世纪花园,L是长阳花园,M是莫愁新寓,N是月安花园,O是翠杉园,P是碧瑶花园,Q是兴元嘉园,R是双和园。

1990年之前的样本小区集中在南京老城区。南京老城区内教育资源丰富,各类学校众多,高校、中小学都有分布,其中,高校如南京大学、东南大学、南京师范大学、南京航空航天大学、河海大学、南京医科大学、中国药科大学、南京工业大学、南京邮电大学等；也有大型公园和体育场馆，如玄武湖公园和五台山体育中心等。所选择的样本小区有分布在市中心、副中心，也有一般地区的，如新街口附近的上海路小区、明华新村；湖南路商圈附近的山西路小区；玄武湖公园附近工人新村，秦淮河附近的仁义里和瑞金路小区等。

这些小区的建筑密度较大，建筑排列多以行列式为主，建筑层数以多层住宅为主，高度多在 24 米以下，建筑间距多在十多米之间，大部分不满足现行的住宅日照间距系数的要求。而且，小区内多有车棚、杂物间、储藏室等平房建筑；底层建筑常有院落和围墙（图 3-3）。小区的空间特点如表 3-1 所示。

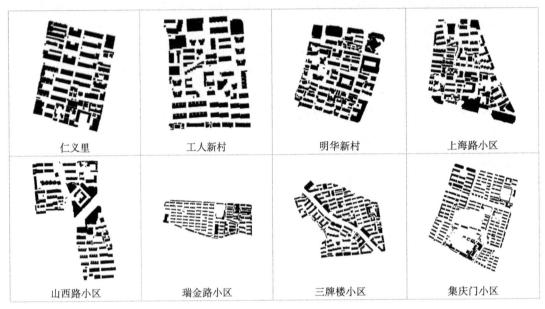

图 3-3　建于 1990 年之前的老旧样本小区的图底关系

表 3-1　1990 年之前的老旧样本小区空间特点简表

序号	名称	用地面积（hm²）	区位	特点	边界有无隔离性空间要素
1	工人新村	8.10	位于鼓楼区东北部，新模范马路与金贸大街交叉口的西北侧	两侧边界是河流和城市快速路，小区内有一个小学，周边学校较多，离大型停车场和玄武湖公园较近	南侧宽 50 m 的新模范马路为城市快速路，西侧和南侧为宽 9 m 的金川河，东侧离中央路较近，干道与河流的隔离性强
2	明华新村	8.12	位于市中心新街口的西北侧	周边高层建筑林立，办公和商业建筑众多，离地铁站近，人流密集；周边有学校、停车场和五台山体育场	东侧和南侧离中山路和汉口路较近，隔离性较强
3	仁义里	4.46	位于白下区中部，中山东路与东护城河交界处的西南侧	东护城河内侧，邻城市干道较近，周边学校较多	东侧东护城河和龙蟠中路，北侧离中山东路较近，为城市主干道，隔离性较强
4	瑞金路小区	17.62	位于老城区中东部，瑞金路和通济门隧道东南侧	东护城河外侧，紧邻城市干道，小区内有一所中学，周边学校较多	40 m 宽的龙蟠中路是快速路，隔离性较强

序号	名称	用地面积 （hm²）	区位	特点	边界有无隔离性空间要素
5	三牌楼 小区	20.52	位于鼓楼区北部	周边各类学校较多	宽30 m的中山北路是城市主 干道,隔离性一般
6	上海路 小区	10.77	位于市中心	外部沿街分布有部分高层住宅、 商业办公类建筑;周边学校较 多,紧邻五台山体育场和清凉山 公园	周边道路宽度均在24 m及以 下,隔离性较弱
7	山西路 小区	11.58	位于老城区商业 副中心湖南路商 业街与中山北路 交叉口西侧	沿山西路多分布有高层办公和 商业建筑。周边有部分学校,临 近山西路广场、西流湖公园和古 林公园	25 m宽的中山北路是城市主干 道,隔离性一般
8	集庆门 小区	35.59	位于西城墙外侧, 建邺区莫愁湖西 南侧	小区内部有一所小学和幼儿园, 周边学校较多,离莫愁和南湖 公园较近,北侧紧邻城市干道	宽40 m的水西门大街是城市 主干道,隔离性较强;河流宽 12 m,隔离性较弱

1990年之后的样本小区集中分布在南京市河西新区。河西新区多有大型公共建筑和大型绿地,如新城市广场、万达广场、奥体中心、国际博览中心、河西中央公园、绿博园、滨江公园、莫愁湖、秦淮河等。

样本小区由北向南分布在几个典型片区内,如龙江片区、奥体片区、国际博览中心片区等。

样本小区按照建设年代来分,1990—1999年建设的有莫愁新寓、清江花苑、龙凤花园;2000—2009年建设的有金陵世纪花园、长阳花园、月安花园、兴元嘉园、翠杉园;2010年之后建设的有双和园、碧瑶花园。

这些小区有的是以多层住宅为主,有的是以高层或小高层住宅为主;建筑排列方式也多以行列式为主;普遍有小区中心绿地或广场;建筑间距明显加大,大多满足现行规范对住宅日照间距系数的要求,建筑密度明显较老小区为低(图3-4,表3-2)。

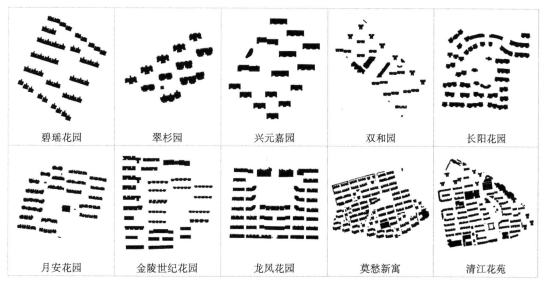

| 碧瑶花园 | 翠杉园 | 兴元嘉园 | 双和园 | 长阳花园 |
| 月安花园 | 金陵世纪花园 | 龙凤花园 | 莫愁新寓 | 清江花苑 |

图3-4 建于1990年之后的样本小区的图底关系

表 3 - 2 1990 年之后的新建样本小区空间特点简表

序号	名称	用地面积（hm²）	区位	特点	边界有无隔离性空间要素
1	清江花苑	19.3	位于定淮门大桥西北侧	小高层住宅为主,内有中心绿地和天妃宫小学。两侧临干道,一侧邻秦淮河	西侧的江东北路为城市快速干道,隔离性较强。南侧的定淮门大街为城市东西向主干道,隔离性一般
2	龙凤花园	9.2	位于龙园南路南侧	以多层住宅为主,小高层住宅为辅,内有中心广场	南北两侧临城市支路,隔离性较弱
3	金陵世纪花园	10.4	位于江东北路和汉中门大街交叉口西北角	外围是多层住宅,中部是小高层住宅,有中心绿地	东侧的江东北路为城市快速干道,隔离性很强。南侧的汉中门大街为城市东西向主干道,隔离性较强
4	长阳花园	8.1	位于扬子江大道和清凉门大街交叉口东北角	多层住宅,中部有中心绿地。西侧隔路是滨江绿带	西侧的扬子江大道为城市快速路,隔离性很强。南侧的清凉门大街,隔离性较强。北侧的湘江路为城市支路,隔离性较弱
5	莫愁新寓	13.2	位于汉中门大街和北圩路交叉口的东北角	以多层住宅为主,中部有中心广场,隔路是莫愁湖公园和莫愁湖地铁站。小区东北角有小学,西侧有审计学院和晓庄学院	南侧的汉中门大街为城市主干道,隔离性较强。东侧和北侧的汉北街和西侧的北圩路为城市支路,隔离性较弱
6	月安花园	10.2	位于应天大街和燕山路交叉口西南角	以多层住宅为主,内有中心绿地和幼儿园。南侧有致远外国语小学,西侧有滨河绿带	北侧的应天大街为城市主干道,隔离性很强。东侧的燕山路为城市次干道,隔离性一般;南侧的月安街为城市支路,隔离性较弱。西侧为城市内河,隔离性强
7	翠杉园	6.6	位于兴隆大街和乐山路交叉口的东北角	以多层住宅为主,内有绿地,但中心感不强。西侧有滨河绿带。西侧有中华中学。南侧隔两个街坊是奥体中心	南侧的兴隆大街为城市主干道,隔离性较强;西侧的乐山路为城市次干道,隔离性一般;北侧的月安街为城市支路,隔离性较弱;西侧为城市内河,隔离性强
8	碧瑶花园	5.7	位于乐山路和楠溪江西街交叉口东北角	以多层住宅为主,内有中心绿地。西侧是小红花小学,北侧隔一个街坊是奥体中心	西侧的乐山路、北侧的富春江西街和南侧的楠溪江西街均为城市次干道,隔离性一般;东侧的阿里山路为城市支路,隔离性较弱
9	兴元嘉园	6.6	位于奥体大街和泰山路交叉口东北侧	以中高层住宅为主,内有入口绿地;西南侧隔三个街坊是河西中央公园;西侧是建邺高中	东侧的泰山路、南侧的富春江路和北侧的奥体大街为城市次干道,隔离性一般;西侧的嵩山路为城市支路,隔离性较弱
10	双和园	9.5	位于黄山路和双和街交叉口东北角	以小高层住宅和中高层住宅为主,西侧隔三个街坊是河西国际博览中心	东侧的泰山路、西侧的黄山路和北侧的雨润大街为城市次干道,隔离性一般;南侧的双和街为城市支路,隔离性较弱

3.3.2 问卷设计与发放

本书的问卷构成包括两部分内容:一是选择题;二是行为地图,即给一张地图,让居民选择他们逃生的路径和目标避难场所。选择题问卷包括四类问题,即选择目标避难场所的类型及其原因,选择避难路径的原因,各类避难行为与心理,以及居民个人属性信息等。问卷的发放采取随机抽样的方式,在各样本小区内进行,当面发送。

问卷的发放包括两个阶段。在第一阶段对老旧小区的调查中,首先在样本小区内预先发放了40份问卷;在发放问卷的过程中,发现题目设置上存在一些不合理之处;为使得问卷具有更好的合理性和科学性,于是对原问卷进行了修改,特别是那些难以回答的问题、容易引起歧义的答案选项,以及原来设置的一些排序类问题,等等;之后,再次进行了发放。每个小区发放问卷的数量在220份,总发放问卷数量为1 760份,回收有效问卷数量为1 610份。在第二阶段对1990年之后的样本小区调查中,共回收1 023份有效问卷,平均每个样本小区的有效问卷数量在100份左右。

3.3.3 受访者属性

本书有关避难行为选择的问卷调查分两阶段,第一阶段是针对1990年之前的老小区内的居民;第二阶段是针对1990年之后的小区居民(表3-3)。考虑到各类人群的特点,不同属性的人群均有涉及,以保证问卷数据的客观性;同时,以免过于偏重某个群体,而忽视其他群体。

在年龄方面,两次调查在大部分年龄组都大体相似,只在个别年龄组略有差异,如60岁及以上组,第二次的比例高于第一次8.2个百分点。

在性别方面,第一次调查中,男性比例高于女性7个百分点;在第二次调查中,男性比例要低于女性1.4个百分点。

在受访者的教育程度方面,两次调查的学历构成有一定的差别。第一次的高中学历和研究生学历的人数比例略高于第二次,而大学学历的人数比例略低于第二次。第一次,高中学历的人最多;第二次,大学学历的人最多。同时,在其他学历的总体比例上。两次调查大体相似,如无学历的人数比例都是最少,研究生学历的人数也很少等。

在对小区周围环境熟悉程度方面,第一次调查中,熟悉环境的人和比较熟悉环境的人数比例大体持平;在第二次调查中,熟悉环境的人数比例几乎是比较熟悉的两倍;同样,不熟悉环境的人数均很低。

在是否接受过抗震的教育培训方面,两次调查的人群比例结构大体相同,绝大部分人没有接受专门的教育。

表3-3 两次调查的人数比例

年龄组	18岁以下组	20岁组	30岁组	40岁组	50岁组	60岁及以上组
第一次比例	5.1%	37.7%	22.2%	12.5%	15.1%	7.4%
第二次比例	3.2%	16.2%	30.8%	19.4%	14.7%	15.6%
性别	男	女				
第一次比例	53.5%	46.5%				
第二次比例	49.3%	50.7%				
学历	无学历	小学	初中	高中	大学	研究生及以上
第一次比例	3.5%	8.6%	11.7%	38.5%	25.4%	12.3%
第二次比例	1.0%	3.3%	13.4%	21.2%	54.7%	6.4%

环境熟悉程度	熟悉	比较熟悉	不熟悉		
第一次比例	47.9%	48.3%	2.3%		
第二次比例	60.5%	31.9%	7.6%		
防灾教育	接受过	没接受过			
第一次比例	18.2%	81.8%			
第二次比例	16.2%	83.8%			

3.4　小结

本章共包括三部分内容:一是课题研究的理论基础;二是分析框架;三是数据采集。

在理论基础方面,本课题主要涉及两个方面的理论:一是心理学和行为学的相关理论,如需求理论、动机理论、环境心理学和行为地理学等;二是空间选址的相关理论,如 P 中位模式、P 中心模式、区位最大覆盖模式和最大区位覆盖模式。

在分析框架方面,主要从居民选择避难场所、避难路径和避难圈的特征来进行分析,包括空间特征和行为特征,以及影响要素,并说明空间特征分析的各指标的概念和相互关系。

在数据采集方面,说明了基地选址的条件和样本小区的特点和概况,调查对象是居民和小区的空间环境,对居民的属性进行简要介绍。同时,解释了问卷的设计内容框架和发放的方式。

第4章 居民选择避难场所的特征分析

从居民的角度来研究避难空间,所面临的第一个关键问题就是:当地震来临时,居民会选择到哪里去避难? 这又会引申出几个紧密相关的问题,即这些居民自主选择的避难地点都是哪些用地类型,不同类型用地的比例构成是怎样的? 所有这些地点是否都可以作为有效的避难场所? 那些有效避难地点的用地规模是多大? 这些地点与样本小区的距离和方位关系是什么? 所有这些问题的研究,将有助于了解居民在自主避难过程中的行为特征,以及避难行为与空间的关系特征,而这些对于未来的避难场所的优化和布局具有非常重要的价值。

4.1 空间特征

4.1.1 用地类型

4.1.1.1 总体选择概况

行为地图的调查结果显示,居民选择的避难地点一共出现了 11 种情况,按照人数选择多少可以分为三个档位。第一档包括城市道路、小区内部绿地与广场、城市绿地与广场、学校,选择比例平均在 15%~30% 之间;第二档包括小区内部就近空地、原地不动、停车场,平均选择比例在 5%~7% 之间;第三档包括不知所措、其他、商业设施门前广场、体育场馆,平均选择比例在 1.2% 以下。其中,7 种属于较为明确的空间地点,可以对应一定的用地类型。但是,有 4 种类型有些特殊,分别是小区内部就近空地、原地不动、不知所措、其他(表 4-1)。

非常出人意料的是,在所有选择情况中,高居第一的是城市道路,选择人数为 763 人,占总人数的 28.98%,远远高于其他用地类型的选择人数。排名第二和第三的分别是小区内部绿地广场和城市绿地广场,选择在小区内部的绿地广场进行避难的人数比例要高过选择在小区外部的城市绿地广场进行避难的人数比例 4 个百分点。

排名第四的是各类学校,选择人数有 394 人,比例约为 15%。同时,选择停车场的人数也有 143 人,而选择体育场馆的只有 12 人,在所有用地类型中排名最末,也颇让人感到意外。此外,老小区和新小区的居民对避难地点的选择情况有较大差异,将在下文中进行详细比较。

表 4-1　样本小区居民选择的避难地点用地类型与人数排序汇总

档位	排名	用地类型	选择避难人数（人）	选择避难人数占总人数比例
第一档	1	城市道路	763	28.98%
	2	小区内部绿地与广场	513	19.48%
	3	城市绿地与广场	402	15.27%
	4	学校	394	14.96%
第二档	5	小区内部就近空地	180	6.84%
	6	原地不动	152	5.77%
	7	停车场	143	5.43%
第三档	8	不知所措	30	1.14%
	9	其他	28	1.06%
	10	商业设施门前广场	16	0.61%
	11	体育场馆	12	0.46%
		合计	2 633	100%

4.1.1.2　老小区居民的避难地点选择

对老小区调查的结果显示，居民选择的避难地点类型有 9 种，按照选择人数多少来排序，依次是城市道路用地、绿地与广场用地、教育科研用地、小区内部空地、原地、停车场用地、居住用地、体育场馆用地、商业用地（表 4-2）。

表 4-2　老小区居民选择的避难地点用地类型与人数排序

档位	排名	用地类型	选择避难人数（人）	选择避难人数占总人数比例
第一档	1	城市道路	670	41.6%
	2	城市绿地与广场	302	18.8%
	3	学校	292	18.1%
第二档	4	小区内部就近空地	109	6.8%
	5	原地不动	99	6.2%
	6	停车场	86	5.3%
第三档	7	小区内部中心绿地	24	1.5%
	8	商业设施门前广场	16	1.0%
	9	体育场馆	12	0.7%
		合计	1 610	100%

其中，选择将城市道路作为避难地点的居民有 670 人，占所有受访居民的 41.6%，这一比例超过了排名第二和第三的选择人数之和。这反映了两个问题，第一是小区周边的空地资源偏少，导致很多居民选择了小区外就近的城市道路；第二是很多居民的避难意识和行为能力还是比较弱的，例如：居民认为，大马路相对宽敞，至于是否安全或者能否得到有效避难，则完全没有考虑。

排名第二的是城市绿地与广场。选择此类用地的有 302 人，占总人数的 18.7%。

排名第三的是学校。选择此类用地的有 292 人，占总人数的 18.1%，多为各级各类学校内的操场、大型绿地或广场。以上两类用地的选择人数比例为 36.8%，仅比 1/3 多一点；甚至选择体育场馆用地的只有 12 人，仅占总人数的 0.7%，这也是让人意外之处。在原来的预想中,绿地、广场、学校、体育场馆应该是最应该被大家选择的避难地点,而实际结果却非如此。除了说明南京城内的体育用地资源偏少之外,也说明由于政府的避难宣传教育的力度不够,效果不好,导致居民的避难意识偏弱,没有掌握正确的避难知识。

排名第六、第七和第八的依次是停车场、小区内部中心绿地和商业设施门前广场。停车场主要包括了各类公共建筑周边的大中型停车场地和社会公共停车场地。这三类用地选择的人数之和为126,占总人数的7.8%。

拿两类绿地进行比较,在老小区中,选择城市绿地广场的人数为302人,选择小区内部绿地广场的人数为24人,老小区的选择情况刚好与所有样本小区的总体情况相反,这说明了在老小区中,绿地广场严重不足的现实,导致居民只能向小区外面的绿地广场寻求安全。

除此之外,还有两类情况比较特殊,一类选择在小区内部院子里或者房前屋后的空地进行就近避难,共有109人;另一类是选择了原地不动,共有99人;此两类的比例分别是6.8%和6.1%,在用地类型排名中分别排名第四和第五。两者的人数之和为208,比例之和为12.9%,几乎等于选择停车场、居住小区内部中心绿地和商业设施门前广场的人数的两倍。究其原因,还是因为绝大多数老小区都没有中心绿地,商业设施的门前广场和社会停车场都在小区外,有较远的距离,故而导致选择的人数绝对值偏低。

4.1.1.3 新小区居民的避难地点选择

对新小区的调查结果显示,居民对避难地点的选择大体有8种情况,三个档位。第一档包括小区内部绿地与广场;第二档包括学校、城市绿地广场、城市道路、小区内部就近空地、停车场和原地不动,选择比例在5%~10%之间。第三档包括不知所措和其他,选择比例分别在3%以下(表4-3)。

表4-3 新小区居民选择的避难地点用地类型与人数排序

档位	排名	用地类型	选择人数(人)	比例
第一档	1	小区内部绿地与广场	489	47.80%
第二档	2	学校	102	9.97%
	3	城市绿地与广场	100	9.78%
	4	城市道路	93	9.09%
	5	小区内部就近空地	71	6.94%
	6	停车场	57	5.57%
	7	原地不动	53	5.18%
第三档	8	不知所措	30	2.93%
	9	其他	28	2.74%
		合计	1 023	100%

从用地类型上来讲,有4种类型用地,按照选择人数多少排序依次为:小区内部绿地与广场、学校、城市绿地与广场、城市道路。

排名高居第一的是小区内部绿地与广场,有489人选择,占总数的47.80%,远远高于其他任何选择类型。

排名第二和第三的分别是学校和城市绿地广场,人数分别为102和100,两者非常接近。值得注意的是,选择小区外部的城市绿地广场的人数要远远低于选择小区内部绿地广场的人数,两者在比例上差了 38 个百分点;在人数上,后者约为前者的 5 倍。由此可以推断,在小区内外均有绿地广场的情况下,居民选择内部绿地广场的可能性要远远高于选择外部绿地广场的可能性。也就是说,在绿地广场这一选项上,居民的选择行为已经呈现出明显的内向性特征。

同时,还有 4 种情况比较特殊,即小区内部就近空地、原地不动、不知所措和其他。

小区内部就近空地,是指选择在小区内部的房前屋后的空地上进行避难。不知所措是指受访居民不知道应该往哪里去避难,没有选择任何一个避难地点。这个情况出现的极少,只有 30 人,仅占新小区受访者总数的 2.93%。虽然人数少,但是也说明了还是有一部分居民在避难知识方面存在盲区。

另外,在新小区中出现了其他类别,包括地铁站、墙角、小区地下民防设施、小区道路等。其中,选择地铁站的有 13 人,占总人数的 1.27%;选择墙角的有 9 人,占 0.88%;选择小区地下民防设施的有 5 人,占 0.49%;选择小区道路的仅有 1 人。

4.1.1.4 新小区与老小区居民的比较

通过对老小区和新小区的比较可以发现,变化幅度最大的是两个类型,即小区内部绿地与广场,城市道路。排名第一的是小区内部绿地与广场,变化幅度有 46.3 个百分点。这说明随着新小区中绿地广场数量和面积的增加,选择在小区内部避难的人数比例显著增加。

排名第二的是城市道路,变化幅度有 32.51 个百分点。新小区中选择到城市道路上避难的人数比例要远远小于老小区中选择到城市道路上避难的人数比例。说明小区内部避难资源条件的改善,对居民的选择有非常大的影响。

排名第三的是城市绿地与广场,变化幅度为 8.92 个百分点。反映出随着新小区居民对小区内部绿地广场的选择比例大幅上升,反而选择外部的绿地广场的需求下降了。

排名第四的是学校,变化幅度为 8.13 个百分点。老小区居民选择学校的比例高,而新小区选择学校的比例较低。原因是在南京老城区内,学校资源的分布密度要远高于新小区所处的河西新区。老城区内,各类中小学、特别是高校数量众多;但是在河西新区,没有高校的分布,中小学的数量也比老城区少。新小区选择学校比例的降低,是由于地区之间学校资源分布不均衡导致的。

余下的第三档和第四档变化都很小,例如,原地不动、停车场、小区内部空地等,变化幅度均小于 1 个百分点,几乎可以认为没有变化,也反映出无论在新小区还是老小区,居民对此类情形的判断是相同的(表 4-4)。

表 4-4 样本小区居民选择的避难地点用地类型与人数排序汇总

用地类型	老小区的选择比例	新小区的选择比例	变化幅度	排名	档位
小区内部绿地与广场	1.5%	47.80%	−46.3%	1	第一档
城市道路	41.6%	9.09%	32.51%	2	
城市绿地与广场	18.7%	9.78%	8.92%	3	第二档
学校	18.1%	9.97%	8.13%	4	
其他	—	2.74%	−2.74%	5	第三档
不知所措	—	2.93%	−2.93%	6	

住区避难圈

用地类型	老小区的选择比例	新小区的选择比例	变化幅度	排名	档位
商业设施门前广场	1.0%	—	1.0%	7	
原地不动	6.1%	5.18%	0.92%	8	
体育场馆	0.7%	—	0.7%	9	第四档
停车场	5.3%	5.57%	−0.27%	10	
小区内部空地	6.8%	6.94%	−0.14%	11	

4.1.2 有效性

在问卷调查中,居民选择的避难地点有 11 种类型,其中,小区内部绿地与广场、学校、城市绿地与广场、体育场馆、停车场等是常规的避难资源;但是其他四种情况,如城市道路、小区内部空地、原地不动、不知所措等,都不是有效的避难资源。这当中,最主要的类型是城市道路。

城市道路,不能作为有效避难资源的原因有两个:一是城市道路在震后要作为救灾和疏散通道来使用,需要保证各种车辆和人流的通行,如果作为避难场所,那么势必会减少道路的有效宽度,阻塞道路,降低救援和疏散的效率;其二,如果震后有建筑倒塌,道路型避难所将面临灭顶之灾,安全隐患太大。

调查中,发现选择城市道路进行避难的人数占总人数的 28.98%,接近三分之一。其中,老小区有 670 人,新小区有 93 人,新小区明显要比老小区少很多。其原因是由于老小区的避难资源条件普遍比新小区要差,内部缺少场地,从而导致很多人选择就近的城市道路来避难。

小区内部房前屋后的大部分空地,位于建筑倒塌覆盖区内,存在着较大的安全隐患,不适合作为避难所来使用。

原地不动,意味着没有采取合适的避难行为。原地,在调查中主要是指小区内部的空地和居民楼内,这些地点都不是正确的避难地点,不能够保证居民的安全。

其他中的墙角也是位于建筑倒塌覆盖区内,存在较大安全隐患;地下民防设施由于其位于地下,不符合普通人在紧急情况下选择室外露天空旷场地的本能,且出入口存在被倒塌建筑构件覆盖的危险,故而不建议作为避难场所来使用。

选择城市道路的有 763 人,选择小区内部就近空地的有 180 人,选择原地不动的有 152 人,选择不知所措的有 30 人,选择其他的有 28 人,共计 1 153 人,占总人数的 43.79%。超过 40% 的居民选择的避难地点都不是有效的避难场所,这说明了居民的避难意识存在很大的不足,所选择的避难地点的有效性存在一定的问题。

老小区中无效选择的居民人数有 878 人,占总人数比例的 54.50%,最主要是体现在选择城市道路的人数比例过高(表 4 - 5)。新小区中无效选择的居民人数有 275 人,占总人数比例的 26.88%(表 4 - 6)。新小区居民在避难场所选择的有效性上,要明显好过老小区。反过来也说明新小区的避难资源条件要整体优于老小区。

表 4 - 5　老小区居民的无效选择人数与比例

排名	用地类型	选择人数（人）	比例
1	城市道路	670	41.6%
2	小区内部就近空地	109	6.8%
3	原地不动	99	6.1%
	合计	878	54.50%

表 4 - 6　新小区居民的无效选择人数与比例

排名	用地类型	选择人数（人）	比例
1	城市道路	93	9.09%
2	小区内部就近空地	71	6.94%
3	原地不动	53	5.18%
4	不知所措	30	2.93%
5	其他	28	2.74%
	合计	275	26.88%

4.1.3　规模与等级特征

样本小区居民选择的避难地点,排除城市道路等无效避难地点,总共涉及 102 个有效避难地点。从数量上看,居民选择的数量最多的有两类,一是短期固定避难场所,二是紧急避难场所,两者的数量非常接近。其中,短期固定避难场所有 44 个,占总数量的 43.14%;紧急避难场所有 42 个,占 41.18%;其他高等级的避难场所数量明显不足,例如,中期固定避难场所有 14 个,占 13.73%;长期避难场所有 2 个,占 1.96%;中心避难场所的数量则为 0(表 4 - 7)。

表 4 - 7　各等级避难场所的数量汇总简表

等级	数量（个）	占总数量的百分比
紧急避难场所	42	41.18%
短期固定避难场所	44	43.14%
中期固定避难场所	14	13.73%
长期固定避难场所	2	1.96%
中心避难场所	0	0%

老小区居民选择的避难地点,排除城市道路、小区内部就近空地、原地等非常规避难地点,总共涉及 48 个避难地点。居民选择的数量最多的是短期固定避难场所,共有 24 个,占 50%;其次是紧急避难场所有 15 个,占总数量的 31%;再次是中期避难场所有 7 个,占 15%;长期避难场所有 2 个,占 4%。

在用地规模方面,面积之和最大的中期固定避难场所,占总用地规模的 34%,其次是长期固定避难场所,占 32%;再次是短期固定避难场所,比例为 29%;而紧急避难场所用地面积的比例仅为 5%,这也与其单个点的面积偏小有关(表 4 - 8)。

表 4-8　老小区各等级避难场所的用地规模与数量汇总简表

等级	平均用地面积（m²）	各用地面积之和（hm²）	占总用地面积的百分比	数量（个）	占总数量的百分比
紧急避难场所	1 270	1.9	5%	15	31%
短期固定避难场所	4 614	11.1	29%	24	50%
中期固定避难场所	18 964	13.3	34%	7	15%
长期固定避难场所	61 608	12.3	32%	2	4%
中心避难场所	0	0	0%	0	0%

上表统计的结果表明,短期固定避难场所在数量上是居民选择最多的,这也反映了目前南京老城区普遍存在的问题,就是面积在 5 000 m² 左右的空地资源较多,而 2 000 m² 以下的紧急避难场所较少;面积在 50 000 m² 以上的长期固定避难场所很少,而面积 20 hm² 以上的中心避难场所几乎没有。这说明南京老城区目前现状:在避难场所设置方面存在着很大的困难,大型和小型的避难场所资源均偏少。

表 4-9　老小区居民选择的各类避难地点的数量与比例

用地类型	长期固定避难场所		中期固定避难场所		短期固定避难场所		紧急避难场所	
	数量（个）	百分比	数量（个）	百分比	数量（个）	百分比	数量（个）	百分比
城市绿地与广场	1	1%	1	1%	9	60%	4	27%
学校	0	0%	6	26%	10	43%	7	31%
停车场	0	0%	0	0%	3	43%	4	57%
小区内部绿地	0	0%	0	0%	1	100%	0	0%
体育场馆	1	100%	0	0%	0	0%	0	0%
商业设施门前广场	0	0%	0	0%	1	100%	0	0%
合计	2		7		24		15	

从表 4-9 来看,居民在选择避难地点时,各类学校用地是首选,这跟普遍有较大面积的操场,以及学校数量较多且在全城布点较为均衡有关;其次是绿地与广场用地,其中多集中于 1 hm² 以下的短期固定避难场所;停车场是居民选择的排名第三的避难资源,从统计上看,大型停车场的数量极少,绝大多数的停车场用地面积偏小,只能作为短期固定避难场所和紧急避难场所,而很多大型公建周边的停车场由于面积过小,导致很少居民选择。居住小区中心绿地和商业设施门前广场的面积偏小,通常只能作为短期固定避难资源来使用。在选择时,此类用地都不是优先选择。体育场馆用地的选择率偏低,反映了目前南京老城区内体育场馆设施数量偏少;同时,也与周边道路的隔离性较强有关。

新小区方面,居民选择的避难地点,排除无效避难地点,总共涉及 54 个有效避难地点。此外,还有民防等特殊类型的地点 13 个。从数量上看,居民选择的数量最多的是紧急避难场所,共有 27 个,占 40.30%;其次是短期固定避难场所,有 20 个,占总数量的 29.85%;再次是中期固定避难场所,有 7 个,占 10.45%;与老小区相比,两类小区居民选择的避难场所等级非常类似,都是以紧急避难场所和短期固定避难场所等低等级的为主,高等级的非常少。这与南京主城区内普遍存在的避难资源的数量和规模有关。

在用地规模方面,面积最大的中期固定避难场所,占总用地规模的 53.75%,其次短期固定避难场所,比例为 35.67%;而紧急避难场所用地面积的比例仅为 10.58%(表 4-10)。

表 4-10　新小区各等级避难场所的用地规模与数量汇总简表

等级	平均用地面积(m²)	各用地面积之和(m²)	占总用地面积的百分比	数量(个)	占总数量的百分比
紧急避难场所	1 071.67	28 935.195 7	10.58%	27	50.00%
短期固定避难场所	4 880.19	97 603.835	35.67%	20	37.04%
中期固定避难场所	21 009.46	147 066.238	53.75%	7	12.96%

与老小区相比,新小区居民选择的学校类避难场所数量要明显减少。老小区中的学校有23所;而在新小区中,仅有8所。这说明学校资源在老城区与河西新区的分布有一定的差异,老城区的学校多,而河西新区的学校少。

在城市绿地与广场方面,老小区有15处,新小区有12处,两者相差不多。在小区内绿地与广场方面,新小区明显要高出老小区非常多,新小区有33处,老小区仅有1处(表4-11)。

表 4-11　新小区居民选择的各类避难地点的数量与比例

用地类型	中期固定避难场所		短期固定避难场所		紧急避难场所	
	数量(个)	百分比	数量(个)	百分比	数量(个)	百分比
学校	2	25%	4	50%	2	25%
小区内绿地与广场	0	0	10	30%	23	70%
城市绿地与广场	5	42%	6	50%	1	8%
停车场	0	0%	0	0%	1	100%

4.1.4　位置

统计结果显示,各样本小区中居民选择的避难地点的方位分布,周边四个象限的数据具有一定差异性。这与周边的土地性质和道路等级宽度有一定的相关性。即使同一个小区,各方位上现状潜在的避难场所比例与居民实际选择的比例也存在一定的差异性(表4-12,图4-1)。

表 4-12　老小区居民选择的各方位的避难地点数量与比例

序号	小区名称	NE		ES		SW		WN		合计	
		数量(个)	比例	数量(个)	比例	数量(个)	比例	数量(个)	比例	数量(个)	比例
1	工人新村	2	22%	2	22%	2	22%	3	33%	9	100%
2	仁义里	6	35%	4	24%	5	29%	2	12%	17	100%
3	明华新村	2	20%	5	50%	2	20%	1	10%	10	100%
4	集庆门小区	7	33%	1	5%	5	24%	8	38%	21	100%
5	瑞金路小区	2	25%	2	25%	1	13%	3	37%	8	100%
6	三牌楼小区	2	12%	7	41%	2	12%	6	35%	17	100%
7	山西路小区	6	67%	2	22%	1	11%	0	0%	9	100%
8	上海路小区	5	28%	6	33%	2	11%	5	28%	18	100%

注:NE为东北象限,ES为东南象限,SW为西南象限,WN为西北象限。

老小区方面,大部分小区周边四个象限内的避难地点数量大体均衡,如工人新村,四个象限内的避难地点的比例均在22%~33%之间。有些样本小区则差异明显,在某些象限内避难地点的数量过高或过低;如山西路小区,在东北象限内避难地点数量占了该小区所有避难地点总数量的67%,而在西北象限内的避难地点数量为0;又如明华新村,在东南象限内的避难地点数量占了该小区所有避难地点总数量的50%。

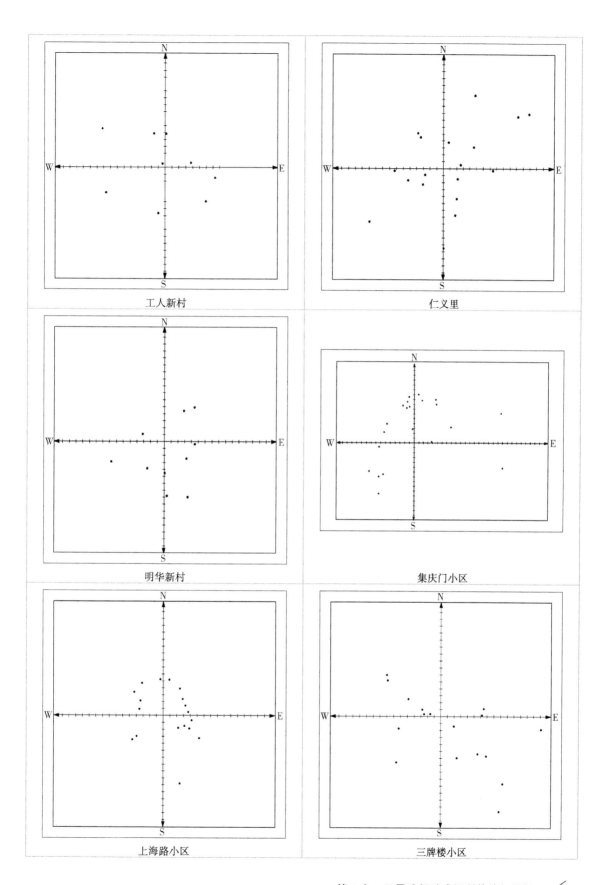

工人新村

仁义里

明华新村

集庆门小区

上海路小区

三牌楼小区

第 4 章　居民选择避难场所的特征分析

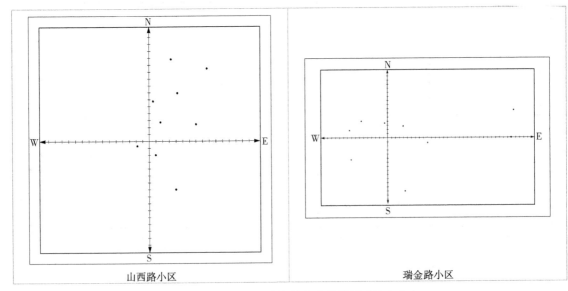

| 山西路小区 | 瑞金路小区 |

图 4-1 老小区居民选择的各方位的避难地点分布

在理想的状态下,避难地点的均衡分布,将引导人流均衡地向四周疏散;如若小区周边避难地点的分布极不均衡,将导致小区通向该方向的内外道路上人流量过大,从而容易产生拥挤、踩踏事故,比如会降低避难效率和影响疏散效果。

新小区方面,各个方位避难地点的分布情况与老小区基本相似。大部分小区周边四个象限内的避难地点数量均有一定的差异(表 4-13,图 4-2)。

表 4-13 新小区居民选择的各方位的避难地点数量与比例

序号	小区名称	NE		ES		SW		WN		合计	
		数量(个)	比例	数量(个)	比例	数量(个)	比例	数量(个)	比例	数量(个)	比例
1	翠杉园	6	33%	2	11%	7	39%	3	17%	18	100%
2	月安花园	2	29%	4	57%	0	0%	1	14%	7	100%
3	碧瑶花园	1	13%	1	13%	4	50%	2	25%	8	100%
4	长阳花园	3	25%	3	25%	3	25%	3	25%	12	100%
5	龙凤花园	4	57%	2	29%	0	0%	1	14%	7	100%
6	金陵世纪花园	1	10%	3	30%	3	30%	3	30%	10	100%
7	双和园	3	30%	2	20%	1	10%	4	40%	10	100%
8	清江花苑	4	24%	3	18%	0	0%	8	47%	15	100%
9	兴元嘉园	4	21%	3	16%	7	41%	5	29%	19	100%
10	莫愁新寓	4	40%	2	20%	3	30%	1	10%	10	100%

注:NE 为东北象限,ES 为东南象限,SW 为西南象限,WN 为西北象限。

就新老小区在各方位上的避难地点平均数而言,老小区的在各方位上的平均值差距略偏大,最小值和最大值的差距为 12.5%;新小区的差值略小,差距为 5.7%。可见,新小区在各方位上的避难地点分布要略均衡一些。而在各方位避难地点数量之和方面,新老小区非常接近;其中,老小区略高,平均共计有 13.6 个地点;新小区略低,平均有 11.8 个(表 4-14)。

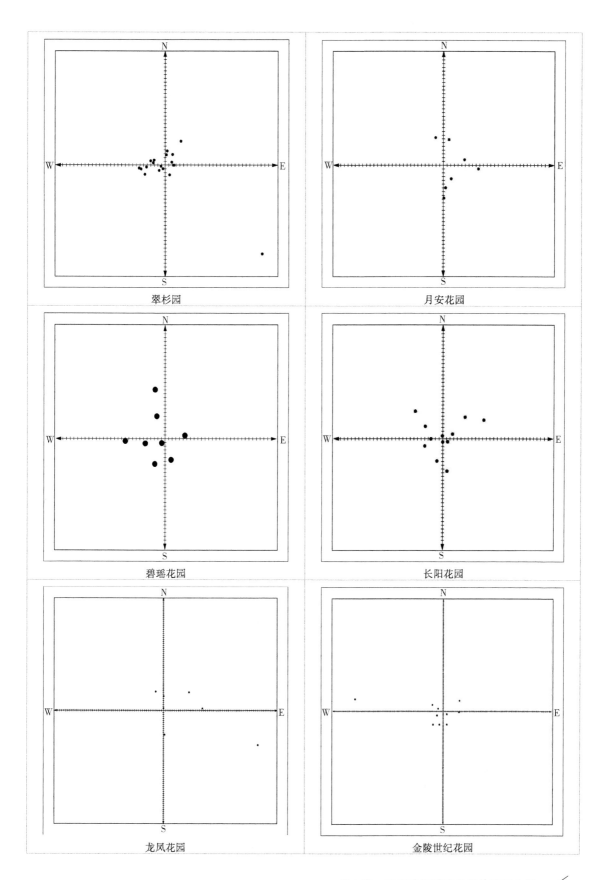

翠杉园   月安花园

碧瑶花园   长阳花园

龙凤花园   金陵世纪花园

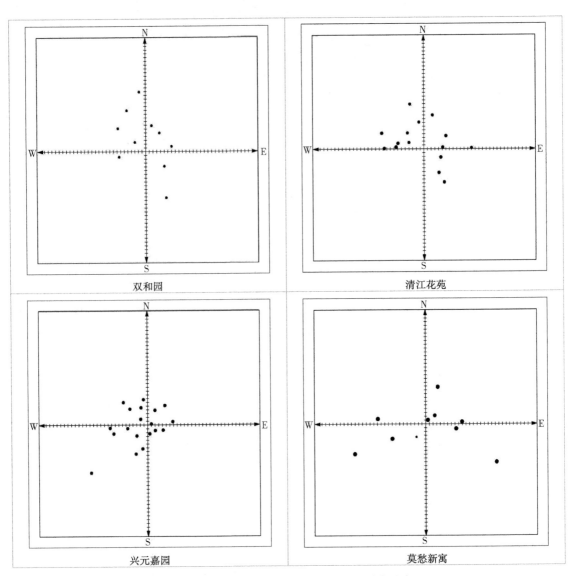

图4-2 新小区居民选择的各方位的避难地点分布

表4-14 新老小区居民选择的避难点在各方位上的比较

类型	NE		ES		SW		WN		合计	
	数量(个)	比例	数量(个)	比例	数量(个)	比例	数量(个)	比例	数量(个)	比例
老小区平均值	4.0	30.3%	3.6	27.8%	2.5	17.8%	3.5	24.1%	13.6	100%
新小区平均值	3.2	28.2%	2.5	23.9%	2.8	22.5%	3.1	25.1%	11.6	100%

4.1.5 距离

从直线距离上看,距离为100 m以内的避难地点占居民选择的所有避难地点的7.3%;200 m以内的避难地点数量占总数的39.1%;300 m以内的占64.60%;400 m以内的占84.60%;500 m以内的占92.80%;500~1 000 m之间的占5.40%;1 000~1 200 m之间的占1.8%;1 200 m以上的为0。这说明,紧急避难场所的服务半径不应大于500 m,大部分紧急避难场所的服务半径最好能控制在300 m以内(图4-3,表4-15)。

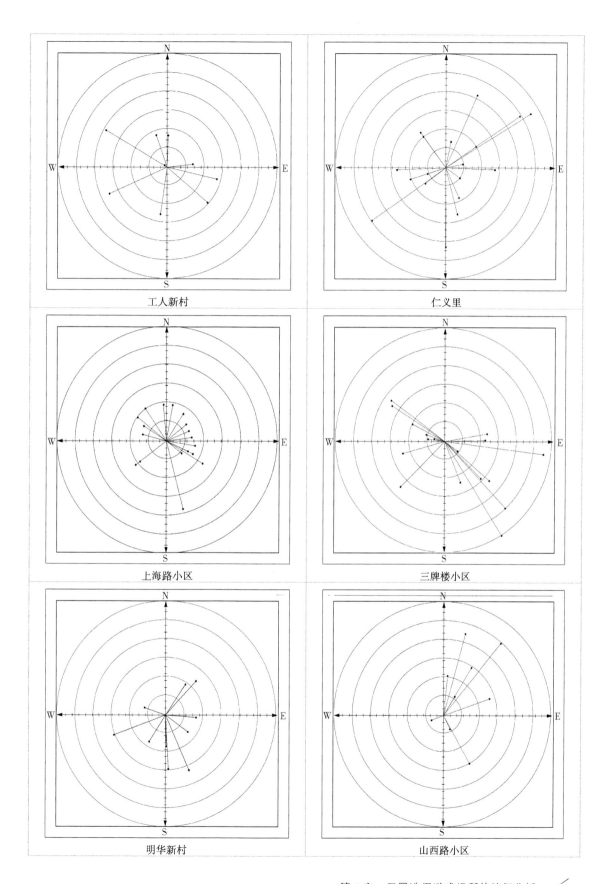

工人新村

仁义里

上海路小区

三牌楼小区

明华新村

山西路小区

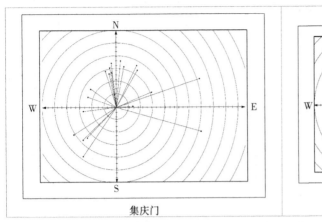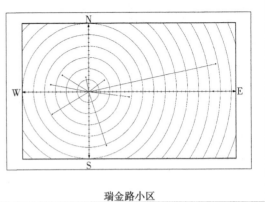

集庆门   瑞金路小区

图 4-3　老小区避难地点分布

表 4-15　老小区各距离区段的避难地点数量

距离区段 (m)	避难地点数量(个)								汇总 (个)	百分比
	工人 新村	明华 新村	集庆门 小区	仁义里	瑞金路 小区	三牌楼 小区	山西路 小区	上海路 小区		
<100	1	0	1	1	0	3	2	0	8	7.3%
101~200	3	6	1	6	2	2	1	14	35	31.8%
201~300	3	2	6	6	1	5	3	2	28	25.5%
301~400	2	2	9	0	3	4	1	1	22	20.0%
401~500	0	0	2	4	0	1	2	0	9	8.2%
501~600	0	0	0	1	1	2	0	0	4	3.6%
601~700	0	0	0	0	0	0	0	0	0	0%
701~800	0	0	2	0	0	0	0	0	2	1.8%
801~900	0	0	0	0	0	0	0	0	0	0%
901~1 000	0	0	0	0	0	0	0	0	0	0%
1 001~1 100	0	0	0	0	0	0	0	0	0	0%
1 101~1 200	0	0	0	2	0	0	0	0	2	1.8%
1 201~1 300	0	0	0	0	0	0	0	0	0	0%
1 301~1 400	0	0	0	0	0	0	0	0	0	0%
1 401~1 500	0	0	0	0	0	0	0	0	0	0%
>1 500	0	0	0	0	0	0	0	0	0	0%

　　新小区方面,居民选择的避难地点在 100 m 以内的占 28.43%,要远高于老小区的 7.3%;101~200 m 之间的避难地点占 47.06%,也明显高于老小区的 31.8%;300 m 以内的避难地点,新小区占 91.18%,而老小区仅占 64.60%;老小区达到 90% 以上,是到了 500 m 以内的避难直线区段。由此可见,新小区在避难地点的分布上,要明显集中于老小区,其避难距离也明显小于老小区(表 4-16,图 4-4)。

表 4-16　新小区各距离区段的避难地点数量

距离区段 （m）	避难地点数量（个）										汇总 （个）	百分比
	碧瑶 花园	翠杉园	金陵 世纪花园	龙凤 花园	莫愁 新寓	清江 花苑	双和园	兴元 嘉园	月安 花园	长阳 花园		
<100	1	6	2	1	3	1	1	8	1	5	29	28.43%
101~200	5	1	3	1	3	9	6	9	6	5	48	47.06%
201~300	2	0	1	2	2	5	2	0	0	2	16	15.69%
301~400	0	0	0	1	0	0	1	0	0	0	2	1.96%
401~500	0	0	0	1	2	0	0	1	0	0	4	3.92%
501~600	0	0	0	0	0	0	0	0	0	0	0	0.00%
601~700	0	0	0	0	0	0	0	0	0	0	0	0.00%
701~800	0	0	0	0	0	0	0	0	0	0	0	0.00%
801~900	0	1	0	0	0	0	0	0	0	0	1	0.98%
901~1 000	0	0	0	0	0	0	0	0	0	0	0	0.00%
>1 000	0	0	1	1	0	0	0	0	0	0	2	1.96%

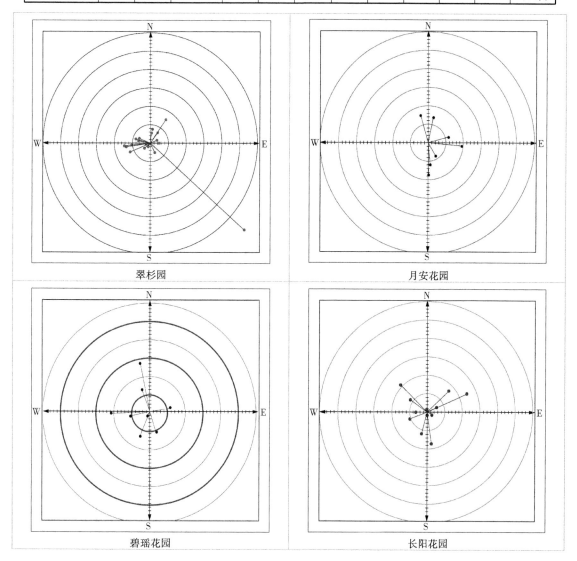

翠杉园　　　　　　　　　　月安花园

碧瑶花园　　　　　　　　　长阳花园

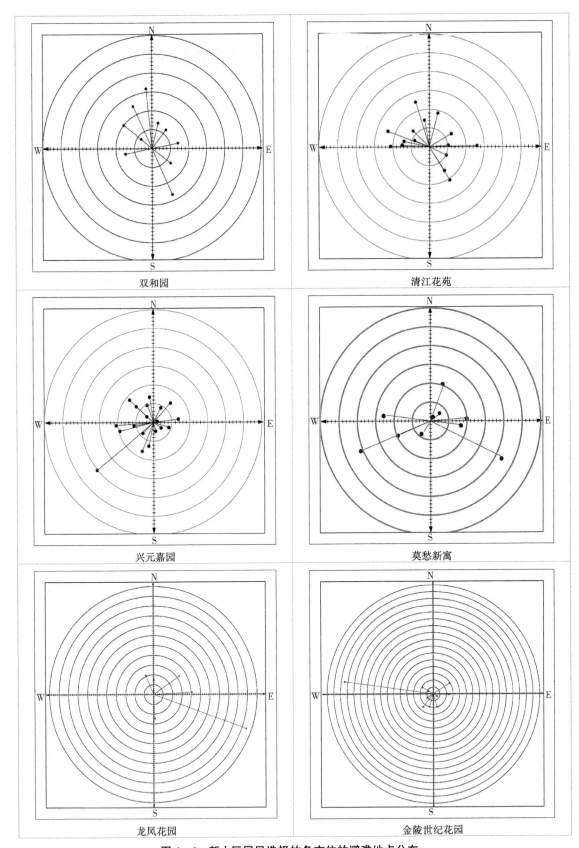

图4-4　新小区居民选择的各方位的避难地点分布

4.2 行为类型

4.2.1 就近避难

就近避难,是指大部分居民在选择离自己所处位置距离较近的地点进行避难的现象。用距离来衡量的话,超过90%的居民选择的实际避难路线长度都小于500 m。这充分说明了人对近距离避难的需求非常强;同时,这种需求也对避难场所的规划布局提出了要求,即紧急避难场所应尽可能靠近小区,甚至在小区内部设置。在问卷调查中,"避难场所与自己家的距离近"被55%的受访者认为是最重要的因素。

在老小区中,500 m以内的人数为89.1%,非常接近90%。人数最多的区间是100 m以内,然后,越往后的区间,选择的人数依次减少。从100 m到500 m,曲线在整体上有非常明显的下降趋势。其中,200 m以内的人数为60.4%。而到了1 000 m及其更远的距离区间时,选择人数已经均低于1%,几乎可以忽略不计(图4-5)。

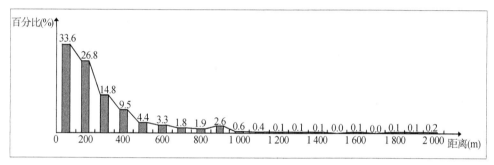

图4-5 老小区各距离区间避难人数选择

在新小区中,超过90%人数的距离区间是400 m以内的区段,人数占总人数的93.35%。200 m以内的距离区段的人数达到总人数的78.79%,要远高于老小区的60.4%。而到了500 m以内的区段,新小区的人数占97.06%;500 m以外的区段的人数仅占不到3%,几乎可以忽略。可见,虽然老小区居民的避难距离略远,而新小区居民的避难距离略近;但整体而言,绝大部分居民的避难距离均在500 m以内(图4-6)。

就近避难的行为选择,可以从锚点理论的角度来进行解释。按照美国著名认知地理学家Reg. Golledge提出的锚点理论的观点,个体最熟悉的空间地点是自己家的位置,家及其所处的小区是最初级的锚点,小区周边的菜市场、超市等属于二级锚点,活动的频率和对环境的熟悉程度随着距离的增加而递减[197-198]。当发生地震等紧急情况时,人选择进行紧急避难的地点应该是人们熟悉的地点,即各级锚点,人们在这里的活动机会较多,熟悉这里的基本情况,对这些地方有着较大的信任感。

Golledge认为,认知目的遵循"空间移动最小努力"等经济原则的影响。同时,按照古尔德(Gould)的观点,认知还受最优行为规则,既包括最经济行为,也包括最满意行为和风险损失最小化规则[199]。该行为特征的启发在于,在进行避难场所的规划布局时,必须考虑民众的就近避难行为需求,就近设置紧急避难场所。同时,就近布置紧急避难场所的做法,也符合期望效用最大化理论的观点。即在地震发生时,人们不清楚有关地震灾害的客观事实。此时的理性行为就是就近避难,可以将民众个体所花费的时间和距离成本降到最低,使其获得生命安全,期望效益得以最大化。

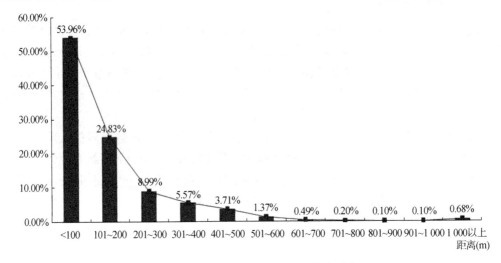

图 4-6 新小区各距离区间避难人数选择

4.2.2 出口滞留

出口滞留,是指小区居民在从小区内逃到小区出口处后,不知道应该往哪里去,从而导致大量人群聚集在小区出口处的现象。产生出口滞留现象的原因,主要是居民不了解周边那些地点可以避难,这反映了居民避难意识的薄弱和防灾教育的宣传力度不够。

如表 4-17 所示,在所有老小区中,出现小区出口滞留行为的人数共有 529 人,占总人数的 32.8%,即约有三分之一的人会到达小区出口后出现目标避难地点迷茫的情况,这样就导致了在小区出口处会聚集大量的人群,这也充分说明应在小区出口处设置一定规模的广场,以便于人员的集散(图 4-7)。

表 4-17 老小区"出口滞留"人数统计表

序号	小区名称	选择人数(人)	比例
1	工人新村	44	22.3%
2	明华新村	87	42.9%
3	集庆门小区	32	16.0%
4	仁义里	48	23.4%
5	瑞金路小区	117	56.3%
6	三牌楼小区	51	25.0%
7	上海路小区	96	49.2%
8	山西路小区	54	27.0%
	合计	529	32.8%

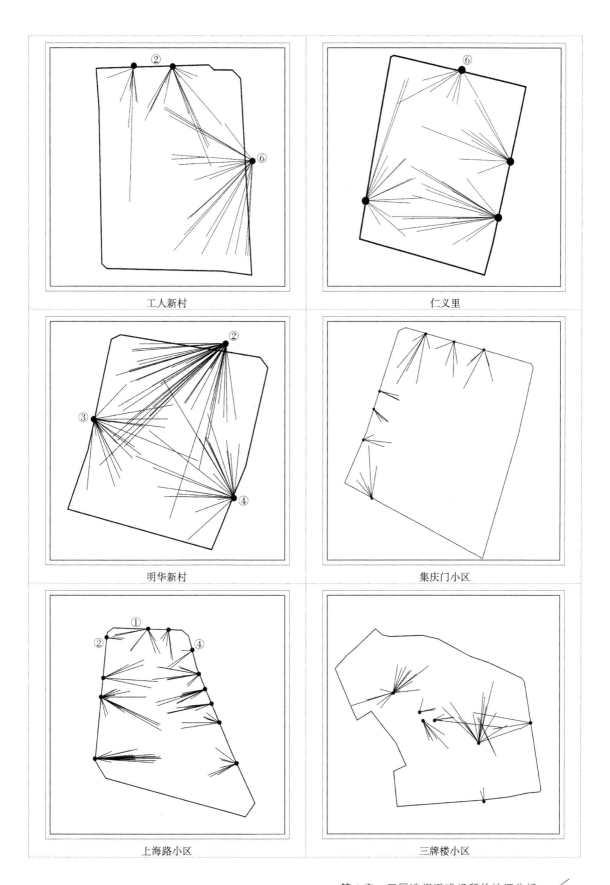

工人新村

仁义里

明华新村

集庆门小区

上海路小区

三牌楼小区

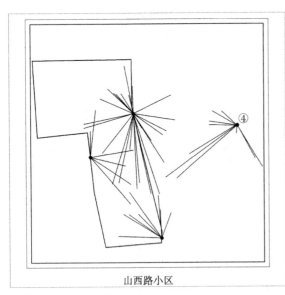

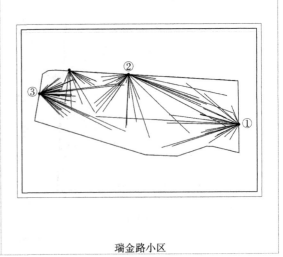

山西路小区　　　　　　　　　　　　　　　　　　　　　　瑞金路小区

图 4-7　老小区出口滞留点分布

相反,出口滞留现象在新小区中不是很明显。在所有新小区中,出现小区出口滞留行为的人数仅有 62 人,占新小区受访者总数的 6.1%。在人数上来讲,新小区的 62 人,仅为老小区 529 人的 11.72%;在比例上,新小区的 6.1% 要远小于老小区的 32.8%。可见,无论是人数还是比例,都远远小于老小区(表 4-18)。这也说明新小区内外的避难资源分布情况,要明显好于老小区(图 4-8)。

表 4-18　新小区"出口滞留"人数统计表

序号	小区名称	选择人数(人)	比例
1	翠杉园	10	10.0%
2	金陵世纪花园	23	21.3%
3	双和园	9	9.0%
4	月安花园	11	11.0%
5	长阳花园	4	4.0%
6	清江花苑	5	26.3%
	合计	62	6.1%

为什么会在小区出入口处形成人群聚集? 这还是与紧急情况下,人对灾害事件的心理认知和应急行为过程有密切关系。心理学认为,在惊恐之后,很多人的第一行为选择是逃离灾区或者其他被认为是危险的地方;之后,待到达一个相对安全的地方时,会通过各种途径对灾害信息进行重新确认,此时传言往往成为了确认的参照系。而小区出入口是人流聚散点,人较多,适合进行有关灾害信息的沟通和交流,以确认灾害的真实性和严重性。例如,人们会将灾情、周围人的行为等线索与自己的知识和以往经验结合起来,判断是否需要进行预防或应对措施。人们会采取各种措施努力恢复心理上的平衡,控制焦虑和情绪紊乱,恢复受到损害的认识功能,调节自己的情绪以适应正在变化的环境。而后,采用各种心理防御机制,或争取亲人、朋友的支持,以及寻求帮助[200]。

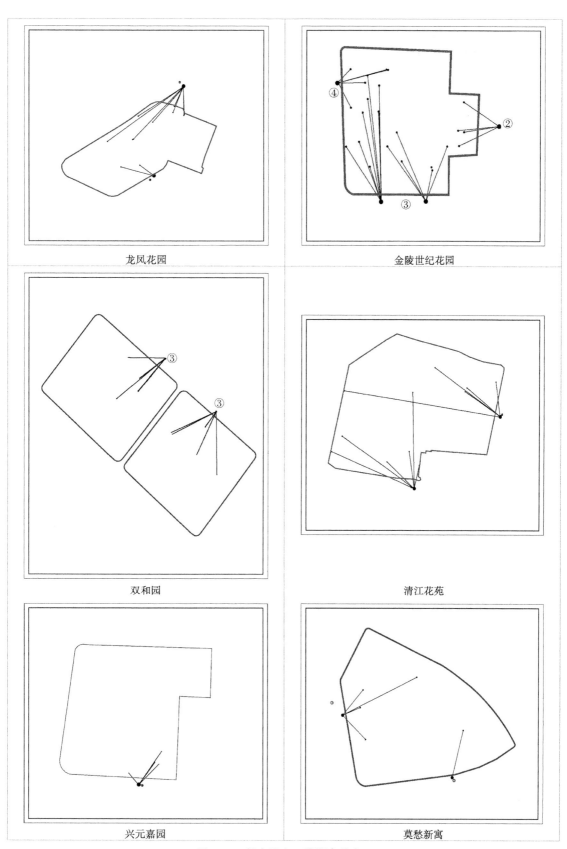

龙凤花园

金陵世纪花园

双和园

清江花苑

兴元嘉园

莫愁新寓

图 4 - 8 新小区出口滞留点分布

4.2.3 原地不动

原地不动是指在地震灾害发生时,选择原地不动而不是逃向别处的现象。

在所有样本小区中,选择原地不动的居民共有 155 人,占总人数的 5.89%。在调查中,老小区居民选择原地不动的人数有 102 人,占老小区总人数的 6.3%(表 4-19)。绝大多数为老年人,其行动不便,逃生能力弱,对于灾害的态度偏消极。在新小区中,居民选择原地不动的人数有 53 人,占新小区总人数的 5.2%(表 4-20)。虽然新小区中选择原地不动的人数仅为老小区的一半;其实,这与各自的总受访人数有关,实际上两者占各自总人数的比例的差别很小,非常接近。

在所有行为类型中,选择原地不动的人还只是其中很小的一部分。与其他类型相比,虽然人数很少,但是并不能被忽视,因为这部分人往往是避难行为能力偏弱的人,属于弱势群体,需要得到较多的帮助。

人们为什么会选择原地不动? 大体有两种情况:第一种是由于极度恐慌和不知所措而造成的不知所措;第二种是认为没有必要进行避难而主动选择原地不动。

第一种情况,在震时会原地不动行为的居民,会出现短暂的认知"空白"和智力的迟钝,这种行为也被称为"类休克状态",或者"木鸡"行为,属于一种典型的恐慌心理和惊慌失措行为。

从心理学的角度来讲,灾难引起恐慌心理主要是由于灾害的不可预测性和不可控性导致人的突然崩溃,引发人对生命丧失的恐惧和安全感的丧失。民众自身缺乏应付可怕情境的能力[201],人们无法理智地运用自己的社会思维去处理眼前发生的一切,便以最原始的方式应对突如其来的灾难,比如逃跑、惊呼、退缩、痛苦、绝望等,这些情绪便复合成灾难性恐慌心理。正如心理学家 Michael Gazzaniga 所说,"人或动物在他们不能控制自身环境时,或者在他们认为自己不能控制这种环境时,极有可能进入应激状态"[202]。适当的应激能增强防御反应堆对付环境中的不利刺激,但过度的反应,如恐惧过度则容易造成恐慌[203]。个体恐慌情绪大肆传染,就会形成一种不理性的社会情绪,导致群体恐慌,这就是社会心理恐慌形成的认知性心理机制。该行为的出现,反映了民众个体避难行为偏弱的现实问题。

表 4-19 老小区"原地不动"人数统计表

序号	小区名称	选择人数(人)	比例
1	工人新村	20	10.2%
2	明华新村	9	4.4%
3	集庆门小区	12	6.0%
4	仁义里	13	6.3%
5	瑞金路小区	6	2.9%
6	三牌楼小区	16	7.8%
7	上海路小区	6	3.1%
8	山西路小区	20	10.0%
合计		102	6.3%

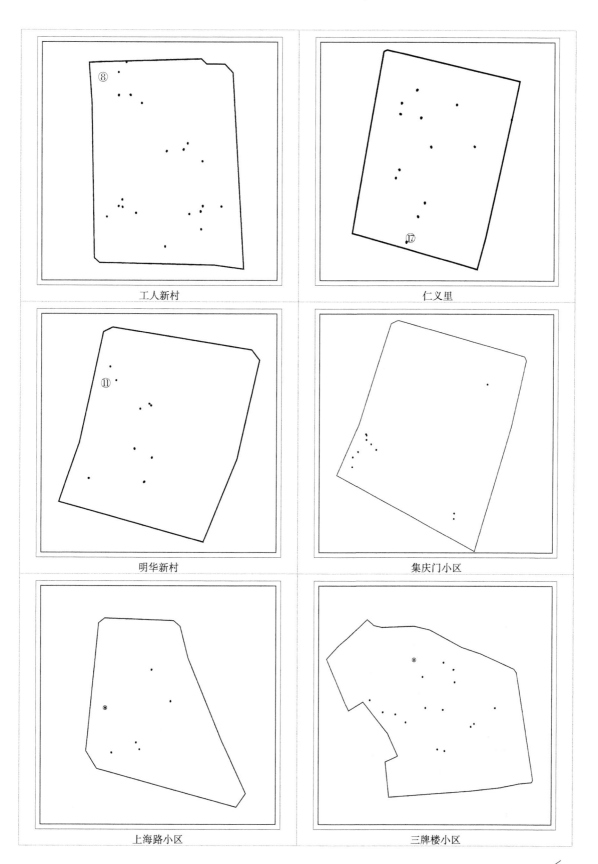

工人新村

仁义里

明华新村

集庆门小区

上海路小区

三牌楼小区

山西路小区　　　　　　　　　　　　　　　　瑞金路小区

图 4－9　老小区原地不动地点分布

表 4－20　新小区"原地不动"人数统计表

序号	小区名称	选择人数（人）	比例
1	翠杉园	8	8.0%
2	碧瑶花园	2	2.0%
3	龙凤花园	0	0%
4	双和园	3	3.0%
5	兴元嘉园	5	5.0%
6	月安花园	5	5.0%
7	长阳花园	7	7.0%
8	金陵世纪花园	9	8.3%
9	清江花苑	7	6.4%
10	莫愁新寓	7	6.6%
合计		53	5.2%

另一方面，就以往地震灾害发生后的实际情况来看，各地灾区也存在不少主动选择不避难的人群。例如，日本阪神大地震避难行动的调查结果表明，兵库县境内共有 31.7 万人在避难所避难，不包含到亲戚朋友家避难的人，占受灾严重市町村总人口的 15.9%。即使在极震区，也有一半左右的人认为没有必要避难。不避难的主要动机包括：主震已过，不会再次发生需要避难的严重灾害；以为自己家很安全，担心避难途中出现危险；惦念住宅内财产；全家人没有聚齐；因受伤无法避难；拿不定主意，到底是否避难等[204]。

1999 年我国台湾地区发生 9·21 大地震时，灾区 13.5% 的市民采取了避难行动；其他地区采取避难行动的比例分别是：东势镇 39.5%，南投市 23.0%，埔里镇 20.0%，雾峰乡 13.3%，大里市 10.7%，竹山镇 9.8%，草屯镇 9.7%，中寮乡 9.0%，丰原市 1.9%。可见，即使避难人数比例较高的地区，也有超过 60% 的市民没有避难，灾害较轻的地区仅有少数人采取了避难行动[205]。

对于没有破坏或轻微破坏的住宅，主震后如果没有破坏性余震和其他次生灾害发生，震后继续在住宅内生活是安全的，不避难可以免除避难过程中可能存在的危险和相应产生的

住区避难圈

各种困难与忧虑。但有些地震灾害的主震后,有严重破坏性余震或形成多次严重地震灾害的叠加,不避难是危险的。

4.2.4 返宅行为

在问卷调查中,发现部分居民会出现返宅行为。所谓返宅行为,是指地震发生时,人本身已经在建筑室外了,但是考虑到其他需要,返回自己住宅的行为。这是一种较为特殊的避难行为。返宅的原因多为需要将家中的老人或小孩子带出来,结伴避难;也有极少量的居民是要回去取贵重财物等。

返宅寻亲行为,绝大部分反映了人类的一种亲社会行为和帮助他人的行为。这种亲社会行为,可以从社会心理学和进化心理学两个方面来进行解释。

社会心理学家认为,亲社会行为,是指任何以利于他人为目标所采取的行动。该行为的产生,有两种可能性,其一是利他主义,其二是利己主义。利他行为是指在毫无回报的期待下,表现出志愿帮助他人的行为。由利他主义引起的亲社会行为,即使需要助人者付出代价,自己没有获利,仍愿意帮助他人。例如,汶川地震中,许多英雄为了救助陌生人而献出了自己的生命。而有些人可能出于利己主义,即他们亲社会行为的目的是希望得到某种回报[206],这也符合社会交换理论的观点。心理学实验证明,当人们看见他人受难的时候会被唤醒和困扰,而当他们助人的时候至少部分原因是为了减轻他们他们自己的痛苦。通过帮助他人,我们还可以得到来自他人的社会赞许并增强自尊心[207]。

进化心理学家则认为,返宅寻亲反映了亲属选择的典型特征,而亲属选择属于亲社会行为中的一种,即自然选择偏好那些帮助亲属的行为。该学派认为,人们不仅可以通过他们自己的孩子,还能通过他们血亲的孩子来增加遗传的机会。因为一个人的亲属有部分他(她)的基因,那个人越确保亲属们的生存,他(她)的基因在未来世代兴旺的可能性就越大。自然选择会偏好直接对亲属做出的利他行为。几千年来,亲属选择已经根植于人类行为之中。在很多有关灾害救助的研究报告中,人们寻找家人的可能性比寻找朋友的可能性要大得多。无论国内国外,在生死关头,都遵循着亲属选择这一法则[208]。

4.3 行为特征

4.3.1 群集性与分散性

4.3.1.1 群集性

群集性是指人们容易在某些地方形成汇集,而随着该地点人数的增多,会吸引更多的人前来,从而造成越来越多的人在此地聚集的现象。人们的这种向同一个地点汇集的行为被称为群集行为,而该地点就是群集点。一般来讲,这些群集点会是相对较为开敞的场地。该群集点上汇聚的人数越多,则群集性就越强;反之,就越弱。

对现状人群避难群集点的研究,将直接影响到未来避难场所的设置问题。

与群集点相关的几个主要指标包括群集点的数量、位置和吸引人数的数量。

在样本小区中,一般都会存在多个群集点。人群群集点的数量一般会比较多,但是避难场所资源有限,不可能与人群群集点的数量一样多,那么,就需要对现状的一些群集点进行合并。大型群集点的数量,将会对避难场所设定的数量有一定影响。

群集点的位置,特别是大型群集点的位置,也将会直接影响未来避难场所的选址。

不同群集点上聚集的人的数量也不同,这与群集点的规模大小和距离远近有密切关系。群集点吸引人群数量的多少,也涉及未来设置避难场所时的规模大小。

群集点的吸引人数有多有少,当群集点的人数达到一定规模时,研究各小区的群集点数量和人群的群集性或集中度才有意义。本书中,笔者将超过本小区总受访人数10%的避难地点定义为显著群集点。而那些只有很少人聚集的地点,将不包括在内。

在所有老小区中,所有小区均可以达到这一标准,不同老小区的群集点不等,从最少的1个到最多的5个,大部分小区的群集点在2~3个之间,平均为2.8个(表4-21、图4-10)。

表4-21　老小区居民避难的显著群集点数量

小区名称	工人新村	仁义里	明华新村	集庆门小区	上海路小区	三牌楼小区	山西路小区	瑞金路小区
数量(个)	3	2	4	2	1	2	3	5

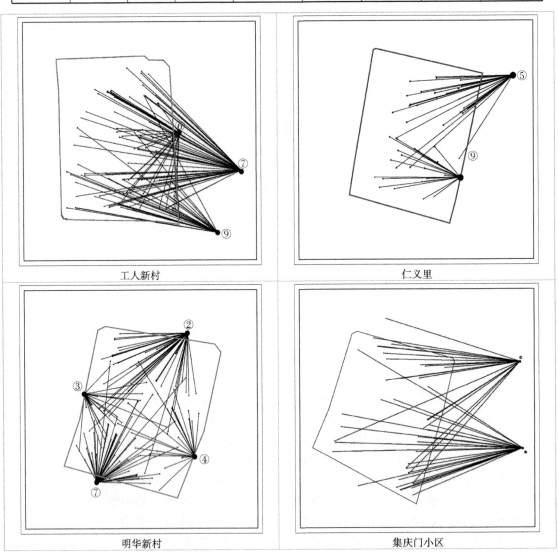

工人新村　　　　　　　　　　　　　仁义里

明华新村　　　　　　　　　　　　　集庆门小区

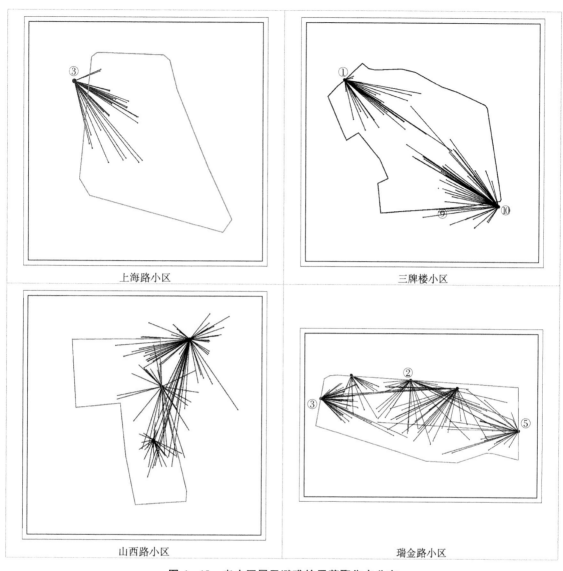

上海路小区

三牌楼小区

山西路小区

瑞金路小区

图 4-10　老小区居民避难的显著聚集点分布

在所有新小区中,有两个小区的人群聚集点没有达到10%这一标准,其他8个小区均有数量不等的显著群集点;至少1个,最多4个,大部分小区的显著群集点在2~3个之间,平均为2.4个(表4-22、图4-11)。由此可见,新小区和老小区相比,在显著群集点的数量方面,非常接近,平均数均约为2个。

表 4-22　新小区居民避难的显著群集点

小区名称	双和园	月安花园	长阳花园	清江花苑	碧瑶花园	兴元嘉园	龙凤花园	莫愁新寓
数量(个)	2	1	1	2	3	3	3	4

双和园

月安花园

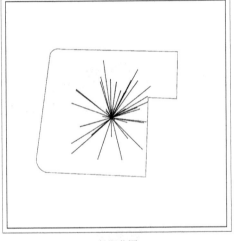

长阳花园

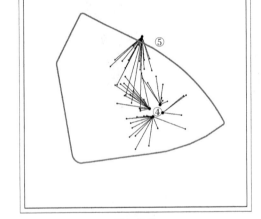

清江花苑

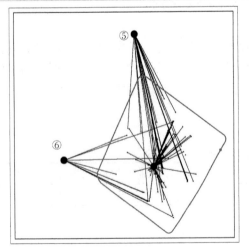

碧瑶花园

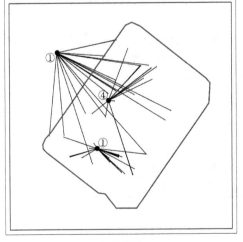

兴元嘉园

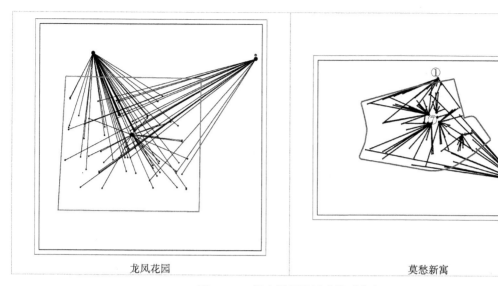

| 龙凤花园 | 莫愁新寓 |

图 4-11 新小区居民避难的群集点

4.3.1.2 分散性

分散性是指人们向多个方向和多个地点进行避难的现象。人们的四处逃散的行为也可以称作分散避难行为;多个避难点在空间上的分布具有明显的分散性的特征。避难点的数量越多,则分散性越强;反之,就越弱(图 4-12)。

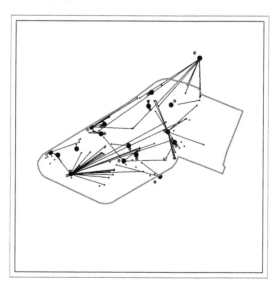

图 4-12 翠杉园避难点的分散分布

分散行为是针对群集行为而言的。对单个小区中的所有居民来讲,其避难行为的分散性和群集性是并存的。对大部分小区来讲,都会形成多个不同方位的避难点,其避难点的分布在整体上是分散的,这也符合避免过多人集中在某一点上而产生的过度拥挤的问题,从而也可以提高避难效率。从单个避难点来讲,人群又是往此地不断聚集的。因此,可以得出结论:人对避难点的选择行为在整体上是分散的,而在局部上又是集中的。同时,对任何一个小区的所有居民来讲,分散避难是必然的。小区内外潜在的避难资源有多个选择,不同的人的选择不会完全一样。因此,分散是必然的,关键在于分散的程度。分散度的高低与小区内外的避难资源的多少有关。

4.3.2 向心性与离心性

所谓向心,即避难方向是朝向小区中心的避难场所;所谓离心,即避难方向是背离小区中心的避难场所。这里有两个条件:一是小区中心要有避难场所,如果小区中心没有避难场所,就谈不上向心和离心,因为缺乏空间位置的参照点;二是避难终点与小区中心的避难场所的位置关系。

4.3.2.1 向心性

向心性是指居民向小区内部的中心地点聚集的现象。人们的这种有着明显方向倾向的避难行为也可以称为向心避难行为,这些聚集地点又可称为中心点。该中心点上聚集的人数越多,则向心性越强;反之,就越弱。

在所有样本小区中,新小区居民避难地点选择的向心性要明显强于老小区,这与新小区大多有小区中心绿地有直接关系。那些有着较大规模的中心绿地的小区,都表现出非常明显的向心性(图4-13)。而那些没有相对较大规模的中心绿地的小区,多为高层或中、小高层小区,宅间距离较宽,人们往往会选择在宅间绿地上避难。也是由于没有相对集中的中心绿地,而各处宅间绿地的规模又相差无几,所以,这里的居民在选择避难地点时表现出非常明显的分散性。可见,在小区内部设置一定规模的中心绿地,可以吸引相当一部分居民前来避难,避免过多的居民流向小区外部的城市空间。居民避难行为的向心性效应,再次凸显了小区内部中心绿地的重要性。

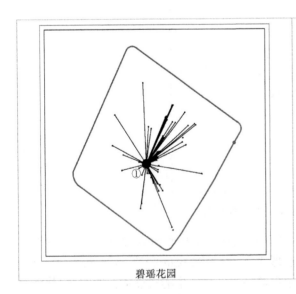

碧瑶花园

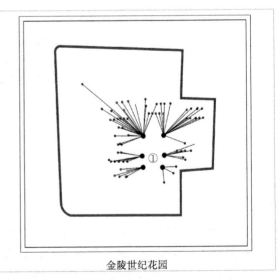

金陵世纪花园

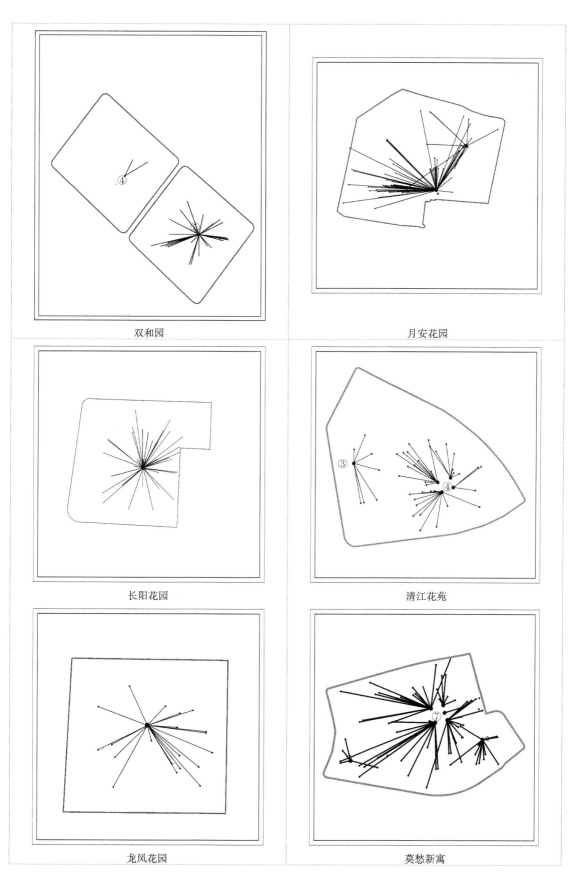

双和园

月安花园

长阳花园

清江花苑

龙凤花园

莫愁新寓

图 4 - 13　新小区居民避难方向的向心性

4.3.2.2　离心性

离心性是指人们向小区中心点以外的其他多个避难点进行分散避难的现象。人们的这种行为也可称为离心避难行为。小区中心点以外的避难地点数量越多,或者选择在小区中心点以外地点进行避难的人数越多,则离心性就越强;反之,就越弱。

与向心性相反,离心性的产生,主要是由于小区内部缺乏规模足够大的避难场所,导致居民只能向小区外部空间去寻找安全的避难地点。

从避难地点的数量上讲,新小区与老小区相比,新小区的离心性要略低于老小区(图4-14)。从选择小区外部避难地点的人数上讲,新小区的离心性就明显低于老小区,还是由于新小区的向心性要强过其离心性所致。而老小区居民选择行为的离心性相对偏高,其主要原因就是老小区内部缺乏开放空间。

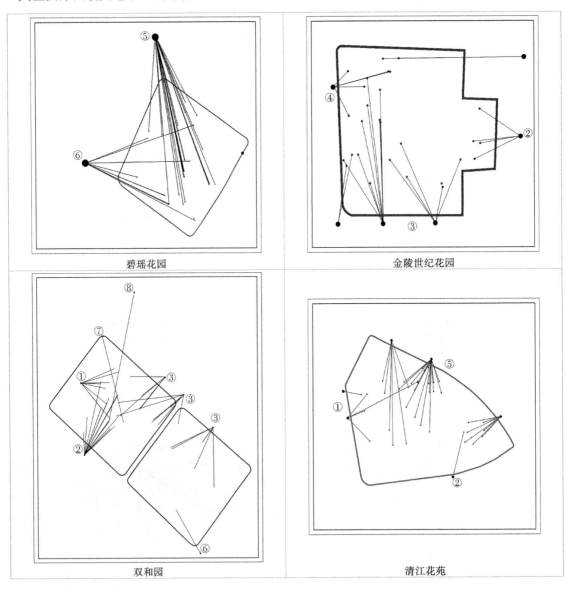

碧瑶花园　　　　　　　　　　　　　　　　金陵世纪花园

双和园　　　　　　　　　　　　　　　　　清江花苑

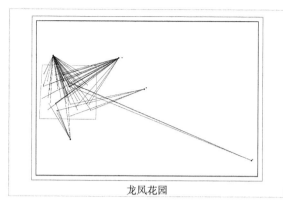 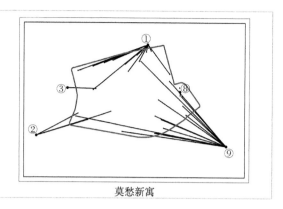

龙凤花园　　　　　　　　　　莫愁新寓

图 4 - 14　新小区居民避难方向的离心性

4.3.3　内向性与外向性

所谓内向性和外向性,是针对避难场所与小区边界的位置关系而言的。内向性是指居民选择在小区内部地点进行避难的现象。在小区内部避难的人数越多,则该小区居民避难的内向性就越强;反之,就越弱。

与向心性相比,内向性的范围要宽泛很多。凡是选择在小区内部避难的行为,都可以称为内向避难行为。在地点方面,除了小区中心绿地外,各种宅间绿地、房前屋后的空地、墙角、小区道路、小区内的地下车库、原地不动等,均可以算作内向的范畴。而向心性行为所针对的避难地点仅指小区中心绿地。新小区与老小区相比,其居民避难行为的内向性要高于老小区(图 4 - 15)。

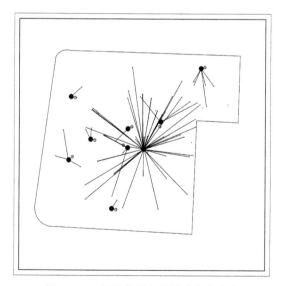 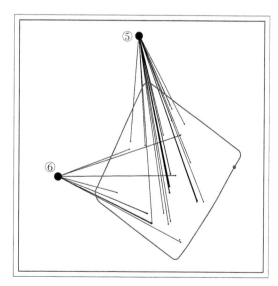

图 4 - 15　长阳花园内部避难点的分布　　　　图 4 - 16　碧瑶花园外部避难点的分布

外向性,是指居民选择在小区外部的避难场所进行避难的现象。在小区外部避难的人数越多,则该小区居民避难的外向性就越强;反之,就越弱。

在样本小区中,总体而言,如果小区内部有规模较大的中心绿地或者学校,选择的内向性比例一定超过外向性。如果小区内部没有前两类地点,居民的选择则呈现出明显的外向性,离心性和分散性也较为明显。此时,内向性较弱,外向性较强。

通过对新老小区的比较分析,可以非常明显地看出这一点,即新小区的内部性强,而老小区的外部性强(图 4 - 16)。

新小区方面,避难地点数量,各小区内部平均有 7.0 个,外部平均有 4.6 个,比例分别是 56.49% 和 43.51%,外部的数量比内部少 13 个百分点,差距不是特别大(表 4 - 23)。但是,在避难人数方面,各小区内部避难人数平均为 70.5 人,外部人数平均为 31.8 人,比例分别是 68.91% 和 31.08%。内部人数约为外部的 2.2 倍(表 4 - 24)。可见,无论在避难地点还是避难人数上,新小区都表现出更强的内部性。

表 4 - 23　新小区内外部避难地点数量与比例

小区名称	内部避难地点		外部避难地点	
	数量(个)	比例	数量(个)	比例
翠杉园	15	83.3%	3	16.7%
金陵世纪花园	3	30.0%	7	70.0%
双和园	4	40.0%	6	60.0%
月安花园	5	71.4%	2	28.6%
长阳花园	9	75.0%	3	25.0%
清江花苑	9	60.0%	6	40.0%
碧瑶花园	5	62.5%	3	37.5%
兴元嘉园	13	68.4%	6	31.6%
龙凤花园	1	14.3%	6	85.7%
莫愁新寓	6	60.0%	4	40.0%
平均值	7.0	56.49%	4.6	43.51%

表 4 - 24　新小区内外部避难人数的数量与比例

小区名称	内部避难地点		外部避难地点	
	数量(个)	比例	数量(个)	比例
翠杉园	87	87.00%	13	13.00%
金陵世纪花园	83	76.85%	25	23.15%
双和园	49	49.00%	51	51.00%
月安花园	87	87.00%	13	13.00%
长阳花园	93	93.00%	7	7.00%
清江花苑	73	66.97%	36	33.03%
碧瑶花园	65	65.00%	35	35.00%
兴元嘉园	76	76.00%	24	24.00%
龙凤花园	29	29.00%	71	71.00%
莫愁新寓	63	59.43%	43	40.57%
平均值	70.5	68.91%	31.8	31.08%

老小区方面,避难地点数量,各小区内部平均有 3.4 个,外部平均有 9.1 个,比例分别是 27.71％和 72.29％。外部的数量约为内部的 3 倍(表 4 - 25)。在避难人数方面,各小区内部避难人数平均为 57.63 人,外部人数平均为 143.88 人,比例分别是 28.62％和 71.38％。外部人数约为内部的 2.5 倍(表 4 - 26)。可见,无论在避难地点还是避难人数上,老小区都表现出更强的外部性。

表 4 - 25　老小区内外部避难地点数量与比例

小区名称	内部避难地点		外部避难地点	
	数量(个)	比例	数量(个)	比例
三牌楼小区	5	33.33％	10	66.67％
上海路小区	3	33.33％	6	66.67％
工人新村	3	30.00％	7	70.00％
管家桥小区	2	16.67％	10	83.33％
集庆门小区	6	40.00％	9	60.00％
仁义里	2	11.11％	16	88.89％
瑞金路小区	3	30.00％	7	70.00％
山西路小区	3	27.27％	8	72.73％
平均值	3.4	27.71％	9.1	72.29％

表 4 - 26　老小区内外部避难人数数量与比例

小区名称	内部避难地点		外部避难地点	
	数量(个)	比例	数量(个)	比例
三牌楼小区	73	35.78％	131	64.22％
上海路小区	46	23.59％	149	76.41％
工人新村	76	38.58％	121	61.42％
管家桥小区	30	14.78％	173	85.22％
集庆门小区	93	46.50％	107	53.50％
仁义里	28	13.66％	177	86.34％
瑞金路小区	75	36.06％	133	63.94％
山西路小区	40	20.00％	160	80.00％
平均值	57.63	28.62％	143.88	71.38％

4.4　影响居民选择避难场所的要素分析

4.4.1　空间要素

空间性要素主要包括安全性、空旷性、封闭性、可达性和熟悉度。安全性、空旷性、封闭性都是避难场所自身的空间属性特征;可达性属于避难场所与避难起点之间位置关系、距离关系,以及两点之间联系通道的属性特征,如道路等级与宽度;熟悉度属于人与避难场所之间的关系。本部分分析的依据主要来自两方面的资料,一是居民的行为地图,二是居民的访谈问卷。

4.4.1.1 避难场所的空旷性

避难场所的规模与空旷程度存在很强的相关性。两者有一定的关联,但是又有不同。规模大不一定空旷。还与场地上其他要素有关,如建筑的数量、高度、密度,以及树木的多少与分布等。

(1)空旷性

问卷调查结果显示,在影响居民选择避难场所的7个因素中,避难点空旷无建筑或障碍物的重要性排位第一,一等重要性选择率为71%,二等重要性选择率为18%,两者之和为89%。排名第二的因素是避难点面积大,其一等重要性选择率为69%,二等重要性选择率为20%,两者之和也为89%。而排名第三的因素是避难场所与自己家的距离近,一等重要性选择率为55%,与前两者的差距在15%左右(表4-27)。由此可见,避难场所的空旷性是影响居民选择的重要因素。

表4-27 各因素的重要性等级的选择表

序号	因素	一等重要	二等重要	三等重要	四等重要	五等重要
1	避难点空旷无建筑或障碍物	71%	18%	7%	2%	2%
2	避难点面积大	69%	20%	8%	2%	1%
3	避难场所与自己家的距离近	55%	21%	15%	5%	3%
4	避难点方位和环境较熟悉	51%	31%	13%	3%	2%
5	路线明确通畅	51%	22%	17%	7%	3%
6	是否有人引导前往	37%	18%	14%	11%	20%
7	周围的人都往该处避难	36%	22%	19%	14%	10%

(2)规模

避难场所的规模对居民是否选择有较大的影响。从老小区的行为地图调查来看,选择短期固定避难场所的人数最多,有419人;选择紧急避难场所的人数次之,有213人;选择中期固定避难场所和长期避难场所的人数相对少很多,分别只有88人和12人,这跟规模大的避难场所本身少有很大关系。就数量最多的两类避难场所来讲,紧急避难场所和短期固定避难场所分别有16和23个,两者差别不大;然而,从选择的人数上看,选择短期固定避难场所的人数几乎是选择紧急避难场所人数的两倍(表4-28)。仅在这两个等级的避难场所来看,居民更倾向于选择面积较大的短期固定避难场所。很明显,这与现状有效避难场所的数量、等级和空间分布位置有直接关系。

表4-28 老小区各等级有效避难场所的选择人数

避难场所等级	避难场所数量(个)	平均面积(m²)	选择人数(人)	占总人数的比例	平均人数(人)
紧急避难场所	16	1 239	213	13.23%	13
短期固定避难场所	23	4 453	419	26.02%	18
中期固定避难场所	8	25 706	88	5.47%	11
长期固定避难场所	1	50 316	12	0.75%	12

与老小区相比,新小区的情况比较类似。在人数上,最多的仍然是短期固定避难场所,其次是紧急避难场所,再次是中期固定避难场所。新老小区在这三个等级避难场所的选择人数上非常接近;但是如果从占总人数的比例上来看,就可以看出,新小区在短期固定避难场所和紧急避难场所上的选择比例要远高于老小区(表4-29),这说明新小区的居民更加集中于此两类避难场所,居民对小型避难场所的需求更大。

表4-29　新小区各等级有效避难场所的选择人数

避难场所等级	避难场所数量(个)	平均面积(m²)	选择人数(人)	占总人数的比例	平均人数(人)
紧急避难场所	27	1 072	222	21.70%	8
短期固定避难场所	20	4 880	428	41.84%	21
中期固定避难场所	7	21 010	67	6.55%	10

由此可见,避难场所的规模大小会影响到居民的选择;但是,规模并不是决定性因素。亦即,并不是说,面积越大,选择的人就会必然越多。相反的是,在样本小区周边,有一些规模更大、等级更高的避难场所很少被居民选择,甚至是无人选择。

仍以老小区为例,玄武湖公园是南京的一处大型公园。工人新村与玄武湖公园只间隔了两条马路,距离为550 m,在该小区所有的200位受访者中,竟然没有1人选择到此地避难。又如三牌楼小区与南京邮电大学仅仅隔了一条马路,而选择到此地避难的人数比例也是非常低。在新小区方面,也有不少的城市公共开放空间可以作为避难场所,例如古林公园、国防园、莫愁湖公园、奥体中心及其周边广场、滨江公园、河西中央公园、南京国际博览中心(河西)前广场等,规模都很大,除了莫愁湖地铁站前广场有部分居民选择外,其他都很少、甚至完全没有人选择。尤其值得一提的是,国防园是南京市避难场所建设的示范单位,龙凤花园与国防园只隔着一条秦淮河,也有步行桥连接河两岸,却仅有2人选择,仅为该小区受访者人数的2%。同样在奥体中心和博览中心周边的居住小区,与奥体中心和博览中心间隔1~2个街坊,就没有一个人选择到这里避难。这也再次说明,规模大,不是影响居民选择避难场所的决定性因素;规模与选择人数不成正比关系,居民对避难场所的选择率高低,还同时受到其他因素的影响,如距离、道路宽度、小区出入口位置等等。

4.4.1.2　避难场所的可达性

(1) 距离

在问卷调查中,在7项影响居民避难场所选择的影响因素中,"避难场所与自己家的距离近"排名第三,被55%的人认为是一等重要的因素,二等重要的比例为21%,而三等、四等、五等重要的选择率仅为15%,5%和3%。这说明,就近避难是符合广大居民心理需求的。

在行为地图的分析中,居民的选择人数呈现出明显的随着实际避难距离的增加而递减的趋势。如表4-30所示,实际避难距离在100 m以内的人群占受访总人数的36.4%,200 m以内的人占63.8%,接近三分之二;300 m以内的人占77.9%,500 m以内的人占90.6%。实际避难距离在500~1 000 m之间的人占8.7%,距离在1 000 m以上的人仅占0.9%(图4-17)。这说明居民的实际紧急避难距离应设定在500 m以内。另一方面,90.6%的受访者选择的实际避难距离在500 m之内,这从实证的角度反映了90%避难圈的合理性。

表 4-30 老小区各避难距离区段人数

距离区段 (m)	人数（人）								人数汇总（人）	百分比
	工人新村	明华新村	集庆门小区	仁义里	瑞金路小区	三牌楼小区	山西路小区	上海路小区		
<100	58	73	89	44	75	53	86	109	587	36.4%
101～200	32	74	32	51	63	70	61	59	442	27.4%
201～300	31	30	19	44	23	39	32	9	227	14.1%
301～400	32	21	6	25	18	19	13	6	140	8.7%
401～500	18	4	4	10	11	12	3	2	64	4.0%
501～600	11	1	6	11	10	3	4	0	46	2.9%
601～700	6	0	7	0	3	4	1	9	30	1.9%
701～800	0	0	17	4	2	1	0	1	25	1.6%
801～900	6	0	7	15	0	0	0	0	28	1.7%
901～1 000	3	0	3	1	2	0	0	0	9	0.6%
1 001～1 100	0	0	3	0	1	2	0	0	6	0.4%
1 101～1 200	0	0	1	0	0	1	0	0	2	0.1%
1 201～1 300	0	0	0	0	0	0	0	0	0	0%
1 301～1 400	0	0	1	0	0	0	0	0	1	0.1%
1 401～1 500	0	0	0	0	0	0	0	0	0	0%
>1 500	0	0	5	0	0	0	0	0	5	0.3%
汇总	197	203	200	205	208	204	200	195	1 612	100%

工人新村小区

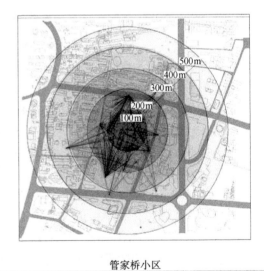

管家桥小区

住区避难圈

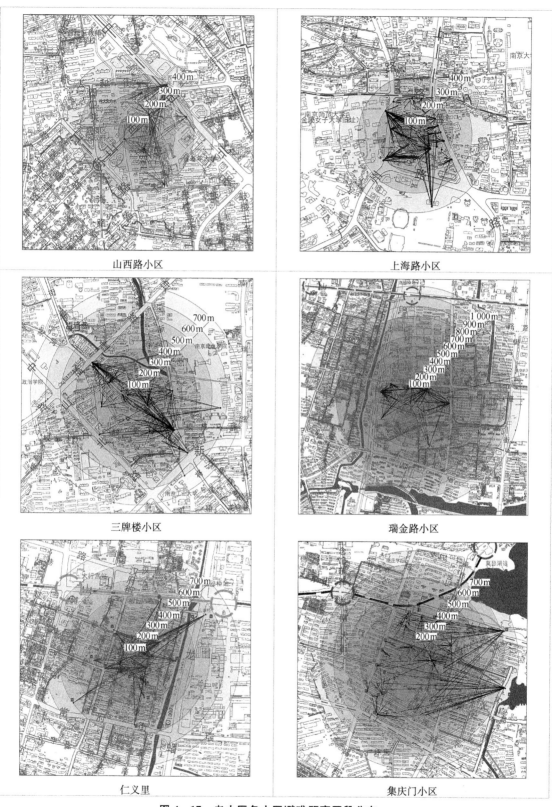

图 4-17 老小区各小区避难距离区段分布

（2）阻隔要素

在调查中笔者发现,在样本小区周围经常有一些规模较大的场地,很适合作为避难场所,但是行为地图的统计结果显示,这些地方的选择率却很低,有的甚至为0。研究发现,在这些避难场所与样本小区之间,通常有一些线性空间要素的存在,正是这些要素对居民流向这些避难场所产生的很大的阻隔作用,笔者把这些现象称为"阻隔效应",把这些线性要素称为阻隔要素。阻隔要素的类型包括城市快速路、主干道、高架路、铁路、高架轨道交通线路、河流、城墙等。

不同小区周围的情况比较多样化,阻隔要素的类型也存在明显不同。例如:工人新村,东面距离玄武湖公园不到500米,但是没有人选择到公园内避难。研究后认为,在玄武湖公园和工人新村之间存在着两道阻隔要素,一是中央路,这是一条城市主干道,车流量很大;二是明城墙。工人新村南面仅一路之隔就是南京工业大学丁家桥校区,校门口有面积较大的广场和停车场,但是,选择到此处避难的仅有2人,仅为本小区受访总人数的1%。原因也是因为在小区与学校之间隔着两道阻隔要素,一是河流,河流作为小区的南侧边界,这里没有出入口;二是新模范马路,这是一条城市快速路,而且这里有隧道的出入口和中央绿化隔离带,阻隔性很强。再者,如三牌楼小区,与南京工业大学虹桥校区仅隔着一个街坊,但是仅有2人选择到此处避难,也是因为中间隔着新模范马路这一快速路。又如仁义里,西北面不远处就是大行宫市民广场,但是由于中间隔着中山东路这一城市主干道,也是无人选择到市民广场避难。此外,像明华新村周边的中山路和汉中路,瑞金路小区周边的瑞金路、龙蟠中路和秦淮河,都是阻隔性很强的空间要素。这也说明,紧急避难场所不宜设在阻隔性很强的线性空间要素旁边,这是因为紧急避难场所需要方便居民快速安全地到达,如果受到阻隔而难以达到,则该避难场所不能充分利用。

在新小区的周边地区,一些线性要素的阻隔效应仍然非常明显,如梦都大街、应天大街、江东中路、扬子江大道、秦淮河等,都表现出很强阻隔效应。两侧小区居民极少跨越这些线性要素,这些线性要素给居民的边界感非常强。例如:古林公园、国防园都与河西新区隔着秦淮河,尽管有各种桥梁连接两岸,但是,河西岸边的小区,还是极少有人选择到这两个公园去避难,可见,秦淮河的阻隔效应非常明显。再者,河西新区的西侧就是长江,江边有滨江公园和绿博园,但是在靠近江边的样本小区中,也极少有人选择到这些滨江绿地去避难,其中一个很重要的原因就是有扬子江大道隔着,这是一条很宽的快速路。

（3）通道的通畅性

疏散道路的通畅性是指疏散道路的有效宽度应满足避难人流和车流的要求,需要具备一定的宽度。道路宽度越窄则通畅性越差,相同人流量的情况下,也越拥挤、避难速度越慢,避难时间越长,避难效率越低。另一方面,疏散道路越宽,两侧建筑物倒塌对道路的阻塞作用就越小,避难人流也相对安全。

在问卷调查中,"路线明确通畅"被51%的受访者认为是一等重要的,其二等和三等重要性的选择率为22%和17%,其四等和五等重要的选择率仅为7%和3%。这说明,居民在潜意识中希望通过较宽的道路达到避难场所。

现实情况是,避难地点周围道路的等级和宽度差别很大,既有城市支路,也有城市次干道、主干道,以及快速路。

从行为地图分析来看,某些避难场所由于周边道路狭窄,而导致前来避难的人数偏少。例如三牌楼小区,在其东面不远处就是南京邮电大学的操场,但是由于学校门口的模范马路是一条很窄的支路,两侧有围墙,平时人车通行很拥挤,结果选择到这里来避难的人仅有 6 人,不到本小区总受访人数的 3%。同理,上海路小区的东面不远处就是南京大学,校园内有大片的绿地和操场,但是由于学校门口的汉口路是城市支路,宽度偏窄,结果无人选择到南京大学进行避难。相反,上海路小区西侧是南京师范大学,学校门口的宁海路是城市次干道,结果显示大量人流涌入该校进行避难。由此可见,避难场所门口的道路过窄,将严重影响该避难场所的选择率,相反,在其他条件类似的情况下,避难场所门前道路较宽,具有较好的通畅性,方便避难人流的到达,则提升该避难点的选择率。

4.4.1.3 避难场所的封闭性与不可进入性

封闭性是指场地四周有围墙,需通过固定的出入口才能进入。不可进入性是指场地出入口有保安,日常有着严格的出入管理,不可以自由出入。封闭性侧重场地的空间围合;不可进入性侧重场地的出入管理。封闭性场所不一定都不可进入,但是实行封闭式管理情况比较常见;而不可进入的场所通常都是具有很强的封闭性。例如,中小学校一般都是有着围墙的,而且也有着严格的管理,外人一般不得入内;大学,也有一定的封闭性,但是,没有采取中小学那样的门禁管理制度,可以较为自由地进出。

在调查中笔者发现,有些场地虽用地规模较大,但是由于施行封闭式管理,导致居民实际选择的很少。这类场地主要包括四种类型,一是军事用地,二是政府机关大院,三是大院型商业设施单位,四是某些学校。

军事用地由于是军事管理区,对外属于禁区,日常不允许居民进入。尽管军事用地内有着面积较大的绿地和操场,但是由于其过强的封闭性和不可进入性,居民日常都没有进去过,对这里不熟悉,到灾时通常也不会想到这里避难。例如湖南路上的江苏省军区警备司令部、中山北路上的南京政治学院等。

某些收费公园,由于收费管理,导致居民日常其实并不会经常进去,其选择率也很低,如莫愁湖公园,虽然内部绿地面积很大,但是在调查中,其选择人数为 0,而其门口的和平广场的选择人数就很多。这也说明,收费也是阻碍居民选择的一个重要影响因素。

此外,某些大院型商业设施内部的绿地或学校操场,例如华东饭店门前大型绿地和田家炳中学操场等,虽然用地面积较大,但是由于封闭式管理和较差的可进入性,也几乎没有人选择。

4.4.2 个体与社会要素

对个体要素的考察,分为两个部分:一是行为地图;二是问卷调查。行为地图的分析,主要是比较分布不同属性人群对不同避难地点类型的选择率,以期能找出不同属性是否对居民的避难地点类型的总体选择比例产生影响。问卷调查方面,主要是通过设置有关避难场所的不同问题,来考察居民的选择情况,以期能找出不同属性人群的差异性。

4.4.2.1　年龄

在行为地图方面,各年龄组在绿地广场的选择比例上,均在50%以上,最高值是18岁以下组的63.64%,最低值是50岁年龄组的56.76%;反映出大家对该类用地的认可度是比较高的,且各年龄段在此项选择上,没有较大差异(图4-18,表4-31)。

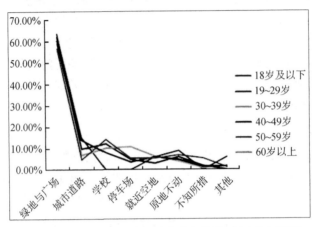

图4-18　不同年龄组选择避难地点类型(参见书末彩图)

表4-31　不同年龄组选择避难地点类型的比例

	绿地与广场	城市道路	学校	停车场	就近空地	原地不动	不知所措	其他
18岁及以下	63.64%	15.15%	0.00%	0.00%	6.06%	9.09%	0.00%	6.06%
19～29岁	62.20%	9.76%	12.20%	4.88%	3.05%	6.10%	1.83%	0.00%
30～39岁	59.26%	6.79%	10.19%	10.80%	6.17%	4.01%	0.93%	1.85%
40～49岁	60.43%	13.90%	8.02%	3.74%	5.88%	4.81%	1.60%	1.60%
50～59岁	56.76%	4.73%	14.19%	5.41%	5.41%	6.76%	5.41%	1.35%
60岁以上	62.76%	3.45%	8.97%	5.52%	5.52%	6.21%	5.52%	2.07%

各年龄组有差异的选择体现在绿地广场以外的选项上。例如,在城市道路的选择方面,18岁以下组和40岁组的选择比例均高于10%,而50岁组和60岁组的选择率均低于5%,同时在不知所措的选择率上,两个高年龄组的比例均在5%以上,这也说明,老年人的身体条件较弱,避难能力相对较弱,且受到相关教育和宣传的知识相对略少。

在就近空地和原地不动的选项上,各年龄组的选择比例非常接近,差距在5%以内。

从以上行为地图的调查可知,对于在紧急条件下的行为选择而言,不同年龄段在避难地点类型上,略有差异,但差别不大;仅老年人在个别用地类型上与其他年龄组有差异,但差别不大。

在问卷调查方面,统计结果显示,不同年龄段的人群在选择原因的重要性等级排序方面,存在着明显的差异。例如,在"避难点空旷无建筑或障碍物"这一原因上,18～30岁、30～39岁、40～59岁等三个年龄段的人中,超过三分之二的人认为是一等重要的,其中,18～29岁年龄段的人最为明显,达到78%;而在18岁以下和60岁以上的人群中,有50%的人认为是一等重要的(表4-32)。如果把这些所有原因按照选择率进行排序,就会发现,选择最多的原因是空旷、面积大、距离近。而这与行为地图的结论是一致的。因为在让居民标出了震时避难地点和路径之后,询问居民选择这些避难地点的原因时,居民给出的理由最主要就是空旷、近。

表 4 - 32　各年龄段人群对避难点空旷无建筑或障碍物的重要性等级的选择表

年龄段	一等重要	二等重要	三等重要	四等重要	五等重要
18 岁及以下	54%	15%	23%	8%	0%
19～29 岁	78%	12%	3%	3%	3%
30～39 岁	68%	24%	4%	4%	0%
40～59 岁	74%	17%	8%	0%	1%
60 岁及以上	50%	35%	15%	0%	0%

在"避难点面积大"这一原因的选择上,同样是 18～29 岁、30～39 岁、40～59 岁等三个年龄段的人中,超过三分之二的人认为是一等重要的,其中,30～40 岁的年龄段最明显,选择率高达 84%。18 岁以下年龄段的选择率为 54%,而 60 岁以上年龄段的选择率仅为 40% (表 4 - 33)。

表 4 - 33　各年龄段人群对避难点面积大的重要性等级的选择表

年龄段	一等重要	二等重要	三等重要	四等重要	五等重要
18 岁及以下	54%	23%	23%	0%	0%
19～29 岁	68%	21%	9%	1%	1%
30～39 岁	84%	6%	4%	4%	2%
40～59 岁	69%	24%	4%	3%	0%
60 岁及以上	40%	40%	20%	0%	0%

在"避难点方位和环境较熟悉"方面,认为该因素为一等重要的年龄段中,只有 19～29 岁年龄段的选择率达到三分之二,为 67%;40～59 岁年龄段的选择率为 51%,刚好过半;其他年龄段的选择率都低于 40%,30～39 岁年龄段的选择率甚至低于三分之一,为 32% (表 4 - 34)。

表 4 - 34　各年龄段人群对避难点方位和环境较熟悉的重要性等级的选择表

年龄段	一等重要	二等重要	三等重要	四等重要	五等重要
18 岁及以下	38%	15%	23%	8%	15%
19～29 岁	67%	19%	9%	3%	1%
30～39 岁	32%	56%	10%	2%	0%
40～59 岁	51%	29%	19%	0%	1%
60 岁及以上	40%	40%	15%	5%	0%

在"避难场所与自己家的距离近"上,没有一个年龄段的一等重要选择率超过三分之二,只有 18～29 岁、40～59 岁、60 岁以上等三个年龄段超过 50%,分别为 62%、54% 和 65%。而 18 岁以下年龄段的选择率只有 38%(表 4 - 35)。这说明距离近是一个重要因素,但是不是最重要的因素。在年龄方面,基本上呈现出年龄越大,选择距离近的要求的人的比例偏高;而年龄越小,距离近的选择率偏低。这也反映了不同年龄段的人在身体状况上的差异,年轻人身体好,感觉距离远近不是问题;老年人身体偏弱,距离远是一个大问题。

表 4-35 各年龄段人群对避难场所与自己家的距离近的重要性等级的选择表

年龄段	一等重要	二等重要	三等重要	四等重要	五等重要
18 岁及以下	38%	8%	38%	8%	8%
18～29 岁	62%	22%	11%	2%	3%
30～39 岁	43%	20%	26%	9%	2%
40～59 岁	54%	25%	10%	7%	4%
60 岁及以上	65%	20%	10%	5%	0%

由上可知,通过行为地图的分析可知,年龄要素对于居民选择避难地点类型的总体选择影响不大。同时,通过问卷发放来调查居民选择避难点的原因时,又会发现,在各种选择原因上,年龄要素又有一定的影响,不同年龄组又存在一定的差别。究其原因,与调查方式有一定关系。行为地图仅要求居民在马上震时标出避难地点和路径,在极短的时间条件下,没有太多的思考,应该属于居民本能的反应,其选择结果应该更真实。而问卷调查则要求居民选择出不同原因的重要性等级,居民往往在面对这些需要排序的问题时,都会花一些时间来思考,选择出来的结果在一定程度上有可能是理性分析的结果,不一定都是本能的选择。

所以,行为地图和问卷调查在对年龄的影响大小方面的结果有一定的差异,是可以理解的。

4.4.2.2 性别

从行为地图得来的数据可知,男性和女性仅在绿地与广场类别上,选择比例超过 5%,为 6.16%;在不知所措的选择上有 3.34% 的差距,在其他大部分类别的选择上,差距都小于 2 个百分点,可见,男性和女性对避难地点的选择比例非常接近,仅有微小差异(图 4-19、表 4-36)。由此可以推断,性别因素对居民选择避难地点类型的总体比例影响不大。

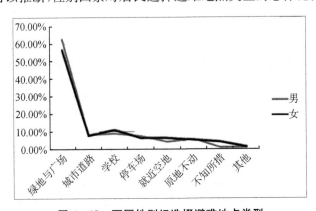

图 4-19 不同性别组选择避难地点类型

表 4-36 不同性别人群选择避难地点类型的比例

	绿地与广场	城市道路	学校	停车场	就近空地	原地不动	不知所措	其他
男	62.81%	8.26%	9.09%	7.64%	4.34%	5.79%	1.03%	1.03%
女	56.65%	7.98%	11.03%	6.46%	6.65%	5.32%	4.37%	1.52%

在问卷调查方面,男性和女性在选择避难场所时,对绝大部分选择原因的一等重要选

择,差别最大的为 10％,表现在"避难点方位和环境较熟悉"这一因素上,男性的选择率为 56％,女性的选择率为 46％;但是在该因素的二等重要选择率上,男性为 26％,女性为 36％,在一等重要和二等重要的选择率之和上,两者均为 82％。这再次说明了男性和女性在该因素的重要性等级判断上,大体是一致的。

在"路线明确通畅"的一等重要选择时,男性与女性的差别也为 10％。男性为 55％,女性为 45％,在该因素的二等重要选择率上,男性和女性均为 22％,这说明在该因素的选择上,男性和女性略有差异,差距较小。

另外,体现在选择原因之一的"因亲友都在一起"的选择上,性别的影响明显。女性选择率为 85.32％,而男性仅为 20.29％。说明女性对亲友的关注要高于男性。

由此可知,在居民选择避难场所的大部分原因的等级选择率上,男性与女性的差别很小,基本在 2％~6％之间,这说明男性与女性在选择原因方面的差异性很小,选择结果基本趋同,即性别对居民选择避难场所原因的影响不大。在这一点上,行为地图和问卷调查的结果取得了一致。

4.4.2.3 学历

行为地图方面,在各等级有学历的人群中,对不同避难地点类型的总体选择比例,差别都在 5％以内,非常接近。说明学历对居民的避难地点的总体选择比例影响不大。但是,也有一些例外,例如无学历人群和研究生人群(图 4 - 20,表 4 - 37)。

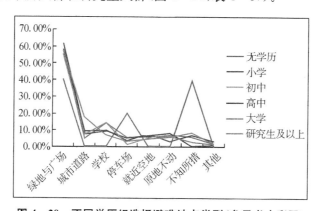

图 4 - 20 不同学历组选择避难地点类型(参见书末彩图)

表 4 - 37 不同学历人群选择避难地点类型的比例

	绿地与广场	城市道路	学校	停车场	就近空地	原地不动	不知所措	其他
无学历	40.00％	0.00％	0.00％	20.00％	0.00％	0.00％	40.00％	0.00％
小学	58.06％	9.68％	9.68％	3.23％	6.45％	3.23％	6.45％	3.23％
初中	55.31％	7.58％	14.39％	1.52％	5.30％	6.06％	8.33％	1.52％
高中	61.27％	7.84％	9.31％	5.39％	6.86％	8.33％	0.00％	0.98％
大学	58.35％	8.84％	10.81％	9.04％	5.50％	4.52％	1.57％	1.38％
研究生及以上	56.72％	17.91％	7.46％	2.99％	4.48％	5.97％	2.99％	1.49％

无学历的情况比较特殊,仅有三个避难地点的类别,如对绿地广场的选择率为 40％,对停车场的选择率为 20％,对不知所措的选择率为 40％,在该项上的比例异常的高,远远高于

其他群体。究其原因，还是因为这个群体的受访者人数很少，两次调查的比例分别占总人数的3.5%和1.0%，个体选择具有一定的随机性；在该群体人数总体规模偏小的情况下，个体选择的偶然性导致了总体比例的异常。

研究生学历人群的情况有些类似，但没有无学历人群那么极端，前者在所有类型上都有分布，仅在城市道路的选择上达到了17.91%，略高于其他学历组，但也就是多10%左右，不能说有很大差异。其原因也是这部分高学历的受访者人数相对也较少，其比例占总人数的10%，远少于大学和高中学历组的人数比例，也是由于样本小区的特殊性和个体选择的偶然性所致。

问卷调查方面，统计结果显示，不同学历对居民选择避难场所的原因有一定的影响。在7个选择原因中，各原因的一等重要的选择率依次为42%，47%，56%，33%，45%，48%，46%；平均值约为45%，最高为56%，最低为33%，差值为23%。

在对"避难点空旷无建筑或障碍物"的选择上，所有人群的一等重要选择率都在50%以上。其中，最高的是无学历人群，为100%；最低的是初中学历人群，为58%。其他学历人群的选择率均在三分之二以上，平均为77.5%。说明大部分不同学历的居民对避难场所的空旷性是非常看重的（表4-38）。

表4-38　各学历段人群对避难点空旷无建筑或障碍物的重要性等级的选择表

学历	一等重要	二等重要	三等重要	四等重要	五等重要
无学历	100%	0%	0%	0%	0%
小学	90%	10%	0%	0%	0%
初中	58%	13%	17%	4%	8%
高中	67%	23%	5%	3%	2%
大学	69%	19%	10%	1%	0%
研究生	81%	13%	3%	3%	0%

在对"避难点面积大"的选择上，各学历段人群一等重要选择率由高到低依次是无学历、小学、高中、大学、初中和研究生，研究生学历人群的选择率最低，为53%，平均为73.67%（表4-39）。

表4-39　各学历段人群对避难点面积大的重要性等级的选择表

学历	一等重要	二等重要	三等重要	四等重要	五等重要
无学历	100%	0%	0%	0%	0%
小学	90%	5%	0%	5%	0%
初中	63%	17%	8%	8%	4%
高中	70%	20%	9%	1%	0%
大学	66%	19%	12%	1%	1%
研究生	53%	44%	3%	0%	0%

在对"避难点方位和环境较熟悉"的选择上，各学历段人群一等重要选择率由高到低依次是无学历、小学、研究生、高中、大学和初中。其中，高中、大学和初中等三个学历人群的选

择率均低于 50%,依次为 46%,44% 和 43%,平均为 62.17%(表 4-40)。

表 4-40　各学历段人群对避难点方位和环境较熟悉的重要性等级的选择表

学历	一等重要	二等重要	三等重要	四等重要	五等重要
无学历	100%	0%	0%	0%	0%
小学	80%	15%	5%	0%	0%
初中	43%	35%	13%	4%	4%
高中	46%	35%	17%	2%	0%
大学	44%	38%	11%	3%	5%
研究生	60%	20%	17%	3%	0%

在对"避难场所与自己家的距离近"的选择上,各学历段人群一等重要选择率由高到低依次是无学历、小学、研究生、高中、初中和大学。其中,初中和大学两个学历人群的选择率最低,为 45%,平均为 59.67%(表 4-41)。

表 4-41　各学历段人群对避难场所与自己家的距离近的重要性等级的选择表

学历	一等重要	二等重要	三等重要	四等重要	五等重要
无学历	78%	11%	11%	0%	0%
小学	75%	5%	10%	10%	0%
初中	45%	18%	27%	5%	5%
高中	56%	23%	14%	5%	2%
大学	45%	23%	17%	8%	8%
研究生	59%	28%	13%	0%	0%

在"路线明确通畅"上,各学历段人群一等重要选择率由高到低依次是无学历、小学、研究生、高中、大学、初中等,其中,高中、大学、初中三个学历人群的选择率低于 50%,初中学历的最低,仅为 35%,平均为 57%(表 4-42)。

表 4-42　各学历段人群对路线明确通畅的重要性等级的选择表

学历	一等重要	二等重要	三等重要	四等重要	五等重要
无学历	80%	20%	0%	0%	0%
小学	75%	10%	0%	15%	0%
初中	35%	35%	20%	5%	5%
高中	48%	19%	21%	10%	2%
大学	42%	27%	17%	6%	8%
研究生	62%	19%	19%	0%	0%

在"周围的人都往该处避难"上,只有无学历和小学学历人群的一等重要选择率超过 50%;其他学历人群的一等重要选择率均低于二分之一,最低的为研究生学历人群,为 19%(表 4-43)。

表 4-43　各学历段人群对周围的人都往该处避难的重要性等级的选择表

学历	一等重要	二等重要	三等重要	四等重要	五等重要
无学历	67%	11%	11%	0%	11%
小学	58%	16%	10%	0%	16%
初中	43%	10%	14%	24%	9%
高中	40%	15%	16%	15%	13%
大学	24%	31%	22%	15%	7%
研究生	19%	39%	29%	10%	3%

在"是否有人引导前往",只有无学历和小学学历人群的一等重要选择率超过三分之二,其他学历人群的一等重要选择率均低于二分之一,平均为 45.33%(表 4-44)。而且,大体也呈现出学历越高,选择率越低的特征。这说明受教育越高的人,相对比较独立,对是否有人引导的需求越不迫切。

表 4-44　各学历段人群对是否有人引导前往的重要性等级的选择表

学历	一等重要	二等重要	三等重要	四等重要	五等重要
无学历	67%	11%	11%	0%	11%
小学	70%	10%	5%	0%	15%
初中	47%	11%	16%	16%	10%
高中	38%	12%	15%	11%	24%
大学	24%	31%	8%	13%	24%
研究生	26%	19%	32%	16%	7%

此外,无学历人群在大部分原因的一等重要选择中,选择比例都排名第一。这也说明这部分老年人受年龄、身体和知识条件所限,大部分的选择依靠直觉和本能。

4.4.2.4　环境熟悉度

行为地图方面,对环境不同熟悉程度的人群,在不同避难地点类型的总体选择率上,没有太大差别。在绝大部分类型的选择上,差别都小于 5%(图 4-21)。例如,在绿地与广场的选择上,三类人群的选择率均在 55%~60% 之间;在学校的选择率方面,均在 8%~17% 之间;即使在城市道路的选择率上,也均在 5%~11% 之间,差距很小。由此可见,不同环境熟悉程度人群,在紧急条件下,对于避难地点的选择是相似的。

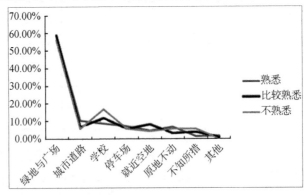

图 4-21　不同环境熟悉组选择避难地点类型(参见书末彩图)

表 4-45　不同熟悉程度人群选择避难地点类型的比例

	绿地与广场	城市道路	学校	停车场	就近空地	原地不动	不知所措	其他
熟悉	59.56%	10.40%	8.72%	7.05%	4.53%	6.71%	1.34%	1.68%
比较熟悉	59.21%	6.91%	11.84%	5.59%	8.22%	3.29%	3.95%	0.99%
不熟悉	56.34%	5.63%	16.90%	5.63%	4.23%	5.63%	5.63%	0.00%

调查问卷显示,在大部分选项上,熟悉和比较熟悉的人群,选择率比较接近,但是,与不熟悉的人群的选择率相比,有较大的差异。几乎所有项目的选择都是如此,不熟悉的人群与其他人群的差别明显。究其原因,受访者都是小区居民,对小区内外环境都比较熟悉,不熟悉的人数比例很低,多数是新近搬进来的人。由于不熟悉的人数很少,由个体选择的偶然性所致。例如,在对避难点空旷性的选择上,熟悉的人的选择率是74%,较熟悉的人的选择率是69%,不熟悉的人的选择率是50%;前两者仅有5%的差距,但是,熟悉与不熟悉的人的选择率差距达到24%(表4-46、表4-47、表4-48)。由此可知,在时间充分的条件下,不同熟悉程度的人群对避难地点选择原因存在一定的差异。

表 4-46　对小区周围环境各熟悉程度人群对避难点空旷无建筑或障碍物的重要性等级的选择表

熟悉程度	一等重要	二等重要	三等重要	四等重要	五等重要
熟悉	74%	18%	4%	3%	1%
比较熟悉	69%	18%	8%	2%	3%
不熟悉	50%	17%	33%	0%	0%

表 4-47　对小区周围环境各熟悉程度人群对避难点方位和环境较熟悉的重要性等级的选择表

熟悉程度	一等重要	二等重要	三等重要	四等重要	五等重要
熟悉	51%	35%	9%	3%	2%
比较熟悉	55%	28%	14%	2%	1%
不熟悉	0%	17%	66%	0%	17%

表 4-48　对小区周围环境各熟悉程度人群对避难场所与自己家的距离近的重要性等级的选择表

熟悉程度	一等重要	二等重要	三等重要	四等重要	五等重要
熟悉	53%	21%	17%	3%	5%
比较熟悉	58%	20%	12%	8%	2%
不熟悉	0%	0%	33%	33%	33%

4.4.2.5　防灾教育

行为地图方面,在所有受访者中,绝大部分人都没有接受过防灾教育。在这样的前提下,通过比较可以发现,在大部分类型的选择上,接受过防灾教育和没接受过防灾教育的差别小于3%(表4-49)。由此可以推断,紧急情况下对避难地点的本能选择,有无接受过防灾教育的人群几乎没有差别。

表 4-49　不同防灾教育程度人群选择避难地点类型的比例

	绿地与广场	城市道路	学校	停车场	就近空地	原地不动	不知所措	其他
接受过	58.97%	8.33%	8.33%	6.41%	5.77%	9.62%	0.00%	2.56%
没接受过	59.46%	9.04%	10.62%	6.47%	5.62%	4.76%	2.93%	1.10%

问卷调查方面,在受访人群中,接受过防灾教育的人数比例偏低,仅为15.7%和18.2%,不到五分之一(图4-22)。统计结果显示,两组人群在大部分项目的选择上,比例大体相近。这说明是否接受过防灾教育对居民选择避难场所会有一定的影响,但是差别不是太大。该调查结果与人们的通常概念不同,通常认为,接受过防灾教育的人群,其选择情况应该好一些。但是,本次问卷调查的结果显示,两类人群的选择结果没有太大差异,只能反映一个问题,即以往防灾教育的效果不佳。原因可能是书面知识教授的多,实际的演习训练少,没能在民众的心理留下深刻印象,没能形成本能的条件反射。

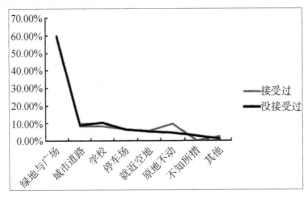

图4-22　不同防灾教育组选择避难地点类型

　　例如,在对"避难点空旷无建筑或障碍物"的选择上,两组的一等重要选择率仅有5%的差别(表4-50);在对"避难点方位和环境较熟悉"的选择上,两组的一等重要选择率的差别略大,有11%(表4-51);在对"避难点离自己家距离近"的选择上,两组的一等重要选择率的差别较大,有13%(表4-52)。

表4-50　不同防灾教育程度人群对避难点空旷无建筑或障碍物的重要性等级的选择表

熟悉程度	一等重要	二等重要	三等重要	四等重要	五等重要
接受过	67%	23%	7%	3%	0%
没接受过	72%	17%	7%	2%	2%

表4-51　不同防灾教育程度人群对避难点方位和环境较熟悉的重要性等级的选择表

熟悉程度	一等重要	二等重要	三等重要	四等重要	五等重要
接受过	61%	19%	11%	8%	0%
没接受过	50%	33%	14%	1%	2%

表4-52　不同防灾教育程度人群对避难点与自己家的距离近的重要性等级的选择表

熟悉程度	一等重要	二等重要	三等重要	四等重要	五等重要
接受过	44%	23%	28%	0%	5%
没接受过	57%	21%	13%	6%	3%

4.5　小结

　　本章选择了8个老小区和10个新小区作为调研对象,对样本小区的居民选择避难场所的情况进行了研究。主要内容包括居民选择避难场所的空间特征、行为类型、行为特征和影响要素分析等四个部分。调研方式包括问卷调查法和行为地图法。

（1）空间特征

① 在避难场所的用地类型方面，居民自主选择的避难地点类型比较多样化，且无效选择的比例很高。新小区中居民选择避难场所的有效性要明显好过老小区。具体而言，居民选择的避难地点一共出现了11种情况，按照人数选择多少可以分为三个档位，且第一档的选择人数和比例明显高于第二档，而选择第三档的人数比例非常低。第一档包括城市道路、小区内部绿地与广场、城市绿地与广场、学校；第二档包括小区内部就近空地、原地不动、停车场；第三档包括不知所措、其他、商业设施门前广场、体育场馆。其中，城市道路、小区内部房前屋后的空地都不是有效的避难资源。这部分无效选择的人数比例高达43.79％，说明部分样本小区的避难资源存在不足和居民避难意识不强的问题；未来要切实解决避难问题的重要突破口是加大避难场所的落地。

② 在居民自主选择的有效避难场所中，绝大部分都是低等级的避难场所，以紧急避难场所和短期固定避难场所为主。其中，短期固定避难场所占总数量的43.14％；紧急避难场所占41.18％；其他高等级的避难场所数量明显不足。例如，中期固定避难场所占13.73％；长期避难场所占1.96％；中心避难场所的数量则为0。这也充分说明，规模大的高等级避难场所，并不是居民选择最多的，也不是最紧迫需要建设的。在住区层面，应重点考虑是紧急避难场所和短期固定避难场所的设置，而对中长期固定避难场所是其次需要考虑的内容；而中心避难场所，由于规模大的原因，不是住区层面能够解决的，需要从城市层面进行统筹安排。随之带来的启发就是，从居民角度而言，要解决避难问题，首先应安排低等级避难场所，而非中心避难场所等高等级避难场所；在建设时序上，也应该遵循先建设低等级避难场所，而后再建设高等级避难场所的原则。简言之，就是要"先小后大"。

③ 居民选择的避难地点的方位分布很不均衡，其空间分布状态与小区内外的避难资源和小区出口的位置有很大关系。大部分居民选择的避难地点在很大程度上呈现出较为明显的"边界效应"，亦即，被选择的避难地点多位于小区边界带以内，边界带以外的地点的被选择率偏低。同时，小区出口位置和避难场所位置的不对应性，也造成了某些避难场所的选择率偏低，某些场所又过度拥挤。均衡分布的避难场所，可以避免过度拥挤现象的发生，也将提高避难圈的紧凑度和优良性，减少人流重心、避难场所的面积中心对小区形心的偏移程度。因此，提高避难场所空间分布的均衡性，以及改善避难场所和小区的道路交通联系，仍是未来需要努力的重要工作内容之一。

④ 居民选择的避难场所在空间上具有"总体分散"的特征。在调查中，没有任何一个避难场所接纳了所有居民的情况。因此，传统设想中依靠某一个地处区域中心的避难场所来接收其周边街坊内的所有居民，是不符合人的行为习惯的。就是单在避难场所的用地规模这一项上，也是很难实现的。因此，得出以下两点结论。第一，必须对城市和住区两个层面在解决避难问题上的职能进行明确分工。城市重点解决中长期固定避难的场地，以及与政府救援救灾指挥等相关的高等级避难所需的设施；而住区则应侧重解决低等级避难场所，以及与居民紧急避难所需的相关设施。第二，必须要改变传统的"集中式"设置避难场所的模

式,改为采取"分散式"布局的模式。将原有规模非常大的避难用地需求,化整为零,全部打散,分配到各个街坊,要求各街坊分担相当一部分的避难功能,解决本街坊民众紧急避难的用地需求。简言之,就是要"点小量多,就地平衡"。

⑤ 从被选择的避难场所角度上看,避难地点的选择人数与其到小区的直线距离呈现出明显的负相关性,居民就近避难的特点非常明显。虽然距离逐渐增加,远处的避难场所选择的人越来越少;亦即,居民选择的避难地点的数量随着距离的增加而减少。其分布曲线上有两个重要拐点,300 m 是斜率骤降点,500 m 是下滑曲线变水平线的临界点。具体来讲,如300 m 以内的占 64.60%;500 m 以内的占 92.80%;500~1 000 m 之间的占 5.40%;1 000 m 以上的仅占 1.8%。

(2) 行为类型与特征

在行为类型方面,根据行为地图和问卷调查总结出了 4 种典型的避难行为,即就近避难、出口滞留、原地不动和返宅行为,并对这些行为进行了理论上的解释。

① 就近避难的行为选择,既符合"空间移动最小努力"和风险损失最小化的原则,也符合期望效用最大化理论的观点。统计显示,居民就近避难的倾向非常明显。这说明人在这方面的需求是非常强烈的;反过来,要求紧急避难场所的配置应尽可能靠近小区,或设置在小区内部,以方便居民及时避难。

② 出口会滞留。有三分之一的受访者会在到达小区出口后出现目标避难地点迷茫的情况,这样就导致了在小区出口处会聚集大量的人群。产生出口滞留现象与人对风险的不了解和目标地点的不明确有关。同时,这也充分说明应在小区出口处设置一定规模的疏散广场,以便于人员的及时集散。

③ 居民的避难空间选择行为具有明显的内向性和外向性特征。在老小区,居民的避难空间选择行为具有明显的外向性;而在新小区,则具有明显的内向性,主要原因就是小区内部绿地广场的存在。因此,对于新规划的小区,应明确要求,必须设置一定规模的集中式绿地,设置原则是"先内后外,内外结合"。

(3) 影响因素

本书通过行为地图和问卷调查两种方式来进行,结果显示,空间因素对居民的避难行为选择影响最大。行为地图侧重紧急条件下,人对避难地点的本能选择;问卷调查侧重时间充分条件下,人对避难地点选择原因的选择,理性成分要高一些。两种调查方式不同,调查的问题也不同,调查结果也有一定差别。

行为地图的调查结果显示,不同个人和社会属性的人群,在避难地点类型的选择上,非常接近,没有太大差异。问卷调查的结果显示,不同个人和社会属性的人群,在避难地点选择的原因方面,有一定的差异性。这种差异性的产生与调查方式有一定关系;同时,也反映出,在避难地点的选择上,空间要素是起到决定性影响的。

第5章 居民选择避难路径的特征分析

避难路径连接着避难起点和终点，人在避难过程中，绝大部分的时间都是在路上，所面临的风险也来自避难道路的两侧或者前方。避难路径的选择情况如何，直接影响了避难者的避难效率和效果。本章重点分析了居民选择的避难路径的空间特征、行为特征，以及影响要素，并分析其选择特征的合理性与否，以便从中寻找科学规律，为后续的规划提供依据。

5.1 空间特征

研究居民的避难路径，关键问题包括：大部分居民选择的避难路径的长度落在哪个距离区间？路径的方向是否明确？路径是否清晰？是否是最短路径，有无过多的迂回？路上是否过于拥挤？路径的连续性如何，有没有被多次中断，甚至遭遇险情？

避难路径的研究对于规划的意义在于：① 避难路径的终点一定要清晰明确，方便居民找到，这就涉及避难场所的选址和布局问题；究竟避难场所放在哪些地方才是比较明确和易于到达的？② 避难路径的效率一定要高，这要求路径的绕曲和迂回应尽可能少，这涉及建筑布局和避难场所的选择问题。③ 避难路径的长度应尽可能短，这涉及避难场所的数量和位置；究竟多长的距离才是比较合适的？④ 避难路径的集中性应适中，不能太集中，也不宜太分散，那么，究竟多少是合适的度？同样涉及避难场所的数量和规模问题。⑤ 避难路径不能有太多中断，连续性太差则效率低，且会大大影响居民选择的意愿；这涉及避难场所的位置问题。

5.1.1 长度

5.1.1.1 直线避难距离

直线避难距离，是指从人的避难起点位置到终点位置的直线距离。直线避难距离一方面反映了居住小区周边潜在避难资源的分布情况；另一方面，也反映了人对避难场所的服务半径的可接受程度。

从表5-1中可以看出，老小区中48.36%的居民的直线避难距离在100 m以内，200 m以内的人累计占77.03%，300 m以内的人累计占89.33%，接近90%，而301～400 m之间的人仅为5.23%，401～500 m之间的人为2.21%，500 m以内的人累积占96.77%，501～1 000 m之间的人数累积小于4%。

就平均距离而言，老小区中，平均距离小于100 m的小区数仅有1个，为上海路小区，其平均距离为97 m;平均距离在101~200 m之间的小区数有6个,200 m以上的只有1个,为集庆门小区,为206 m。可知,大部分老小区的避难直线距离都在200 m以内。

表5-1　老小区各直线距离区间避难人数的比例

距离范围(m)	集庆门小区	仁义里	工人新村	三牌楼小区	瑞金路小区	明华新村	山西路小区	上海路小区	平均值
<100	54.50%	38.05%	39.09%	38.73%	47.12%	47.29%	58.00%	64.10%	48.36%
101~200	20.00%	34.15%	20.81%	32.84%	25.96%	36.45%	32.00%	27.18%	28.67%
201~300	2.00%	11.22%	23.86%	16.67%	18.27%	15.27%	6.50%	4.62%	12.30%
301~400	1.50%	4.88%	15.74%	8.82%	4.33%	0.99%	1.50%	4.10%	5.23%
401~500	2.5%	8.78%	0.51%	1.47%	2.40%	—	2.00%	—	2.48%
501~600	7.50%	2.93%	—	—	0.96%	—	—	—	1.42%
601~700	5.50%	—	—	0.98%	—	—	—	—	0.81%
701~800	3.00%	—	—	0.49%	0.48%	—	—	—	0.50%
801~900	1.00%	—	—	—	0.48%	—	—	—	0.19%
901~1 000	2.50%	—	—	—	—	—	—	—	0.31%
最大值	991	567	460	754	850	364	467	383	—
平均值	206	167	161	154	146	115	101	97	—

从表5-2中可以看出,新小区中69.40%的居民的直线避难距离在100 m以内,200 m以内的人累计占88.27%,300 m以内的人累计占95.41%,而301~400 m之间的人仅为2.74%,401~500 m之间的人为1.08%,500 m以内的人累积占99.23%,501~1 000 m之间的人数累积小于1%。

新小区中,平均距离小于100 m的小区数有7个。其中,平均距离最小的仅为48 m,是翠杉园;101~200 m之间的有2个;200 m以上的也只有1个,是龙凤花园,为215 m。可见,大部分新小区的避难直线距离都在100 m以内。由两表比较可知,新小区的平均避难直线距离要明显小于老小区。

表5-2　新小区各直线距离区间避难人数的比例

距离范围(m)	龙凤花园	莫愁新寓	碧瑶花园	月安花园	金陵世纪花园	兴元嘉园	清江花苑	双和园	长阳花园	翠杉园	平均值
<100	26.00%	55.66%	64.00%	60.00%	81.48%	66.00%	77.06%	85.00%	89.00%	89.00%	69.40%
101~200	29.00%	22.64%	16.00%	35.00%	10.19%	26.00%	18.35%	14.00%	9.00%	9.00%	18.92%
201~300	23.00%	14.15%	10.00%	4.00%	7.41%	7.00%	2.75%	1.00%	2.00%	—	7.13%
301~400	12.00%	3.77%	10.00%	—	—	—	1.83%	—	—	—	2.74%
401~500	7.00%	2.83%	—	—	—	1.00%	—	—	—	—	1.08%
501~600	—	—	—	—	—	—	—	—	—	—	0.00%
601~700	—	0.94%	—	—	—	—	—	—	—	1.00%	0.19%
701~800	—	—	—	—	—	—	—	—	—	1.00%	0.10%
801~900	—	—	—	—	—	—	—	—	—	—	0.00%
901~1 000	—	—	—	—	—	—	—	—	—	—	0.00%
1 000以上	3.00%	—	—	1.00%	0.93%	—	—	—	—	—	0.49%
最大值	1 062	614	362	1 000	1 428	415	308	269	215	777	—
平均值	215	121	113	99	83	77	73	61	54	48	—

由此可以推测,对紧急避难场所而言,最理想的情况是其服务半径小于100 m,最大不超过300 m,以方便居民避难,减少避难距离,缩短避难时间,提高避难效率。

5.1.1.2 实际避难距离

实际避难距离,是指从避难起点到终点的实际路线的长度。实际避难距离通常会受到小区内部建筑和道路布局,以及城市道路的线形的影响。实际避难距离通常会大于直线避难距离,两者相等的情况较为罕见。

从表5-3中可以看出,老小区中,实际避难距离小于100 m的人占总人数的33.6%,略超过1/3;而新小区的人数比例为53.96%,已经超过一半。101~200 m区间的人数比例,老小区和新小区差别很小,仅差2个百分点。201~300 m的区间,老小区与新小区有6个百分点的差别;301~400 m的区间,两者有4个百分点的差别;400 m以上的各区间,两者的差别都很小。

表5-3 新老小区实际避难距离各区间的人数与比例

实际避难距离的区间范围(m)	老小区		新小区	
	人数(人)	比例	人数(人)	比例
<100	543	33.6%	552	53.96%
101~200	433	26.8%	254	24.83%
201~300	239	14.8%	92	8.99%
301~400	153	9.5%	57	5.57%
401~500	71	4.4%	38	3.71%
501~600	53	3.3%	14	1.37%
601~700	29	1.8%	5	0.49%
701~800	30	1.9%	2	0.20%
801~900	42	2.6%	1	0.10%
901~1 000	10	0.6%	1	0.10%
>1 000	16	1.10%	7	0.68%

就累计比例而言,200 m以内的人数比例,老小区为60.40%,新小区为78.79%;500 m以内的人数比例,老小区为89.10%,新小区为97.60%。500 m以上的人数比例,老小区接近10%,新小区小于3%(表5-4)。

表5-4 新老小区实际避难距离各区间的累计比例

距离区间(m)	老小区	新小区
<100	33.60%	53.96%
<200	60.40%	78.79%
<300	75.20%	87.78%
<400	84.70%	93.35%
<500	89.10%	97.06%
<600	92.40%	98.43%
<700	94.20%	98.92%
<800	96.10%	99.12%
<900	98.70%	99.22%
<1 000	99.30%	99.32%
<2 000	100.00%	100.00%

各老小区的实际避难距离存在明显差异,特别是实际避难距离的最大值方面。例如,在所有小区中,最大的实际避难距离在集庆门小区,数值为1 933 m,实际避难距离最大值中的最小值在明华新村,数值为514 m,最大值是最小值的3.76倍。然而在实际避难距离的平均值方面,差距则明显下降,例如,最大的实际避难距离平均值也是集庆门小区,数值为310 m,最小的实际避难距离是上海路小区,数值为133 m;所有小区的实际避难距离平均值为210 m,各小区实际避难距离最大值的平均值为1 002 m(图5-1,表5-5)。

实际避难距离平均值低于200 m的小区有明华新村、山西路小区和上海路小区,这说明此三个小区周边的潜在避难资源比较丰富,距离较近;而平均值高于300 m的小区只有集庆门小区,反映了该小区周边潜在避难资源相对较少,且距离较远。

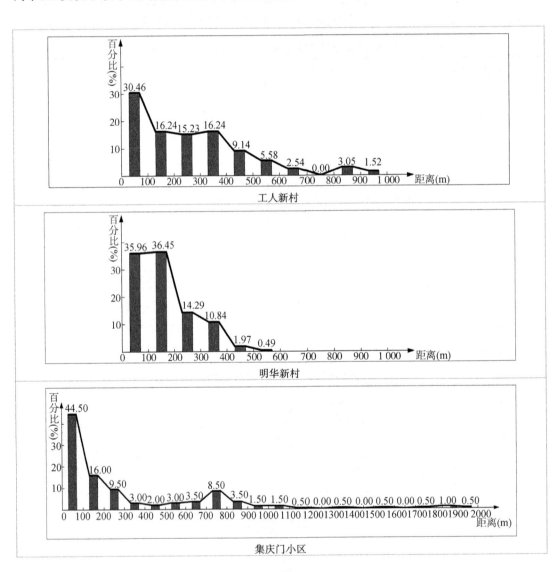

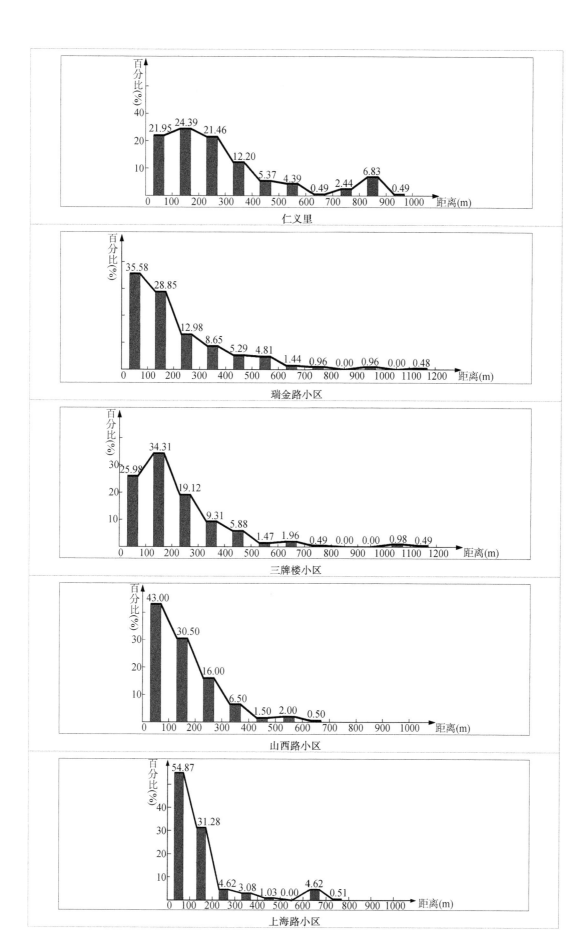

图 5-1　老小区各距离区间实际避难路径的人数比例

表 5-5　老小区各实际避难距离区间人数的比例

避难距离范围(m)	工人新村	明华新村	集庆门小区	仁义里	瑞金路小区	三牌楼小区	山西路小区	上海路小区	平均值
<100	30.46%	35.96%	44.50%	21.95%	35.58%	25.98%	43.00%	54.87%	36.54%
101~200	16.24%	36.45%	16.00%	24.39%	28.85%	34.31%	30.50%	31.28%	27.25%
201~300	15.23%	14.29%	9.50%	21.46%	12.98%	19.12%	16.00%	4.62%	14.15%
301~400	16.24%	10.84%	3.00%	12.20%	8.65%	9.31%	6.50%	3.08%	8.73%
401~500	9.14%	1.97%	2.00%	5.37%	5.29%	5.88%	1.50%	1.03%	4.02%
501~600	5.58%	0.49%	3.00%	4.39%	4.81%	1.47%	2.00%	—	2.72%
601~700	2.54%	—	3.50%	0.49%	1.44%	1.96%	0.50%	4.62%	1.88%
701~800	—	—	8.50%	2.44%	0.96%	0.49%	—	0.51%	1.61%
801~900	3.05%	—	3.50%	6.83%	—	—	—	—	1.67%
901~1 000	1.52%	—	1.50%	0.49%	0.96%	—	—	—	6.62%
1 001~1 100	—	—	1.50%	—	—	0.98%	—	—	0.31%
1 101~1 200	—	—	0.50%	—	0.48%	0.49%	—	—	0.18%
1 201~1 300	—	—	—	—	—	—	—	—	—
1 301~1 400	—	—	0.50%	—	—	—	—	—	0.06%
1 401~1 500	—	—	—	—	—	—	—	—	—
1 501~1 600	—	—	0.50%	—	—	—	—	—	0.06%
1 601~1 700	—	—	—	—	—	—	—	—	—
1 701~1 800	—	—	0.50%	—	—	—	—	—	0.06%
1 801~1 900	—	—	1.00%	—	—	—	—	—	0.13%
1 901~2 000	—	—	0.50%	—	—	—	—	—	0.06%
最大值	964	514	1 933	901	1 152	1 194	649	709	1 002
平均值	258	151	310	270	201	210	146	133	210

新小区中,实际避难距离最大的是金陵世纪花园,为 1 615 m;最小的是长阳花园,为 333 m。实际距离的平均值方面,最大的是龙凤花园,为 325 m,是唯一的一个平均距离超过 200 m 的小区;最小的是翠杉园,为 62 m;龙凤花园是翠杉园的 5 倍多。

在各区间的人数比例方面,各新小区有较大差异。100 m 以内的人数比例最高的是翠杉园,高达 89%;最小的是龙凤花园,为 15%。超过 50% 比例的小区数量为 6 个,包括碧瑶花园、金陵世纪花园、兴元嘉园、双和园、长阳花园和翠杉园,所有 10 个小区的平均值都高达 53.96%,超过了一半(表 5-6,图 5-2,图 5-3,图 5-4)。

表 5-6　新小区各实际距离区间避难人数的比例

距离范围(m)	龙凤花园	莫愁新寓	碧瑶花园	月安花园	金陵世纪花园	清江花苑	兴元嘉园	双和园	长阳花园	翠杉园	平均值
<100	15.00%	35.85%	56.00%	38.00%	56.48%	49.54%	62.00%	71.00%	68.00%	89.00%	53.96%
101~200	16.00%	28.30%	8.00%	42.00%	28.70%	42.20%	23.00%	26.00%	28.00%	4.00%	24.83%
201~300	17.00%	14.15%	7.00%	15.00%	12.04%	4.59%	11.00%	1.00%	3.00%	5.00%	8.99%
301~400	19.00%	5.66%	17.00%	4.00%	1.85%	3.67%	3.00%	1.00%	1.00%	—	5.57%
401~500	16.00%	8.49%	12.00%	—	—	—	—	1.00%	—	—	3.71%

距离范围(m)	龙凤花园	莫愁新寓	碧瑶花园	月安花园	金陵世纪花园	清江花苑	兴元嘉园	双和园	长阳花园	翠杉园	平均值
501～600	10.00%	2.83%	—	—	—	—	1.00%	—	—	—	1.37%
601～700	3.00%	1.89%	—	—	—	—	—	—	—	—	0.49%
701～800	1.00%	0.94%	—	—	—	—	—	—	—	—	0.20%
801～900	—	0.94%	—	—	—	—	—	—	—	—	0.10%
901～1 000	—	0.94%	—	—	—	—	—	—	—	—	0.10%
1 000 以上	3.00%	—	—	1.00%	0.93%	—	—	—	—	2.00%	0.68%
最大值	1 279	935	474	1 000	1 615	341	552	422	333	1 054	—
平均值	325	199	161	126	115	101	97	77	77	62	—

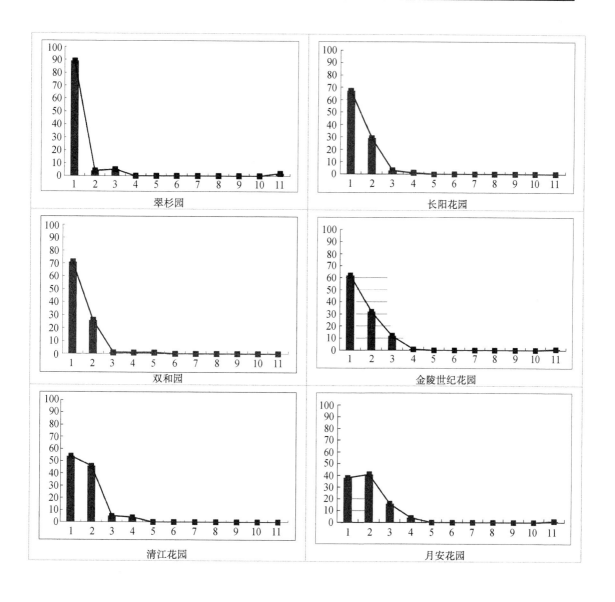

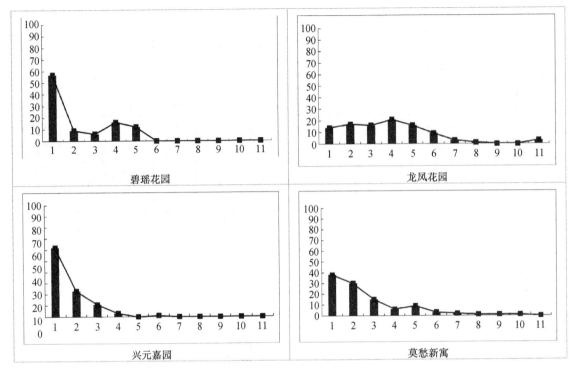

图 5-2 新小区各距离区间实际避难距离的人数比例

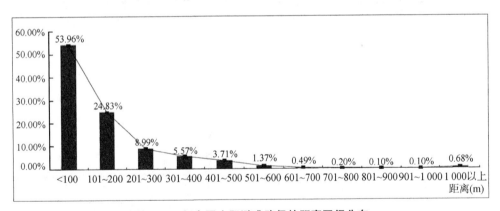

图 5-3 新小区实际避难路径的距离区间分布

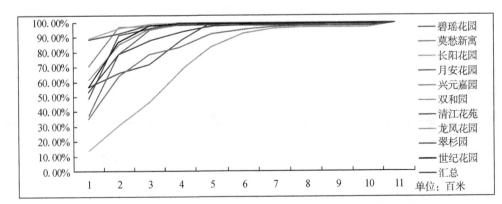

图 5-4 新小区各区间内实际避难距离的累计比例(参见书末彩图)

5.1.2　集中度

5.1.2.1　路径簇群

避难路径的集中度,主要反映了所有避难路径的聚集程度。避难点,也就成为避难路径的汇集点,避难人流的聚集点。从平面形态上看,每个避难点都是由若干避难直线构成的簇群。在居住小区周边,就形成以避难所为中心的若干避难直线的簇群。对居住小区来讲,避难直线形成的簇群数量越少,则避难路径的集中度越高;若簇群数量越多,则避难路径的集中度越低,分散度越高。

由于每条避难路径代表一个人,因此,某避难点的选择人数等于该避难点的避难路径条数。该点的避难直线数量越多,说明越多人选择该点。当然,避难路径的集中度也不是越高越好,集中度过高,则意味着避难方向趋同,路线越拥挤,则会影响到避难效率。关键是能够找到平衡点,也就是合适的集中度数据,以保证较高的避难效率。

对一个独立街坊式小区来讲,四周有四个方向,每个方向都有若干避难簇群,每个方向都有小区出入口;小区出入口的设置应均衡,避难簇群的位置与小区的方向关系应均衡,不宜过于集中在某个方向上,应适度分散(图5-5)。

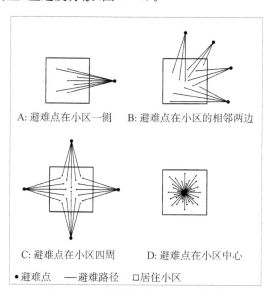

A:避难点在小区一侧　　B:避难点在小区的相邻两边

C:避难点在小区四周　　D:避难点在小区中心

●避难点　　——避难路径　　□居住小区

图5-5　避难路径的集中度示意图

5.1.2.2　避难点集中度

本书引入经济学领域中的集中度概念,来考核避难路径的集中度。

经济学领域中的集中度概念,是指在一个行业中,若干最大企业的产出占该行业总产出的百分比。一种典型的度量方法是四企业集中度,即最大的四家企业的产出占总产出的百分比。绝对集中度反映一个行业的垄断程度。在计算公式中,集中度常被写成 CR_n 的形式。CR 是 Concentration Ratio 的简称,n 表示最大的 n 项之和所占的比例,一般用 CR_n 来表示,如 CR4,CR10 等[209]。CR_n 的计算公式为:

$$CRn = \sum(1-n)/\sum(1-N)$$

N 为总项目,n 为统计的 TOPn 项,CRn 则是排名最前面的 n 项之和所占的比例。

本书中的集中度,是指某个居住小区周边选择人数最多的若干避难场所的人数之和占本小区总选择人数的百分比。本书采用四避难点集中度,即选择人数最多的四个避难点的人数之和占小区总选择人数的百分比,集中度反映了一个小区周边避难点的人流聚集程度。

本书采用 CR4 来计算排名前 4 位的避难点的集中度,用 CR4 指数来代表集中度。

由表 5-9 可知,在老小区中,瑞金路小区的 CR4 指数最高,为 73.5%;上海路小区次之,为 70.2%;工人新村、明华新村、山西路小区的 CR4 指数均超过 66%,三牌楼小区的 CR4 指数为 61.3%;而集庆门小区和仁义里的 CR4 指数均低于 50%,分别为 47.0% 和 46.4%。

人群聚集点数量,是指居民选择的避难点的数量;占总聚集点数量的比例,是指排名前四位的避难点的数量占总人群聚集点总数量的百分比;资源利用效率,是指用选择人数最多的四个避难点的人数之和占小区总选择人数的百分比,来除以占总聚集点数量的比例,从而反映出计入统计的前四位的避难场所的作用发挥程度。

就资源利用效率而言,效率最高的老小区是三牌楼小区,为 1.98;仁义里次之,为 1.86;明华新村、瑞金路小区、山西路小区、工人新村、上海路小区均在 1.2~1.7 之间,集庆门小区最低,为 1.18(表 5-7)。

表 5-7 老小区避难点的人流集中度

名称	CR4 指数	人群聚集点数量(个)	占总聚集点数量的比例	资源利用效率
瑞金路小区	73.5%	8	50%	1.47
上海路小区	70.2%	7	57%	1.23
明华新村	66.6%	10	40%	1.67
山西路小区	66.5%	8	50%	1.33
工人新村	66.2%	8	50%	1.32
三牌楼小区	61.3%	13	31%	1.98
集庆门小区	47.0%	10	40%	1.18
仁义里	46.4%	16	25%	1.86
平均值	62.2%	10	43%	1.51

由表 5-8 可知,在新小区中,龙凤花园的 CR4 指数最高,为 92%;碧瑶花园、金陵世纪花园、莫愁新寓次之,均超过 80%;月安花园、清江花苑、长阳花园和翠杉园均超过 70%;双和园和兴元嘉园最低,仅高于 60%。在资源利用效率方面,最高的是清江花园,为 1.93;最低的是双和园,为 1.26。

表 5-8 新小区避难点的人流集中度

名称	CR4 指数	人群聚集点数量(个)	占总聚集点数量的比例	资源利用效率
龙凤花园	92%	6	66.7%	1.38
碧瑶花园	87.0%	6	66.7%	1.30
金陵世纪花园	82.4%	7	57.1%	1.44
莫愁新寓	82.1%	9	44.4%	1.85

名称	CR4 指数	人群聚集点数量(个)	占总聚集点数量的比例	资源利用效率
月安花园	78%	7	57.1%	1.37
清江花苑	77.1%	10	40%	1.93
长阳花园	73%	10	40%	1.83
翠杉园	73%	8	50%	1.46
双和园	63%	8	50%	1.26
兴元嘉园	60%	18	33.3%	1.80
平均值	76.8%	8.9	50.5%	1.56

将老小区和新小区比较来看,新小区的 CR4 指数要整体高于老小区,新小区的平均值为 76.8%,而老小区仅为 62.2%。就资源利用效率而言,新小区也略高于老小区,新小区为 1.56,老小区为 1.51。

5.1.2.3 影响因素

避难场所是影响避难路径集中度的主要因素之一,包括避难场所的规模和数量。

首先,在同等条件下,避难场所的规模越大,对人的吸引力就越大,选择到此地避难的人数就越多,由此,该避难场所聚集的路径条数就越多,人流就越集中,连接该避难场所的主要道路上的人流密度就越大,越拥挤。反之,规模越小,吸引力越小,人越少,路径条数也越少,聚集度越低。

其次,对同一个样本小区,周边的避难场所资源数量越多,居民的避难选择就越多,避难方向就越分散,避难路径形成的簇群就越多,路径的集中度越低。如果样本小区的避难场所数量越少,居民的避难选择就越少,避难路径簇群越少,路径的集中度就越高。例如,龙凤花园共有 6 个避难人群聚集点,其人流集中度的 CR4 指数高达 92%;而仁义里共有 16 个避难人群聚集点,其 CR4 指数仅为 46.4%。

5.1.3 方向性

方向是否明确,路径是否清晰,是研究居民避难路径的首要问题。方向是否明确清晰,实际上包括两个问题:第一,有没有目标;第二,目标是否合适。

先看第一个问题,是否有目标,即目标的清晰程度。所谓目标,就是指目标避难场所。目标直接决定了逃生的距离和时间、沿途可能会面临的风险类型,甚至是避难行为的成功与否。目标的选择由客观因素和主观因素两方面决定。客观因素是指小区内外有没有可供居民选择的合适的避难资源;主观因素是指居民对避难场所的认知和具体选择行为,即居民在紧急情况下,面临众多的不同类型场地时怎么选择。有些人能够选择合适的避难场所来避难,而很多人却没能选择有效的避难地点。

根据前面的调查,在地震发生的紧急情况下,人们会四下逃散,也会不知所措、原地不动。由此可知,并不是所有人都能在第一时间找到逃生的目标地点,有不少人是跟随他人逃往某个地点,这从问卷中选择从众的人数比例就可以看出来。同时,实际上,很多人没有目标,不知道应该往哪里去,例如那些不知所措和部分原地不动的人;就连很多选择到小区出口避难的人,在到达后,也是表现出明显的滞留和迷惘的行为,这都是由于避难路径的目标方向不够清晰明确所致。

第二,目标的合适性问题。并不是说有一个明确的目标,这个目标就一定是合适的避难地点。所谓合适性包括两层意思,一是避难场所的有效性;二是避难场所的最近性。行为地图的调查发现,很多人的选择实际上都不是合适的避难场所,也就是说,选择了无效地点,例如城市道路、地下车库、房前屋后的空地等等。同时,还是有一部分人舍近求远,选择到较远的地点去避难。

就样本小区的调查来看,在老小区中,41.6%的受访居民选择了到小区出入口的城市道路上去避难,6.8%的人选择小区内部空地,6.1%的人选择原地不动,亦即,超过一半的人选择的避难目标不合适。

在新小区中,9.09%的受访居民选择了城市道路,6.94%的人选择小区内部空地,5.18%选择原地不动,2.93%的人不知所措,即选择无效目标的人占总人数的21.21%。

经比较可知,新小区的居民在避难路径的方向性上要明显好于老小区,新小区居民选择的目标避难地点要更合适。当然,仍需要看到,即使在新小区,仍然还有超过20%的人在避难目标方向上有问题。同时,老小区所处的老城区,避难资源严重短缺,直接导致了居民避难的目标方向不明确和有效性偏低。

5.1.4 绕曲性

在明确了避难目标和方向之后,从哪条路走就是第二个关键问题。从起点到终点,一般都会有多条路线可供选择,居民是否选择了最近的路线,将直接影响其避难效率。如果能选择最近的路线,是最理想的结果;如果选择了过于迂回的路线,则避难的距离和时间都被认为拉长,效率低下,且途中面临的风险增多。

5.1.4.1 绕曲指数的分布区间

对避难路径绕曲的研究,主要借助绕曲指数来展开。

绕曲指数,是指避难路径的起点和终点之间的实际路线距离与直线距离的比值。绕曲指数的大小反映了避难路径实际线路的弯曲程度,以及避难路径的实际效率。绕曲指数越高,则实际线路越弯曲,效率越低;反之,则效率越高。

在老小区所有受访的1 612个居民中,除去101个原地不动的,在余下的1 511人中,最大的绕曲指数为5.03,最小的为1.00,平均值为1.42。90.77%的受访者的绕曲指数在1到2之间,说明绝大部分居民的避难路径选择是相对高效的,但是也有6.57%的居民的绕曲指数在2～3之间,其指数偏大,避难路径存在较为严重的迂回现象,避难效率偏低。绕曲指数在3以上的人数很少,几乎可以忽略不计(图5-6)。

在新小区所有受访的1 023个居民中,最大的绕曲指数为6.24,最小的为1.00,平均值为1.47。89.79%的受访者的绕曲指数在1到2之间,说明绝大部分居民的避难路径选择是相对高效的,但是也有7.26%的居民的绕曲指数在2～3之间,其指数偏大,避难路径存在较为严重的迂回现象,避难效率偏低。绕曲指数在3以上的人数有26人,所占比重很低(图5-7)。通过两图的比较可以发现,新小区和老小区在绕曲指数比较相似,差别不大。

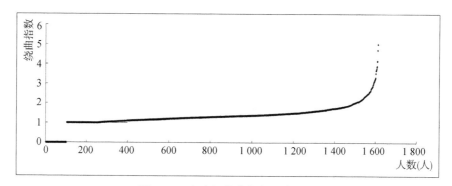

图 5-6　老小区绕曲指数分布区间

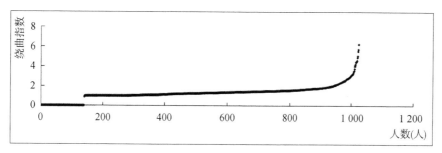

图 5-7　新小区绕曲指数分布区间

5.1.4.2　绕曲指数的影响因素

影响避难路径绕曲指数大小的最主要因素是路径的平面形态。避难路径的平面形态有直线形、折线形、S形等。其中,直线形路径的效率最高,绕曲指数最低,数量最少;S形的效率最低,绕曲指数最高,数量却最多。而影响路径平面形态的因素包括路径的起点和终点位置、小区建筑布局形式、小区出入口位置、避难场所位置、城市道路线形等。

避难路径绕曲指数增大的最主要原因是路线迂回,也就是反向。反向有两个主要参照点,一是终点,二是小区出口。例如,实际避难路径中有某一点路径的方向与小区出口或终点的方向相反,从而造成路线的迂回。在调查中,经常出现受访者没有选择离自己最近的小区出口出去,而选择了距离较远的小区出口或者反方向的小区出口,从而导致绕曲指数上升(图5-8)。

阻止绕曲指数上升的主要途径,就是避免迂回,特别是不必要的迂回,使实际路径的每个路段都与避难终点、小区出口在方向上保持一致。在平面形态上,就是尽可能使得实际路径落在"黄金矩形"的范围内。

避难路径的"黄金矩形"(图5-8中的e):A是起点,B是终点,C是小区出口;D和E是矩形的顶点;AB是避难直线路径,所有实际路径必须经过C点出去;ACB是最高效的。凡是在ADCEB五个点构成的矩形内的路径,大部分情况是高效的;而不在该矩形范围内,则必然有多余的迂回现象的发生,从而导致绕曲指数的上升。

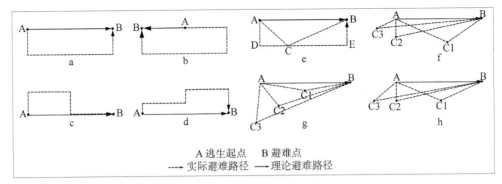

图 5-8 实际避难路径与避难直线的斜率关系示意图

5.1.5 拥挤性

拥挤现象的产生是由于在同一时间内,在同一条道路上聚集了大量的人群。拥挤会降低避难速度,也可能会引发踩踏等突发事件。拥挤的程度与道路的宽度和人群的多少有关。衡量一条道路上避难人群的拥挤程度,可以使用拥挤指数来进行。拥挤指数是借鉴交通中的交通拥堵指数而来的。

拥挤指数取值范围为 0~10,分为五级。其中 0~2,2~4,4~6,6~8,8~10 分别对应"畅通"、"基本畅通"、"轻度拥挤"、"中度拥挤"、"严重拥挤"五个级别,数值越高表明道路的拥挤状况越严重[210]。

(1) 畅通(0~2),居民可以顺畅地到达目标避难场所。

(2) 基本畅通(2~4),居民一次避难平均要比畅通时多花费 0.2~0.5 倍时间。

(3) 轻度拥挤(4~6),居民一次避难平均要比畅通时多花费 0.5~0.8 倍时间。

(4) 中度拥挤(6~8),居民一次避难平均要比畅通时多花费 0.8~1.1 倍时间。

(5) 严重拥挤(8~10),居民一次避难平均要比畅通时多花费 1.1 倍以上时间。

拥挤点是指那些有大量人群聚集和通过的空间地点,一般多为居住小区内外空间中的关键节点。节点位置不同,拥挤的程度也不同。经对比老小区和新小区的避难路径图后发现,拥挤点在不同小区中,也有不同的分布情况。

老小区由于避难方向的外向性,较多的拥挤点集中在小区出入口、出入口外的城市道路和避难场所门前及其门前的城市道路上。以工人新村为例,由于大量居民选择了到小区东侧的滨河绿地和乐天马特停车场去避难,从而导致连接这两个地点的小区东侧的金贸大街上,人群非常集中。同样,在三牌楼小区,很多居民选择的避难地点都要经过三牌楼大街,因而造成这条路聚集了大量人群。又如,在明华新村,由于周边没有大型的开放空间供居民避难,居民在到达小区出口后不知道该往哪里去,故而在小区南北两个出口处形成了两个拥挤点(图 5-9)。

在新小区中,由于避难方向的内向性,较多的拥挤点出现在小区中心绿地周边道路上,少量的拥挤点出现在小区出入口内外的道路上。以月安花园为例,中心绿地南侧道路的人流非常多;同样在莫愁新寓和长阳花园,越靠近中心绿地,人数越多,人流越拥挤(图 5-10)。

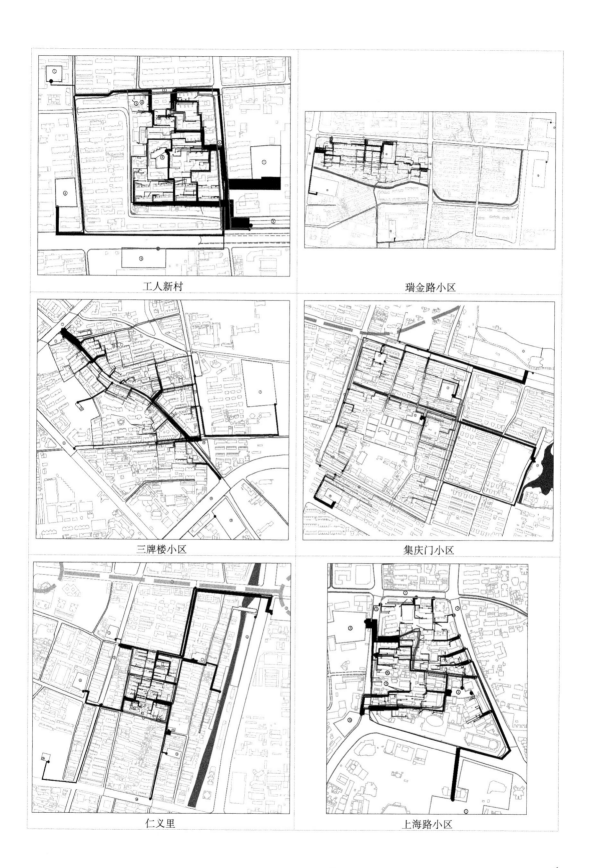

工人新村

瑞金路小区

三牌楼小区

集庆门小区

仁义里

上海路小区

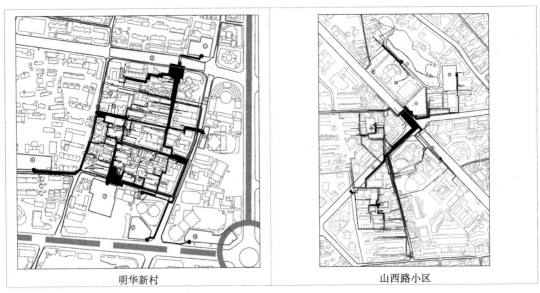

明华新村

山西路小区

图 5‑9 老小区内的拥挤性道路分布

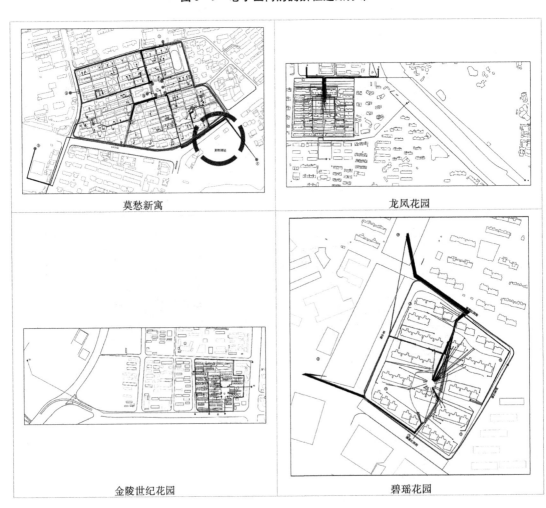

莫愁新寓

龙凤花园

金陵世纪花园

碧瑶花园

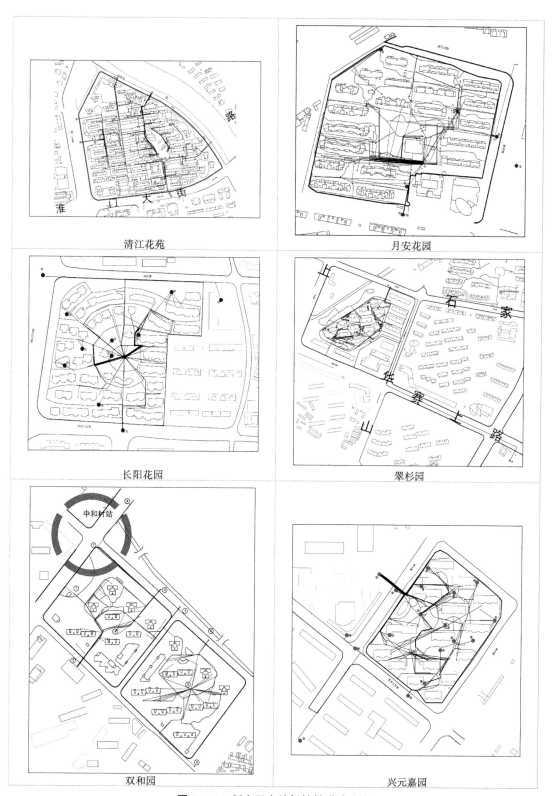

清江花苑

月安花园

长阳花园

翠杉园

双和园

兴元嘉园

图 5‐10　新小区内的拥挤性道路分布

5.1.6 连续性

实际避难路径的连续性,是指在实际避难过程中,能够不间断地进行避难行走的程度。判断避难路径的连续性程度,是通过分析路径中的断点数量来进行的。所谓断点,就是指连续行走遭到中断的点。在这里,主要是指需要横跨城市道路时受到机动车流的影响,而被迫暂停行进,等待车流通过后,才能继续行走。由此,该横跨城市道路的地点,就是断点。

在一条避难路径中,断点的数量越多,则人被迫暂停行走的次数就越多,路径的连续性就越差,人所需要的避难时间就越长,避难效率就越低;反之,断点越少,则连续性就越高。断点数的总量反映了一条避难路径与城市道路交叉的次数,与路径的长度和小区周边的城市道路网密度有很大关系(图5-11)。

不是所有的避难路径一定有断点,有些避难场所位于居住小区内部或者街角,则避难路径不必要横跨城市道路,整条路径上的断点数为0,而有些路径由于避难场所距离小区的距离较远,需要跨越多条城市道路,则拥有多个断点。

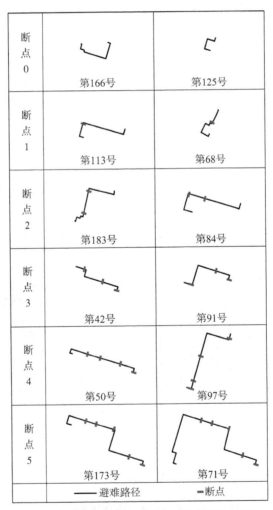

图5-11 集庆门小区不同断点数量的避难路径

若需要对不同避难路径的连续性进行横向比较,则需要借助百米断点率这一指标。所谓百米断点率,是指每100米的避难路径中,断点的数量。路径的百米断点率越高,则连续性越差,反之,则越好。

对比老小区和新小区就可以发现,由于老小区的避难方向的外向性,很多路径需要跨越城市道路,甚至多条城市道路,故而其路径的连续性受到一定的损失;而新小区由于避难方向的内向性,路径上的断点数量明显减少,连续性普遍要好。

5.2　行为特征

5.2.1　从众行为

5.2.1.1　定义

在调查中发现,受访者在谈到地震时的避难路径选择时,经常会讲到"跟着大家走",也就是说,他会在看到别人往哪里逃生后,也会紧跟过去。同时也发现,在对一群居民访问时,问完前面几个人之后,再问后面的人相同的问题时,后面的受访者经常会说"跟他们一样"。

问卷统计结果显示,26.8%的受访者表示,在地震发生后,会有从众的心理。同时还发现,受访者选择避难场所时对"周围的人都往该处避难"这一因素的重要性等级,认为"非常重要"和"重要"的人数分别占35.56%和22.18%,认为"一般"的占18.83%,认为"不重要"和"非常不重要"的分别占13.39%和10.04%。

于是,"从众"现象产生了。居民在避难路径的选择上,表现出一定的从众特征。那么,究竟什么是"从众",为什么大家的行为选择会呈现出如此的一致性?哪些人更容易表现出从众?从众是消极的表现吗?

根据社会心理学的定义,从众,是指根据他人而做出的行为或信念的改变[211]。从众有两种典型行为:顺从和接纳。靠外在力量而表现出的从众行为叫顺从;而内在的从众行为叫接纳。

在避难过程中,从众行为主要体现为根据他人的避难行为而做出选择或者改变的行为,如选择避难路径或目标避难地点时,跟着大家走。

5.2.1.2　产生原因

为什么会产生从众行为?

心理学中的经典实验表明,人们之所以从众主要出自两个理由,莫顿·多伊奇和哈罗德·杰勒德(Morton Deutsch & Harold Gerard)将其命名为规范影响(Normative Influence)和信息影响(Informational Influence)。

规范影响是与"群体保持一致"以免受拒绝,得到人们的接纳,或者获得人们的赞赏。人们选择做出团体期望的行为,因而就不会遭到排斥、陷入困境或被忽视[212]。

信息影响也会导致人们接纳;他人的反应会影响我们对模糊刺激情境的解释。与群体保持一致会使人们特别容易获得证实,自己的决策是正确的解释。

害怕被孤立、寻求安全感是人的心理本能之一。在群体中,个体处于弱势地位,个体总是依赖于群体而存在。所以,个体为了寻求安全感,总是会让自己与群体保持一致。然而,当个体观念与群体观念不一致时,个体就会变得犹疑不决、十分困惑;最终,个体往往会放弃独立性,而依从于群体[213]。

对社会形象的关注往往更容易产生规范影响;而希望自己行事正确则往往容易产生信息影响。在日常生活中,规范影响和信息影响往往是同时发生的。当人们需要面对群体做出反应时,会出现较高的从众行为,这属于规范影响。如果任务难度比较大,个体感觉自己无力胜任,也就是当个体关心行为的正确性时,也会表现出较高的从众行为,这属于信息影响[214]。

就避难路径选择而言,很多人对于究竟应该往哪里逃、从哪条路逃出去等问题,其实没有一个正确的认知和判断,这个问题对他们来讲,有点难,但事情又很严重,必须做出正确的选择,以使自己免受伤害。由于人们往往希望自己做出的选择是正确的选择,由此,在选择时必然会受到他人选择结果的强烈影响,与他人保持一致,以期在他人那里得到证实,自己的选择是正确的。换言之,避难行为上的从众现象,主要是信息影响的结果。

5.2.2　惯性行为

惯性行为,也可称为行为惯性。惯性本是一种物理的运动特性,是指物体保持原来的运动状态或静止状态,可在当今社会却越来越快速地成了人的心理活动和行为特性。

一种惯性动作,经常重复同一件事物就会形成行为惯性,个人是有行为惯性的,这也可以说是一种思维惯性,思维决定行动,就会形成行为惯性。

个人行为惯性就是我们常说的习惯。习惯是人们在连续、持久地接受了某种特定的刺激之后形成的心理和行为反应。它与本能一样,是人接受刺激而产生的反应机制,是刺激引发的一种条件反射[215]。习惯是自动化了的活动方式,是某种自动化动作的心理倾向,通过简单重复形成[216]。习惯具有强大的力量,它能让人身处其中而不自知。

惯性行为在避难上的表现是,居民在地震发生时,往往选择的逃生路线是他们日常出行最熟悉的路线。紧急情况下的选择往往不会选择他们日常很少走过的路线,或者因为不熟悉,或者自我感觉不安全、不可靠。

问卷统计显示,受访者选择避难路径时对"逃生路线为自己熟悉的日常出行路线"这一因素的重要性等级,认为"非常重要"和"重要"的人数分别占 56.3% 和 27.8%;认为"一般"的占 11.1%;认为"不重要"和"非常不重要"的均仅占 2.4%。

在典型避难路径构成方面,主要是由宅间路＋小区主路＋城市道路组成。这些路径的先后顺序,也是居民日常出行的正常路线序列,符合居民的日常出行习惯。

同时,在调查中还发现,受访者选择避难场所时对"避难点方位和环境较熟悉"这一因素的重要性等级,认为"非常重要"和"重要"的人数分别占 51.7% 和 31%;认为"一般"的占 13.2%;认为"不重要"和"非常不重要"的分别占 2.5% 和 1.7%。

受访者选择避难场所时对"避难点与自己家近"这一因素的重要性等级,认为"非常重要"和"重要"的人数分别占 55.1% 和 21.2%;认为"一般"的占 15.1%;认为"不重要"和"非常不重要"的分别占 5.3% 和 3.3%。

在行为地图的调查中,有效避难场所的用地类型,被选择率排名前两位的分别是绿地广场和学校。绿地广场主要是小区内的中心绿地,小区外的街头绿地、城市公园和城市公共广场;学校包括各级各类学校,如中小学和高校。绿地广场是居民日常休闲锻炼的场所,学校是居民因日常接送小孩的需要而经常去的地方,同时,部分受访者本身就是学生。这些地方都是居民日常比较熟悉的场所。由此可见,日常出行习惯对避难路径的选择影响很大。

5.2.3 迂回行为

迂回行为,是指居民在逃生过程中,其选择的避难路线呈现出弯曲、环绕的状态。这种采用回旋式路线的行为方式,被称为迂回行为。

迂回行为导致的结果是避难路径的长度增加,时间延长,效率被降低。

迂回行为在空间平面上表现为,没有选择最近的小区出口出去,或者没有选择最直接的避难方向开始逃生,或者在逃生过程中,路线的方向与目标避难地点的方向在某些局部路段上不一致,甚至是完全相反。

如前文有关绕曲指数的论述中,绕曲指数大于 2 的路径,效率都是偏低的。在所调查老小区中,绕曲指数大于 2 的路径比例平均值为 10%,最大的绕曲指数甚至超过 5。即使在新小区中,绕曲指数大于 2 的路径,也占到总人数的 8.79%,最高的甚至超过 6。这说明迂回行为在避难过程是比较明显的。

为什么会产生迂回行为?

避难路径迂回现象的产生,主要有客观和主观两方面的因素。客观方面,主要包括起点位置、小区出口位置、小区内建筑和道路布局、城市道路的线形、路网的形式、目标避难地点的位置等。

主观因素包括居民对某些道路、小区出口、目标避难地点的熟悉程度,往往容易选择那些比较熟悉的道路和地点,而对另外一些则不熟悉,平时较少去。这样,也很有可能造成人为的路线迂回。

避难路径过于迂回,实际上反映了避难行为效率的低下。其影响因素除了物质空间要素外,还包括心理因素。主要是目的地不明确。目的地不明确,导致行动效率降低。

英国心理学家麦独孤(William McDougall)是行为目的研究的第一人。他认为,人的一切行为都是受目的引导和驱动的,他创立了"策动心理学"理论体系。目的是一个策动因素,是驱动人们获得较佳行为效能的主要心理因素之一。

目的对行动效能的影响,通常从下面几个方面体现出来:

一是方向性:增强选择性注意的效能。当一个人面临复杂信息时,往往会降低行动的效能,这是因为个人很难在复杂的信息中作出恰当的判断。但同时,无论多么复杂的信息和环境,人们最终也能从自己的立场出发,作出较为恰当的判断。其中一个重要的原因,就是人类有天然的信息简化能力——选择性注意能力。在选择性注意的过程中,目的是关键。目的可以帮助我们排除其他信息,关注我们需要关注的,这就是目的的功能特征之一。

专注性:优化心理能量的配置。如果一个人行动的目的是明确的,这个目的会进入潜意识之中,并牢牢地占据着支配地位。

明确性:增进学习效能。从个体发展的角度来看,明确的行为目的会增进学习效能,从而给个人提供更好的行为基础[217]。目的不明确，从而导致避难行为的效率降低。

日本阪神大地震时，在避难途中迂回的有21.1%，途中返回去其他避难场所的有2.6%，即由于道路障碍不得不改变避难路线的约占四分之一。顺利到达避难场所的为65.8%。

5.3　影响要素分析

5.3.1　空间要素

5.3.1.1　避难场所

（1）位置

避难场所的位置影响到避难路径的方向和长度。避难场所是灾时居民逃生的目标点，也是避难路径的终点，其位置决定了避难的方向，也大体决定了避难路径所经过的道路的基本组合关系。

避难场所与小区距离的远近，直接影响到避难路径的平均长度，从而影响到避难时间的长短和避难效率的高低。距离越近，则避难路径长度越短，花费的避难时间就越少；反之，路径就越长，时间就越多。

（2）规模

避难场所的规模影响到避难路径的聚集度。在同等条件下，避难场所的规模越大，对人的吸引力就越大，选择到此地避难的人数就越多，由此，该避难场所聚集的路径条数就越多，人流就越集中，连接该避难场所的主要道路上的人流密度就越大，越拥挤。反之，规模越小，吸引力越小，人越少，路径条数也越少，聚集度越低。

（3）数量

避难场所的数量影响到避难路径群组的数量。对同一个样本小区，周边的避难场所资源数量越多，居民的避难选择就越多，避难方向就越分散，避难路径形成的簇群就越多，路径的集中度越低。如果样本小区的避难场所数量越少，居民的避难选择就越少，避难路径簇群越少，路径的集中度就越高。例如，瑞金路小区，共有8个避难人群聚集点，其人流集中度的CR4指数高达73.5%；而仁义里共有16个避难人群聚集点，其CR4指数仅为46.4%。

5.3.1.2　小区出入口

（1）位置

小区出入口的位置影响到避难路径的平面线形和绕曲指数。小区出入口是避难路径当中的关键节点，不可或缺，对平面构型影响很大，因为任何路径都必须从小区出入口出去，然后才能到达外面的避难场所。如果小区出入口位置过偏，或者与避难场所的位置关系过远，将大大增加路径的绕曲指数。

（2）数量

小区出入口的数量影响到避难路径的瓶颈数量和拥挤程度。小区出入口由于是避难人流的必经之路，由于自身宽度有限，很有可能在出入口处形成瓶颈点。小区出入口的数量越少，人流越集中，该点的人流越拥挤，瓶颈现象越严重；小区出入口越多，人流越分散，瓶颈现象就越少。

5.3.1.3　小区边界

小区边界对避难路径的影响体现在路径的终点分布的空间特征上。这里的小区边界不仅仅是小区的用地范围边界线,而是拓展为小区外的道路两侧的空间带。

从行为地图上可以发现,很多避难路径的终点都落在小区外围城市道路两侧的场地上,而超过该边界型道路 1 个街坊以外的地区,选择的人很少。这种避难路径终点落在小区边界带上的场地里的现象,笔者称之为"边界效应"。大部分小区都会出现这种"边界效应",而超过边界带进行避难的情况虽然也有,但是比例很低,这也符合"锚点理论"的特征。

5.3.1.4　道路宽度

道路宽度包括两类道路,一是小区内部道路,二是城市道路。道路宽度会影响到避难路径的拥挤程度。

（1）小区内道路宽度

小区内道路宽度影响到避难路径的人流分布。在小区内部,小区主路一般相对较宽,是连接各组团和小区出入口的主要通道,是居民逃离小区的主通道,是避难人流在小区内部最后汇集的路段,人数较多。由此,较宽主路,特别是连接小区出口的道路分布形态,对大人流的分布状态影响较大。

（2）城市道路宽度

城市道路宽度影响到避难路径的连续性。城市道路是避难人流从小区出来以后,逃向目标避难场所的通道。城市道路宽度越宽,等级越高,车流量越大,安全隐患就越大,道路的避难隔离性越强,居民跨越的意愿就越低;宁可走远,也不愿横跨;道路窄,跨越道路的可能性加大;断点数量增加,路径的连续性受损。同时,城市道路的人行道宽度将会极大地影响到其拥挤程度,特别是对那些人行道很窄的道路。

5.3.2　个体与社会要素

5.3.2.1　年龄

行为地图方面,各年龄组在不同区间的选择率上,大体相似,略有差异,唯一例外的组别是 18 岁以下组(图 5 - 12)。该年龄组在 300 m 以内的各区间上,与其他年龄组有较大差异,特别是 100 m 以内的选择比例,远高于其他年龄组。原因是该年龄组的人数较少,仅占受访者总数的 3.24%,而其他年龄组的人数比例在 15%～20% 之间(也只有 30 岁组的人数比例偏高,达到 30.81%)。个体选择的偶然性导致了总体比例偏高。在 101～200 m 区间,该组的选择率又明显低于其他组别,也是同样的原因。

由于 300 m 以外的区间,各年龄组的选择比例均很低,除了 20 岁组为 9.09% 外,其余组均在 5% 以下,因此,比较主要在 300 m 以内的区间进行。在 0～100 m 区间,除了 18 岁以下组的选择比例高达 87.10% 外,其他年龄组的选择率均在 45%～62% 之间,且 50 岁组和 60 岁以上组的比例相比其他年龄组而言,选择率要高,这再次说明了老年人的避难距离普遍要略短一些,这还是与其身体条件和避难能力有关。

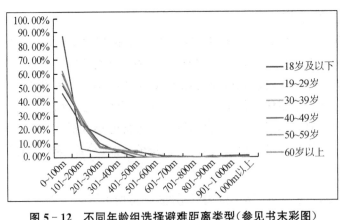

图 5 - 12　不同年龄组选择避难距离类型（参见书末彩图）

在 101～200 m 区间，大部分组别的选择率均在 23%～30% 之间，差别在 7 个百分点以内，还是比较接近的。在 201～300 m 区间，大部分组别的选择率在 6%～11% 之间，仅有 20 岁组略高，为 16.36%（表 5-9）。

由此可知，年龄对于居民个体的避难距离有一定的影响，但是对于总体而言，影响不大；不同年龄段对于不同避难距离区间的选择比例是比较接近的。

表 5-9　不同年龄组选择避难距离区间的比例

	0～ 100 m	101～ 200 m	201～ 300 m	301～ 400 m	401～ 500 m	501～ 600 m	601～ 700 m	701～ 800 m	801～ 900 m	901～ 1 000 m	1 000 m 以上
18 岁及 以下	87.10%	6.45%	3.23%	3.23%	0.00%	0.00%	0.00%	0.00%	0.00%	0.00%	0.00%
19～ 29 岁	45.45%	23.64%	16.36%	9.09%	3.03%	1.21%	0.00%	0.00%	0.00%	0.61%	0.61%
30～ 39 岁	53.33%	29.21%	7.94%	4.13%	4.13%	0.00%	0.32%	0.32%	0.00%	0.00%	0.63%
40～ 49 岁	51.27%	27.41%	10.66%	4.06%	3.55%	1.02%	0.51%	0.00%	0.00%	0.00%	1.52%
50～ 59 岁	59.73%	25.50%	8.05%	4.70%	1.34%	0.00%	0.00%	0.00%	0.00%	0.00%	0.67%
60 岁及 以上	61.81%	24.31%	6.94%	4.86%	1.39%	0.00%	0.00%	0.00%	0.00%	0.69%	0.00%

在问卷调查方面，涉及几个有关避难路径选择原因的问题，如路线明确通畅、周围的人都往该处避难、是否有人引导前往等。统计结果显示，不同年龄组对不同原因的选择比例，存在明显的差异性，说明年龄对于居民的避难路径选择原因的选择比例，是有较为明显的影响的。

例如，在"路线明确通畅"上，只有 20 岁年龄段的一等重要的选择率超过三分之二，为 68%；其他大部分年龄段的选择率低于 50%，30 岁年龄段的选择率甚至低于三分之一，为 27%。如果加上二等重要的选择比例，则可以看出，不同年龄组对于路线明确通畅的认识就会好很多，基本上能够达成共识（表 5-10）。

表 5-10 各年龄段人群对路线明确通畅的重要性等级的选择表

年龄段	一等重要	二等重要	三等重要	四等重要	五等重要
18 岁及以下	38％	23％	38％	0％	0％
19～29 岁	68％	16％	11％	1％	3％
30～39 岁	27％	16％	27％	30％	0％
40～59 岁	45％	27％	17％	4％	7％
60 岁及以上	50％	40％	10％	0％	0％

在"周围的人都往该处避难"上,只有 18～29 岁年龄段的一等重要选择率超过二分之一,为 51％;其他大部分年龄段的选择率低于三分之一,最低的是 18 岁以下年龄段,为 8％。即使加上二等重要的选择比例,各年龄组也还是有较大的差异。说明不同年龄组对该选项的认识不一致(表 5-11)。

表 5-11　各年龄段人群对周围的人都往该处避难的重要性等级的选择表

年龄段	一等重要	二等重要	三等重要	四等重要	五等重要
18 岁及以下	8％	31％	31％	8％	23％
19～29 岁	51％	21％	20％	7％	1％
30～39 岁	21％	5％	10％	29％	36％
40～59 岁	35％	25％	21％	13％	7％
60 岁及以上	20％	40％	20％	20％	0％

在"是否有人引导前往"上,只有 18～29 岁年龄段的一等重要选择率超过二分之一,为 53％,其他年龄段均低于三分之一,最低的是 18 岁以下年龄段,为 8％。这说明大部分人认为,是否有人引导前往不是一个重要因素(表 5-12)。

表 5-12　各年龄段人群对是否有人引导前往的重要性等级的选择表

年龄段	一等重要	二等重要	三等重要	四等重要	五等重要
18 岁及以下	8％	23％	15％	31％	23％
19～29 岁	53％	18％	15％	12％	2％
30～39 岁	25％	3％	10％	8％	55％
40～59 岁	32％	24％	13％	7％	25％
60 岁及以上	25％	30％	30％	10％	5％

5.3.2.2　性别

行为地图方面,男性和女性在不同距离区间的选择率上具有高度的相似性,差别在 2％以内,很多区间小于 1％,最小的差别甚至到了 0.01％(表 5-13)。由此可以推断,性别不是影响居民选择避难距离的重要因素,性别因素对居民避难距离的总体影响不大。

表 5-13　不同性别组选择避难距离区间的比例

	0～ 100 m	101～ 200 m	201～ 300 m	301～ 400 m	401～ 500 m	501～ 600 m	601～ 700 m	701～ 800 m	801～ 900 m	901～ 1 000 m	1 000 m 以上
男	54.80％	25.40％	9.60％	5.20％	2.80％	0.60％	0.20％	0.20％	0.20％	0.20％	0.80％
女	54.95％	26.99％	9.32％	4.85％	2.91％	0.19％	0.19％	0.00％	0.00％	0.00％	0.58％

问卷调查方面,在选择避难路径的考虑因素方面,男性和女性几乎在所有选项上都是保

持了高度的一致性,差别很小(图5-13)。说明性别对于居民选择避难路径的原因的总体比例没有太大影响。

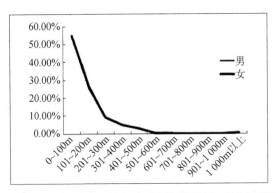

图5-13　不同性别组选择避难距离类型(参见书末彩图)

例如,在"逃生路线为自己熟悉的路线"上,男性和女性在非常重要和较重要的选择比例差别很小,在5%以内。说明绝大部分居民认为逃生路线应是自己日常熟悉的路线(表5-14)。在"道路两旁建筑物较少或低矮"上,男性和女性在非常重要和较重要的选择比例差别很小,在3%以内(表5-15)。说明75%以上的居民认为,避难路径两侧的建筑物应少一些且矮一些,同时,男性和女性在这一选项上的选择比例非常接近。在"有明确的引导指示"上,两性在非常重要和较重要的选择比例也是非常接近,差别小于4%(表5-16)。

表5-14　逃生路线为自己熟悉的路线

等级	非常重要	较重要	一般	较不重要	非常不重要
男性中的选择比例	54.5%	29.9%	11.2%	1.5%	3.0%
女性中的选择比例	58.6%	25.0%	11.2%	3.4%	1.7%

表5-15　道路两旁建筑物较少或低矮

等级	非常重要	较重要	一般	较不重要	非常不重要
男性中的选择比例	51.9%	27.1%	12.0%	6.8%	2.3%
女性中的选择比例	50.9%	25.9%	19.6%	2.7%	0.9%

表5-16　有明确的引导指示

等级	非常重要	较重要	一般	较不重要	非常不重要
男性中的选择比例	44.7%	20.5%	13.6%	6.8%	14.4%
女性中的选择比例	46.8%	16.5%	6.4%	5.5%	24.8%

5.3.2.3　学历

行为地图的数据表明,与有学历的人群相比,无学历的人群有些特殊。其避难距离全部在300 m以内,100 m以内高达80%,远高于其他学历组的平均值55%;101～200 m和201～300 m区间各占10%(图5-14)。这样的分布状态,其原因还是由于无学历人数较少所致,仅占到总人数的1.02%,带有一定的随机性。就无学历人群内部比较来看,高度集中在100 m以内的区间,也反映出短距离、就近避难的总体特征,而该特征与其他有学历人群的距离分布总体特征是一致的。

就有学历的人群来看,可以比较的区间范围也是 300 m 以内(表 5-17),300 m 以外的人数较少,差别约在 2% 以内,各学历人群的选择率高度接近,比较的意义不大。在 100 m 以内的区间,各组的选择率在 51.16%~57.49% 之间,平均为 55%,比较接近。在 101~200 m 区间,各组的选择率在 19.40%~35.48% 之间,差值有 16 个百分点,小学组的比例最高,而研究生组的比例最

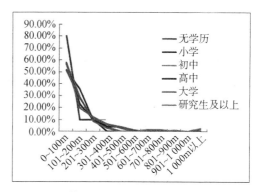

图 5-14 不同学历组选择避难距离类型(参见书末彩图)

低。在 201~300 m 区间,各组的选择率在 8.33%~11.94% 之间,仅有不到 4 个百分点的差别,可以说非常接近了。由此可以推测,学历对居民的避难距离区间的总体选择比例影响不大。不同学历人群在不同距离区间上的选择率的特征总体相似。

表 5-17 不同学历组选择避难距离区间的比例

	0~100 m	101~200 m	201~300 m	301~400 m	401~500 m	501~600 m	601~700 m	701~800 m	801~900 m	901~1 000 m	1 000 m 以上
无学历	80.00%	10.00%	10.00%	0.00%	0.00%	0.00%	0.00%	0.00%	0.00%	0.00%	0.00%
小学	51.61%	35.48%	9.68%	3.23%	0.00%	0.00%	0.00%	0.00%	0.00%	0.00%	0.00%
初中	56.82%	28.79%	8.33%	3.03%	0.00%	0.00%	0.00%	0.76%	0.00%	0.00%	2.27%
高中	57.49%	22.71%	10.14%	4.35%	3.86%	0.97%	0.00%	0.00%	0.00%	0.00%	0.48%
大学	51.16%	27.91%	10.08%	6.01%	3.68%	0.39%	0.19%	0.00%	0.00%	0.19%	0.39%
研究生及以上	56.72%	19.40%	11.94%	5.97%	2.99%	0.00%	1.49%	1.49%	0.00%	0.00%	0.00%

问卷调查方面,在选择避难路径的考虑因素方面,各学历层次人群存在较大差异。例如,在"避难路径为自己熟悉的日常出行路径"方面,选择比例最高的是无学历和小学学历人群,最低的是大学学历人群,为 44.8%,仅为最高比例的一半。这也说明虽然大部分学历层次人群认为,避难路径为日常熟悉的路线是非常重要的,选择率超过 50%(表 5-18),但是,这其中还是有差距,不同学历人群对路线选择依据还存在较大差异。

表 5-18 各学历层人群在避难路径为自己熟悉的日常出行路线方面的比较

等级	非常重要	较重要	一般	较不重要	非常不重要
无学历人群中的选择比例	88.9%	11.1%	0.0%	0.0%	0.0%
小学人群中的选择比例	75.0%	20.0%	5.0%	0.0%	0.0%
初中人群中的选择比例	56.0%	16.0%	20.0%	4.0%	4.0%
高中人群中的选择比例	58.6%	25.3%	8.1%	5.1%	3.0%
大学人群中的选择比例	44.8%	38.8%	13.4%	0.0%	3.0%
研究生及以上人群中的选择比例	53.1%	31.3%	15.6%	0.0%	0.0%

5.3.2.4 环境熟悉度

行为地图方面,在所有受访者中,熟悉的人占 60.53%,比较熟悉的占 31.90%,不熟悉的占 7.57%,即绝大部分居民对小区环境是熟悉和比较熟悉的,不熟悉的比例很低。

由于 300 m 以外的区间,各组别的差距小于 2%,故将比较的区间定在 300 m 以内。在 100 m 以内的区间,熟悉的人群的选择比例为 57.47%,较熟悉的人群的选择比例为 52.63%,不熟悉的人群的选择比例为 49.37%,差距为 8%。即随着熟悉程度的降低,选择比例也逐步降低;在 101～200 m 和 201～300 m 的区间均能看到,最大值和最小值的差距分别是 4% 和 2%,即随着熟悉程度的降低,选择比例在逐步增加(表 5-19)。

表 5-19　不同环境熟悉程度组选择避难距离区间的比例

	0～100 m	101～200 m	201～300 m	301～400 m	401～500 m	501～600 m	601～700 m	701～800 m	801～900 m	901～1 000 m	1 000 m 以上
熟悉	57.47%	23.96%	9.72%	5.03%	3.13%	0.00%	0.17%	0.17%	0.00%	0.00%	0.35%
比较熟悉	52.63%	26.64%	9.54%	6.25%	2.63%	0.66%	0.33%	0.00%	0.00%	0.33%	0.99%
不熟悉	49.37%	27.85%	11.39%	3.80%	2.53%	1.27%	0.00%	0.00%	1.27%	0.00%	2.53%

就各组内部来看,不同距离区间选择率的变化趋势,在总体特征是相似的,即随着距离的增加,选择率逐渐下降。不同组别的曲线走势是相似的,只是斜率略有差异。由此可以推断,环境熟悉对居民选择避难距离有一定的影响,但是差异性不是特别大。

问卷调查方面,受访者中绝大部分是当地居民,对小区内外部环境的熟悉比例都很高,因此,从该角度对居民的避难路径选择的特征进行分析时,具有极高的一致性,几乎没有差异(图 5-15)。因此,环境熟悉度不是影响居民选择避难路径的重要影响因素,因为,几乎所有人都对周边环境很熟悉或比较熟悉。

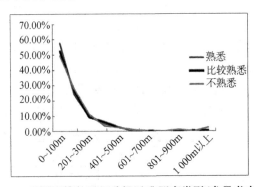

图 5-15　不同环境熟悉组选择避难距离类型(参见书末彩图)

5.3.2.5 防灾教育

行为地图方面,在各距离区间的总体选择比例上,两组居民的数值比较相似,略有差异;且随着距离的增加,两组的选择率均呈现出明显下降趋势。具体来讲,在 100 m 以内的区间,接受过防灾教育的人群选择比例比没有接受过的人群要高约 3 个百分点;在 101～200 m 和 201～300 m 的区间,没接受过的要比接受过的要分别高 5 和 4 个百分点(图 5-16)。由此可知,接受过防灾教育的居民在避难距离的选择上,要比没有接受过的略好一些,但是,差距很小。可以推测,防灾教育对于居民的避难距离来讲,有一些影响,但是差别不大。

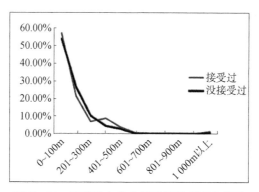

图 5‑16　不同防灾教育组选择避难距离类型

在问卷调查中发现,受访者中接受专业的防灾教育的人数比例很低,在部分中小学有一些教育或演习,但是没有形成定期演习的制度;而在大学和企事业单位中,这方面的教育和演习非常少见。而且,从问卷调查的结果来看,受过教育培训的人群,与没有受到教育培训的人群相比,在绝大部分选项上,其选择比例都呈现出高度接近的状态(表5‑20)。这种现象与一般常识相违背,通常来说,受过专业教育培训的人,能力和意识应该更强一些,在各方面的表现应该更好一些,但是,从调查结果来看,效果并不明显,这也说明防灾避难方面的教育培训的实际效果其实并不理想,还需要大力加强和完善,形成制度化,以切实提高教育的效果,切实提高人的避难意识和技能。

表 5‑20　有无接受防灾教育人群选择避难距离区间的比例

	0～100 m	101～200 m	201～300 m	301～400 m	401～500 m	501～600 m	601～700 m	701～800 m	801～900 m	901～1 000 m	1 000 m以上
接受过	56.96%	21.52%	6.96%	8.86%	3.80%	0.63%	0.00%	0.00%	0.00%	0.00%	1.27%
没接受过	54.09%	26.62%	10.38%	4.52%	2.81%	0.37%	0.24%	0.12%	0.12%	0.12%	0.61%

5.4　小结

(1) 空间特征

① 避难方向是居民开始选择避难路径时面临的第一个问题,方向的明确与否直接影响到避难的成功与失败。新小区居民在避难路径的方向性上要明显好于老小区,方向性的好坏与小区潜在的避难资源条件有很大关系,特别是中心绿地的存在对提升居民的避难方向感有很大影响。但是,仍需要看到,即使在新小区,仍然还有超过20%的人在避难目标方向上有问题,存在着方向不明确和有效性偏低的问题。未来规划的目的之一就是需要通过有效手段,大力提高居民的避难方向感。

② 大部分居民的避难路径都会出现一定程度的绕曲。其绕曲指数的总体分布较为合

理,仅有10%的人的绕曲指数偏大。新小区和老小区的绕曲指数分布曲线非常相似,说明紧急状态下不同空间环境条件下居民对避难路径选择的原则是一样的,即以近和快为主。影响绕曲指数的最主要因素是小区的平面形态、出口和避难地点位置等。绕曲指数增大的主要原因是路线迂回,即路径中的部分路段与总体避难方向相反。阻止绕曲指数上升的主要途径是尽可能使得实际路径落在"黄金矩形"的范围内。

③ 避难人数会随着距离的增加而呈现出明显的递减趋势,且新小区的平均距离要比老小区的短。在老小区,近90%的人选择的直线距离小于300 m,约90%的人选择的实际距离小于500 m。在新小区中,90%的人选择的直线距离小于200 m,90%的人选择的实际距离小于400 m。

④ 避难路径呈现出明显的"局部集中、总体分散"的态势。采用了路径簇群的概念和CR4指数来衡量样本小区的避难人流集中度。统计显示,新小区的集中度要明显优于老小区。在老小区中,CR4指数超过60%的小区数量有6个;在新小区中,所有样本小区的指数均超过60%。影响集中度的主要因素是潜在避难资源的规模和数量。

⑤ 在避难路径的拥挤性方面,老小区和新小区的拥挤点的分布有所不同。老小区由于避难方向的外向性,较多的拥挤点集中在小区出口附近和避难场所入口附近。新小区由于避难方向的内向性,较多的拥挤点出现在小区中心绿地周边道路上。

⑥ 避难过程遇到跨越马路的次数越多,则路径的连续性就会越差。样本案例显示,老小区的路径断点数量比新小区要多,因而,其连续性也较新小区要差一些。避难路径的连续性与小区内外潜在的避难资源的空间分布有关。

(2) 行为类型

在居民选择避难路径的心理和行为特征方面,总结出了三类主要行为,包括从众行为、惯性行为和迂回行为,并对各行为的产生原因进行了解释。

① 路线会迂回。不少居民选择的避难路线呈现出弯曲、环绕的状态。迂回行为导致的结果是避难路径的长度增加,时间延长,效率被降低。避难路径过于迂回,反映了避难行为效率的低下。其影响因素除了物质空间要素外,还包括心理因素。具体来讲,空间环境不熟悉、目标不明确都会导致避难行为的效率降低。启示是:与避难场所连接的各条道路应尽可能做到线形简洁、直接高效,最好是直线。

② 行为有惯性。居民在地震发生时,往往选择的逃生路线是他们日常出行最熟悉的路线。紧急情况下,往往不会选择他们日常很少走过的路线,因为不熟悉必然会产生不信任感和不安全感,这属于习惯行为在紧急情况下的条件反射。未来的规划工作,需要根据居民日常的出行路线,在关键节点位置上设置避难场所,给人以明确的印象,促使人们形成某种习惯,并对该地点产生依赖感,以便在紧急时人们能够跟着日常的习惯性路线便捷地到达该地点进行避难,形成本能的条件反射。

(3) 影响因素

通过行为地图和问卷调查两种方式来进行分析,结果显示,空间因素对居民避难路径选择的影响最大,包括避难场所的位置、数量、距离、出入口的位置和数量等。行为地图调查发现,不同个人和社会属性群体,在避难距离区间的分布上,总体上非常相似,仅有微小差异。

这说明不同属性的人群,在紧急情况下的对避难距离的本能选择,具有很强的相似性。同时,问卷调查发现,不同个人和社会属性群体,在避难路径的选择原因方面,存在一定的差异性,这与调查方式有关,也说明不同属性的人群,在时间条件宽裕的情况下,对选择原因的分析和理解有一定不同。

前文分析了避难圈的两个重要构成要素——避难场所和避难路径的特征,本章将对避难圈本身的特征展开研究。主要包括三个方面的内容:一是避难圈的基本空间特征,包括避难圈的平面构型、规模等;二是避难圈的紧凑度;三是避难圈重心的偏离度。第一部分属于对基本要素的特征描述,后面两部分属于对避难圈形进行评价,紧凑度是对圈形本身的规则性、饱满程度来进行评价,可以用来分析避难圈上各个避难点的分布是否均衡;偏离度是对避难人流的空间分布、避难场所的面积分布,及其与小区形心的距离关系进行评价,用来分析人流与避难场所在空间分布上的对应性程度。

6.1 避难圈的形成

如前文所述,每个居民在避难时,都选择了一个避难地点和一条避难路径。对整个小区而言,把所有受访居民的避难地点和路径叠加在一起,就会形成一个由众多避难路径和避难地点组合而成的接近放射状的线图。这些线的起点就是居民的避难出发点,终点就是居民选择的避难地点,而把这些相邻的终点连接起来,就形成了一个不规则的圈,这个圈就是该小区的避难圈(图 6-1)。

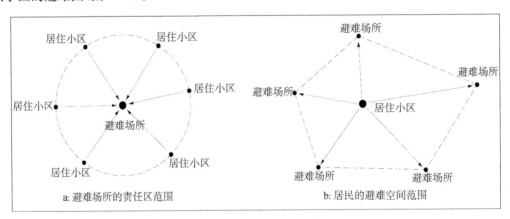

图 6-1 新旧避难圈示意

这里,需要将本书的避难圈与传统上以避难场所为中心的方法进行一下比较。传统方法中,一般以避难场所为中心,用服务半径画圆,圆内的区域作为该避难场所责任区。这里面有两个关键点:一是把人排除在外,作为标准人来处理,无差异化的处理方法;二是必须由政府或相关单位来组织,将人集中安置在该避难场所内,即采取集中式避难的方法。

与前文研究的比较可以发现,在灾害的初期,避难是缺乏组织的,人的避难活动的开展都是自主型的,人的选择是非常多样的,总体上,人的避难地点的选择是局部集中而整体分散的,很难实现传统方法中的单一中心的避难模式。

传统的规划方法是典型的以避难场所为中心的思路,但是不能反映居民对避难场所的需求特征,也不能反映居民避难行为在空间上的实际分布状况。本书中的避难圈概念,一方面从整体上反映了居民选择避难地点的空间分布;另一方面,也反映了居民能够接受的避难距离的区间范围。

避难圈是由各避难地点连线后形成的,避难地点是避难圈形成的骨架,也是圈形发生变化的关键节点。相邻避难地点的位置关系,避难地点的数量,避难地点与小区的位置关系,都会直接影响到避难圈的形状和规模特征。

避难圈有大有小,有的形状规整,有的形状异形;有的圈上点多,有的点少;有些点上选择的人很多,而有些点上选择的人很少;有些点的面积大,而有些点的面积小;有些点距离很近,而有些点则距离很远;怎样的圈形才是好的,如何对其进行评价,这些结论对规划有着重要的参考价值。

6.2 避难圈的空间特征

避难圈的空间特征,涉及三个关键要素:一是形状,二是规模,三是位置。

避难圈的形状,包括平面构型的基本指标,以及如何来评价这个构型的优劣。不同小区有不同的避难圈构型,有些形状规则,有些形状不规则,需要通过一定的指标来进行描述和比较分析。

避难圈的规模,主要是指避难圈上各避难场所的有效面积能否满足小区居民的需求。每个避难圈上都有或多或少的无效避难点,每个有效避难点的有效面积也有很大差异,居民选择的避难圈的规模一般是多大,与小区规模的关系是怎样的,比较合适的规模应该是多大。

避难圈的位置,主要是指避难圈与小区的空间位置关系是否良好,有无较大偏移。圈形的空间特征属于外在属性,而圈上人流的分布与面积的分布的关系则属于对内在本质问题的探讨,这就需要建立一套指标来进行评价分析。

6.2.1 平面构型

6.2.1.1 顶点数

从平面形式上看,样本小区的避难圈均为不规则多边形,各避难圈在边数和形状上有较大差异。边数的多少,取决于避难圈顶点数的多少。边数与顶点数相同,顶点数代表避难点的数量,与小区周边避难资源的多少有关;避难圈的形状与相邻避难点的位置关系有关。

顶点数量越多,意味着人流也就越分散,各点的人流量也越少;顶点数量越少,意味着人流也就越集中,各点的人流量也越大。

在8个老小区的避难圈中,顶点数最多的是仁义里,有18个顶点;最少的是山西路小区,有7个。顶点数在10个及以上的圈数有5个,占所有老小区数量的62.5%;而10个以下的圈数有3个,平均顶点数为12个;也就意味着,在居民自主选择的情况下,每个小区平均有12个避难点,人流聚集点的分布较为分散。

在10个新小区的避难圈中,顶点数最多的是兴元嘉园,有20个顶点;最少的是月安花园,有7个顶点。顶点数在10个及以上的有6个,占新小区数量的60%;各避难圈平均约有12个顶点。由此可知,新小区和老小区的居民在自主避难的情况下,所选择的避难地点的数量区间是接近的。

6.2.1.2　平滑度

避难圈的平滑度,是指避难圈外边线的弯曲程度,可以用锐角的多少及其大小来衡量。锐角的形成,与三个相邻的顶点的位置关系有关;锐角越小,说明两边顶点之间的距离越小,反之就越大。锐角的大小,也可以成为锐度,即越锐就是越尖,角度越小,相邻避难点的角度关系越小,各自避难距离相差越大。锐角的出现,说明相邻顶点的避难距离有较大差别(图6-2)。一般,内锐角为远点,外锐角为近点。锐角越少,说明相邻顶点到小区形心的距离相近,差距不大,避难圈的形状越平滑;锐角越多,说明各顶点到形心的距离差距很大,避难圈的形状越弯曲。

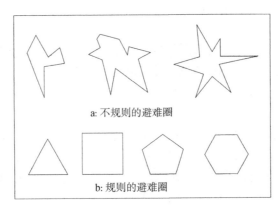

a: 不规则的避难圈

b: 规则的避难圈

图6-2　规则与不规则的避难圈

在老小区中,避难圈上锐角数量最多的是仁义里,有6个锐角;其次是三牌楼,有5个锐角;最少的是瑞金路和工人新村,仅有1个(表6-1),平均有3个锐角。

表6-1　各小区避难圈的锐角数

小区名称	仁义里	三牌楼小区	山西路小区	明华新村	上海路小区	集庆门小区	瑞金路小区	工人新村	平均数
锐角数(个)	6	5	4	3	2	2	1	1	3

在新小区中,避难圈上锐角数量最多的是清江花苑、兴元嘉园和长阳花园,均有5个,最少的是龙凤花园、莫愁新寓、双和园的和月安花园,均有2个;所有小区锐角平均数为3个,与老小区相同(表6-2)。

表 6-2 各小区避难圈的锐角数

小区名称	碧瑶花园	翠杉园	金陵世纪花园	龙凤花园	莫愁新寓	清江花苑	双和园	兴元嘉园	月安花园	长阳花园	平均数
锐角数	3	4	4	2	2	5	2	5	2	5	3

6.2.1.3 平均半径

避难圈的平均半径,是指所有避难圈上的各顶点与小区形心进行连线的平均值,用来表示该避难圈上各顶点到小区形心的平均距离的远近状况。避难圈上的每个顶点都会对应一个直线距离,每个直线距离的大小表示该顶点到小区形心的距离远近。所有直线距离的平均值就反映了该避难圈的边界范围大小。

平均半径的大小与避难点和小区的位置关系,以及小区本身的用地规模大小有关。小区规模大,形心到小区边界的距离就远,则在小区外的避难距离相同的条件下,平均半径就更远。

在老小区中,就平均半径而言,最大的是瑞金路小区,为 543 m;最小的是上海路小区,为 194 m;有 5 个小区的平均半径小于 300 m;301~500 m 之间的有 2 个小区,大于 500 m 的只有 1 个(表 6-3、图 6-3)。

表 6-3 老小区避难圈的平均半径(m)

小区名称	瑞金路小区	集庆门小区	三牌楼小区	山西路小区	仁义里	工人新村	明华新村	上海路小区
连线最大值	1 160	702	627	505	544	354	322	341
连线最小值	137	274	220	59	94	134	132	122
平均半径	543	406	372	293	267	250	213	194

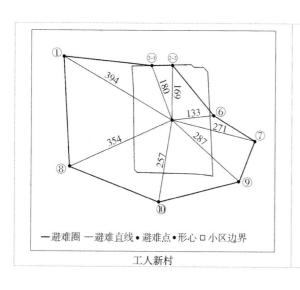

工人新村

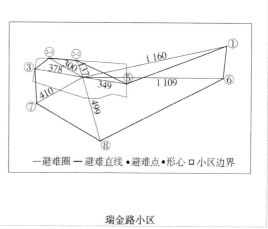

瑞金路小区

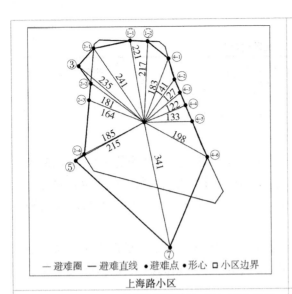

—避难圈 —避难直线 •避难点 •形心 □小区边界

上海路小区

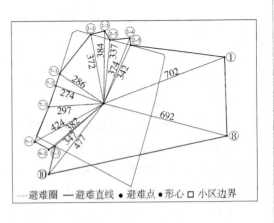

—避难圈 —避难直线 •避难点 •形心 □小区边界

集庆门小区

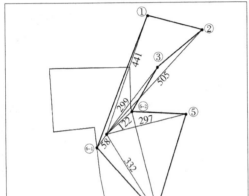

—避难圈 —避难直线 •避难点 •形心 □小区边界

山西路小区

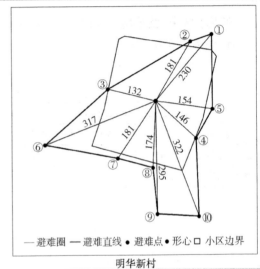

—避难圈 —避难直线 •避难点 •形心 □小区边界

明华新村

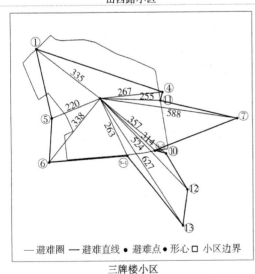

—避难圈 —避难直线 •避难点 •形心 □小区边界

三牌楼小区

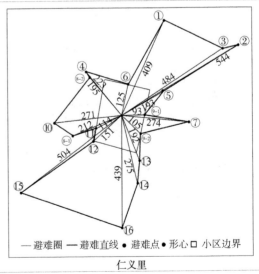

—避难圈 —避难直线 •避难点 •形心 □小区边界

仁义里

图 6-3 老小区避难圈的半径（参见书末彩图）

在新小区中,避难圈的平均半径最大的是龙凤花园,为 396 m;最小的是翠杉园,为114 m;201~300 m 之间的有 2 个小区,包括金陵世纪花园和莫愁新寓;其余 7 个小区避难圈的平均半径均小于 200 m(表 6-4、图 6-4)。

表 6-4　新小区避难圈的平均半径(m)

小区名称	龙凤花园	金陵世纪花园	莫愁新寓	清江花苑	双和园	碧瑶花园	月安花园	长阳花园	兴元嘉园	翠杉园
连线最大值	1 046	1 350	437	260	317	267	194	248	404	708
连线最小值	145	68	2	102	81	29	84	32	19	24
平均半径	396	299	206	180	180	142	141	130	128	114

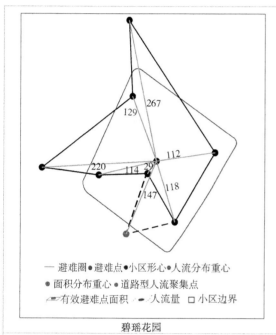

—避难圈 ●避难点 ●小区形心 ●人流分布重心
●面积分布重心 道路型人流聚集点
有效避难点面积 人流量 □小区边界

碧瑶花园

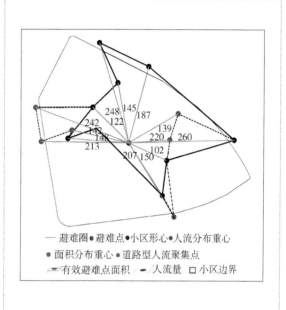

—避难圈 ●避难点 ●小区形心 ●人流分布重心
●面积分布重心 道路型人流聚集点
有效避难点面积 人流量 □小区边界

清江花苑

—避难圈 ●避难点 ●小区形心 ●人流分布重心
●面积分布重心 道路型人流聚集点
有效避难点面积 人流量 □小区边界

翠杉园

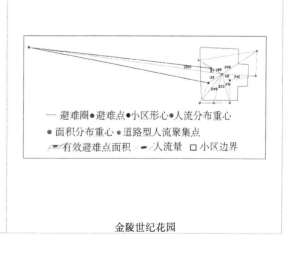

—避难圈 ●避难点 ●小区形心 ●人流分布重心
●面积分布重心 道路型人流聚集点
有效避难点面积 人流量 □小区边界

金陵世纪花园

第 6 章　避难圈的空间特征与评价分析

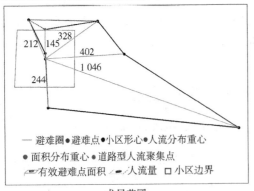

龙凤花园

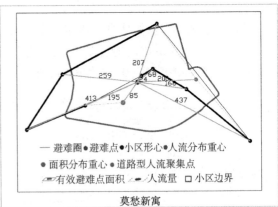

莫愁新寓

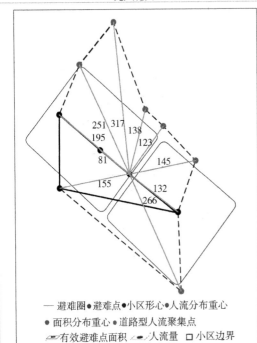

双和园

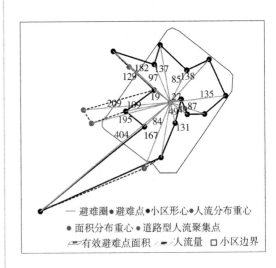

兴元嘉园

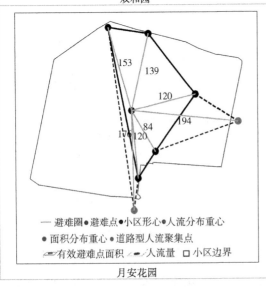

月安花园

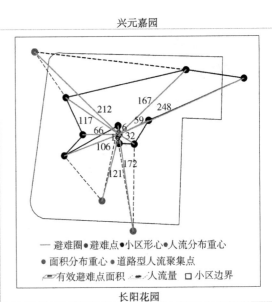

长阳花园

图6-4　新小区避难圈的半径（参见书末彩图）

与老小区相比,新小区避难圈的平均半径要整体小于老小区,新小区避难圈的平均半径多数集中在 100~200 m 之间,平均为 192 m;老小区避难圈的平均半径多数集中在 300 m 左右,平均为 317 m,即为新小区的 1.65 倍。

由上可知,顶点数量越多,避难圈的构型越复杂;反之,顶点数量越少,避难圈的构型就越简单。

如果避难圈上的锐角越少,则平滑度就越好,避难圈圈形的形状越饱满,越规则;反之,锐角越多,则平滑度越差,避难圈圈形的形状就越不规则。

同时,如果避难圈的平均半径越大,则避难圈的规模就越大;反之,就越小。

以样本小区来看,避难圈构型较好的如工人新村,构型不好的小区如三牌楼小区、山西路小区、翠杉园、金陵世纪花园和兴元嘉园等。

6.2.2 规模

避难圈的规模主要是指避难圈的面积。其大小反映了小区居民选择避难空间的范围大小,影响因素包括小区的规模、避难场所的数量与规模、距离等。避难圈规模越大,则说明小区的平均避难距离就越大,避难时间就越多;反之,避难距离就越小,时间越少。涉及一些指标,包括避难圈面积、避难圈面积比值、避难点总面积、人均避难面积等。

避难圈面积,是指避难圈围合空间的用地面积。

避难圈面积比值,是指用避难圈的面积除以小区的面积得到的数值,用来代表避难圈的效率。

避难点总面积,是指避难圈上各避难点的面积之和。

人均避难面积,是指用避难点总面积除以小区的总人口数,用来表示避难圈所能提供的避难资源的充裕程度。

人均紧急避难场所和人均固定避难场所面积分别按照 1 m² 和 2 m² 来计算。

从避难圈面积比值的大小来看,老小区中最高的是仁义里,为 5.11,即避难圈的面积是小区面积的 5.11 倍;最小的是山西路小区,为 0.94;避难圈面积小于小区面积的主要原因是有小区内部避难场所的存在,分流了一部分居民。在 8 个小区中,有 5 个小区的避难圈面积比值小于 2;超过 2 的只有 3 个小区,但是由于这三个小区的比值偏大,导致 8 个小区的避难圈面积比值的平均值约 2.1。通常情况下,避难圈规模的变大,是由于在远处有规模较大的避难场所,从而导致整体避难圈的范围扩大。

在避难圈上有效避难场所的面积多少方面,通过计算人均紧急避难场所面积和人均固定避难场所面积来衡量。从表 6-5 可以看出,在紧急避难场所资源方面,仁义里的人均指标最高,人均紧急避难场所面积为 7.0 m²,人均固定避难场所面积为 3.5 m²;最小的是明华新村,人均紧急避难场所面积为 2.1 m²,人均固定避难场所面积为 1.1 m²。人均指标的多少,与避难圈的大小、避难圈上有效避难点的数量和规模有很大关系。

在紧急避难需求方面,所有老小区都没有问题,各自避难圈上的有效避难场所都能满足各自小区中所有人口对紧急避难用地的需求。但在固定避难需求方面,有 3 个小区不能满足需求,分别是明华新村、三牌楼小区和山西路小区,且缺口比较大(表 6-5)。

表 6-5 老小区避难圈的面积与小区面积

小区名称	仁义里	瑞金路小区	工人新村	集庆门小区	明华新村	上海路小区	三牌楼小区	山西路小区
避难圈面积(m^2)	231 070	543 155	189 149	536 939	101 158	125 143	232 664	108 753
小区用地面积(m^2)	45 232	176 200	81 047	355 863	81 214	107 715	205 235	115 834
避难圈面积比值	5.11	3.08	2.33	1.51	1.25	1.16	1.13	0.94
小区人口数(人)	4 281	12 976	4 905	18 126	9 019	7 367	16 156	5 997
有效避难点数量(个)	9	5	5	3	7	3	5	3
避难点总面积(m^2)	30 103	56 800	29 122	183 538	19 371	61 918	37 400	17 309
人均避难面积(m^2)	7.0	4.4	5.9	10.1	2.1	8.4	2.3	2.9
紧急避难场所面积需求最小值(m^2)	4 281	12 976	4 905	18 126	9 019	7 367	16 156	5 997
人均紧急避难面积(m^2)	7.0	4.4	5.9	10.1	2.1	8.4	2.3	2.9
固定避难场所面积需求最小值(m^2)	8 562	25 952	9 810	36 252	18 038	14 734	32 312	11 994
人均固定避难面积(m^2)	3.5	2.2	3.0	5.1	1.1	4.2	1.2	1.4

新小区方面,从避难圈面积比值的大小来看,最高的是龙凤花园,为 3.18;最小的是月安花园,为 0.14;10 个新小区的比值平均数约 0.72。其中,比值在 1 以下的小区有 9 个,在 0.5 以下的有 5 个,也就是说,只有龙凤花园的比值超过了 1,其他 90% 的小区都小于 1,说明绝大部分小区的避难圈面积都小于其小区的用地面积,即避难圈小于小区边界。老小区避难圈与小区面积平均比例为 2.1 相比,新小区避难圈的规模明显变小,变小的根本原因还是因为多数避难点位于小区内部,从而缩短了避难圈的半径(表 6-6)。

在人均避难资源方面,数量最多的小区依次是翠杉园、碧瑶花园、龙凤花园和金陵世纪花园;最少的依次是清江花苑、莫愁新寓、长阳花园和双和园。

在人均紧急避难面积方面,所有新小区内外的有效避难场所的规模均能满足各自小区内居民紧急避难的需求,但是,不同小区的具体指标有较大差异。翠杉园的指标最高,高达 23.71 m^2;最小的是清江花苑,为 1.56 m^2;10 个新小区的平均值为 7.61 m^2;其中,大于 10 m^2 的小区有 3 个,分别是翠杉园、碧瑶花园和龙凤花园。小于 2 m^2 的小区除了清江花苑外,还有莫愁新寓,莫愁新寓仅为 1.68 m^2,反映出这两个小区内外的有效避难场所的规模偏小。

在短期固定避难面积方面,有 4 个小区不能满足要求,分别是清江花苑、莫愁新寓、双和园和长阳花园,人均指标均低于 2 m^2,无法满足人躺下来或过夜的需求。

表 6-6 新小区避难圈的面积与小区面积

小区名称	碧瑶花园	翠杉园	金陵世纪花园	龙凤花园	莫愁新寓	清江花苑	双和园	兴元嘉园	月安花园	长阳花园
避难圈面积(m²)	28 705.80	29 167.70	63 615.30	266 948.40	79 060.20	62 867.60	18 912.00	21 568.90	11 764.00	22 104.40
小区用地面积(m²)	56 017.10	32 873.30	103 672.90	84 041.90	131 970.70	149 612.80	88 872.00	60 646.00	85 117.90	83 861.40
避难圈面积比值	0.51	0.89	0.61	3.18	0.60	0.42	0.21	0.36	0.14	0.26
小区人口数(人)	2 184	2 142	5 040	5 390	11 109	11 038	3 346	3 157	3 255	3 920
有效避难点数量(个)	3	5	4	5	8	5	4	8	4	7
避难点总面积(m²)	25 143.50	50 793.70	40 784.00	57 667.29	18 700.03	17 176.00	11 118.76	24 820.34	16 422.63	10 327.01
人均避难面积(m²)	11.51	23.71	8.09	10.70	1.68	1.56	3.32	7.86	5.05	2.63
紧急避难场所面积需求最小值(m²)	2 184	214	5 040	5 390	11 109	11 038	3 346	3 157	3 255	3 920
人均紧急避难面积(m²)	11.51	23.71	8.09	10.70	1.68	1.56	3.32	7.86	5.05	2.63
固定避难场所面积需求最小值(m²)	4 368	4 284	10 080	10 780	22 218	22 076	6 692	6 314	6 510	7 840
人均固定避难面积(m²)	5.76	11.86	4.05	5.35	0.84	0.78	1.66	3.93	2.52	1.32

6.3 避难圈的紧凑度

紧凑度,在城市研究领域,被广泛用于研究城市建成区用地的紧凑、饱满程度,具体又分为基于最长轴的形状率法、基于周长的圆形率法和基于外接圆的紧凑度法[218]。在避难空间研究领域,则尚未发现相关研究。紧凑度,是评价避难圈本身圈形的一个重要指标,本书通过研究避难圈的形状率、形状指数、圆形率和最小外接圆等指标,来全面评价各样本小区避难圈的紧凑程度,以期发现避难圈在圈形构型上存在的特点与问题。

6.3.1 形状率

形状率是豪顿(Horton)于 1932 年提出的城市形状测度方法,以区域面积与区域最长轴的比值作为衡量标准。吉伯斯(Gibbs)于 1961 年进行了改进,提出了基于形状率的紧凑度评价方法,将圆形区域视为最紧凑的特征形状,并作为标准度量单位(数值为1),正方形为0.64,离散程度越大,其紧凑度越低[219—220]。公式为:

$$形状率=1.273A/L^2$$

其中,A 为区域面积;L 为区域最长轴。

由于在调查中发现,避难人流选择的部分聚集点并不是有效的避难场所,因此,本书把避难圈分为两类,一是各小区的避难人流分布圈,二是有效避难场所分布圈。通过计算两类圈形的面积和最长轴比例关系,来比较各圈形的紧凑度的高低情况。

在避难场所分布圈的形状率方面,最小值是上海路小区,为0.15,其离散程度最大,紧凑度最小;最大值为山西路小区,为0.50,其离散程度最小,紧凑度最高;平均值为0.32。

在避难人流分布的形状率方面,最小值为仁义里,为0.27,其离散程度最大,紧凑度最小;最大值是集庆门小区,为0.53,其离散程度最小,紧凑度最高;平均值为0.40。

由表6-7可知,大部分样本小区的避难人流分布圈的形状率指数要比其避难场所分布圈的形状率要大,说明前者的离散程度要小于后者,其紧凑度要大于后者。只有山西路小区和三牌楼小区的避难人流分布圈形状率要小于其避难场所分布圈形状率。其中,仁义里和三牌楼的两个圈形形状率差别仅有0.01,数据极小,反映了这两个样本小区各自的两类圈形的形状率比较接近。

表6-7 老小区避难圈的形状率

小区名称	仁义里	上海路小区	集庆门小区	三牌楼小区	明华新村	瑞金路小区	工人新村	山西路小区	平均值
避难人流分布圈	0.27	0.49	0.53	0.33	0.45	0.28	0.53	0.29	0.40
避难场所分布圈	0.26	0.15	0.20	0.34	0.42	0.23	0.44	0.50	0.32
差值	0.01	0.34	0.33	-0.01	0.03	0.05	0.09	-0.21	0.08

新小区中,在有效避难圈的形状率方面,最大值是清江花苑的0.49,最小值是金陵世纪花园的0.04;在避难人流分布圈的形状率方面,最大值是碧瑶花园的0.38,最小值是翠杉园的0.06(表6-8)。由此可见,新小区两类圈形的形状率数值均较低,说明其紧凑度均较差。

表6-8 新小区避难圈的形状率

小区名称	碧瑶花园	翠杉园	世纪花园	龙凤花园	莫愁新寓	清江花苑	双和园	兴元嘉园	月安花园	长阳花园
避难人流分布圈	0.38	0.06	0.07	0.23	0.17	0.29	0.31	0.21	0.35	0.33
避难场所分布圈	0.36	0.06	0.04	0.24	0.17	0.49	0.23	0.12	0.23	0.22
差值	0.02	0.00	0.03	-0.01	0.00	0.20	0.08	0.09	0.12	0.11

6.3.2 形状指数

形状指数原来用于城市土地形态的研究,其公式为:

$$I=P/A$$

式中,I 为某种土地类型的某个图斑的形状指数;P 为某种土地类型的某个图斑的周长;A 为与该土地类型图斑等面积的圆的周长。

一般来说,$I<1.3$,表示形状极简单;$I=1.3\sim1.7$,表示图斑形状简单;$I=1.7\sim2.3$,表示形状较简单;$I=2.3\sim3.7$,表示图斑形状较复杂;$I=3.7\sim5.5$ 表示形状图斑形状复杂;$I>5.5$,表示图斑形状极复杂[221]。

本书中,借用该指数的计算原理来分析样本小区两类圈形的周长与其等面积圆形的圆的周长的比值,来分析和比较各自的紧凑度。

在避难人流分布圈方面,最小值是工人新村的 1.13,最大值是仁义里的 1.93,平均值是1.45。集庆门小区、上海路小区和工人新村的形状指数小于 1.30,形状极简单;三牌楼小区、明华新村、瑞金路小区和山西路小区的形状指数在 1.30～1.70 之间,形状简单;只有仁义里的形状指数高于 1.70,形状较简单。

在避难场所分布圈方面,最小值是工人新村的 1.21,最大值是上海路小区的 1.75,平均值是 1.46。工人新村和山西路小区的形状指数小于 1.30,形状极简单;在 1.30～1.70 之间的小区有仁义里、集庆门小区、三牌楼小区、明华新村、瑞金路小区,形状简单;大于 1.70 的只有上海路小区,形状较简单。

样本小区的两类圈形形状指数的比较方面,各自的避难场所分布圈形状指数普遍大于避难人流分布圈的形状指数。其中,差距最大的是上海路小区,为－0.59;而仁义里的两类圈形形状指数之差为正值最大,为 0.45;差值最小的是明华新村和瑞金路小区,均为－0.02(表 6－9)。

表 6－9　老小区避难圈的形状指数

小区名称	仁义里	上海路小区	集庆门小区	三牌楼小区	明华新村	瑞金路小区	工人新村	山西路小区	平均值
避难人流分布圈	1.93	1.16	1.20	1.66	1.38	1.46	1.13	1.68	1.45
避难场所分布圈	1.48	1.75	1.59	1.51	1.40	1.48	1.21	1.29	1.46
差值	0.45	－0.59	－0.39	0.15	－0.02	－0.02	－0.08	0.39	－0.01

新小区中,有效避难圈的形状指数小于 1.3 的只有一个小区,是龙凤花园的 1.28,说明其形状极简单。指数在 1.3～1.7 之间的有 5 个小区,分别是碧瑶花园、清江花苑、双和园、月安花园、长阳花园,其形状简单;指数在 1.7～2.3 之间的小区有 1 个,是莫愁新寓的 2.00,其形状较简单;指数在 2.3～3.7 之间的有 3 个小区,分别是翠杉园、金陵世纪花园和兴元嘉园,其形状复杂。

在人流分布圈的形状指数方面,1.3～1.7 之间的有 4 个,分别是碧瑶花园、龙凤花园、双和园和月安花园,其形状简单;1.7～2.3 之间的有 3 个小区,分别是莫愁新寓、清江花苑和长阳花园,其形状较简单;2.3～3.7 之间的有 3 个小区,分别是翠杉园、金陵世纪花园和兴元嘉园,其形状较复杂(表 6－10)。

表 6 - 10　新小区避难圈的形状指数

小区名称	碧瑶花园	翠杉园	金陵世纪花园	龙凤花园	莫愁新寓	清江花苑	双和园	兴元嘉园	月安花园	长阳花园
避难人流分布圈	1.59	3.23	2.89	1.50	2.00	2.01	1.41	2.34	1.48	2.07
避难场所分布圈	1.35	2.96	2.84	1.28	2.00	1.37	1.51	2.58	1.49	1.59
差值	0.24	0.27	0.06	0.23	0.00	0.64	—0.10	—0.24	—0.01	0.47

6.3.3　圆形率

圆形率是米勒(Miller)于 1963 年提出的城市形状测度方法,以区域面积与区域周长的比值关系作为衡量标准。里查得森(Richardson)后来进行了改进,提出了基于圆形率的紧凑度评价方法,将圆形区域视为最紧凑的特征形状,并作为标准度量单位(数值为1),其他任何形状区域的紧凑度均小于1,离散程度越大,其紧凑度越低,因此,更便于不同区域或城市之间的比较[222-226]。公式为:

$$C = 2\sqrt{\pi A}/P$$

式中,C 指城市的紧凑度,A 是城市面积,P 指城市轮廓周长。

当斑块为圆形时,C 为最大值 1,C 值越接近于 1,表示斑块形状与圆越相近,图形越规则;其值越小,则表明斑块形状与圆形相差越大,形状越不规则。

城市外围轮廓形态的紧凑度被认为是反映城市空间形态的一个重要基本概念,本书借用圆形率的方法来分析比较各样本小区避难圈的紧凑度情况。

老小区中,在避难人流分布圈方面,圆形率最小值为仁义里的 0.52,其圈形的紧凑度最低;最大值是工人新村的 0.88,其圈形的紧凑度最高。在避难场所分布圈方面,圆形率最小值为上海路小区的 0.57,其圈形的紧凑度最低;圆形率最大值是工人新村的 0.83,其圈形的紧凑度最高。

在两个圈形圆形率的比较方面,所有样本小区两圈形的圆形率差值均小于 0.3,其中,三牌楼小区、明华新村、瑞金路小区和工人新村两圈形的圆形率差值均在 0.1 以下,最小的是明华新村,差值为 0.01。这反映了各小区的两类圈形的圆形率指标上差别很小(表 6 - 11)。

表 6 - 11　老小区避难圈的圆形率

小区名称	仁义里	上海路小区	集庆门小区	三牌楼小区	明华新村	瑞金路小区	工人新村	山西路小区	平均值
避难人流分布圈	0.52	0.86	0.83	0.60	0.73	0.69	0.88	0.59	0.71
避难场所分布圈	0.68	0.57	0.63	0.66	0.72	0.67	0.83	0.77	0.69
差值	—0.16	0.29	0.2	—0.06	0.01	0.02	0.05	—0.18	0.02

新小区中,在有效避难圈的圆形率方面,数值最大的是龙凤花园的 0.78,最小的是翠杉园的 0.34;在避难人流圈的圆形率方面,最大值是双和园的 0.71,最小值是翠杉园的 0.31。

新小区的两类圈形的圆形率的数值均偏低,其紧凑度一般(表 6-12)。

表 6-12 新小区避难圈的圆形率

小区名称	碧瑶花园	翠杉园	金陵世纪花园	龙凤花园	莫愁新寓	清江花苑	双和园	兴元嘉园	月安花园	长阳花园
避难人流分布圈	0.63	0.31	0.34	0.67	0.50	0.50	0.71	0.43	0.68	0.48
避难场所分布圈	0.74	0.34	0.35	0.78	0.50	0.73	0.66	0.39	0.67	0.63
差值	−0.11	−0.03	−0.01	−0.12	0.00	−0.23	0.05	0.04	0.01	−0.15

6.3.4 最小外接圆

最小外接圆是库勒(Cole)于 1964 年提出的城市紧凑度评价方法,以最小外接圆为标准来衡量城市或区域的形状特征。圆形的区域面积与最小外接圆完全重合,紧凑度为 1,属于最紧凑的形状,正方形的紧凑度为 63.7%。该方法避免了计算城市周长的烦琐,因而简单适用[227-228]。公式为:

$$紧凑度 = A/A'$$

式中,A 为区域面积,A' 为该区域最小外接圆面积。

$CI = 1$ 时,最紧凑;CI 趋于 0 时,最不紧凑;CI 越小,区域的形状越不紧凑。CI 越接近 1,其外形越接近于圆形。

本书借用最小外接圆的方法,来计算避难圈的紧凑度。

在避难人流分布圈方面,在 8 个老小区中,紧凑度最小值为仁义里的 0.27,最大值是集庆门的 0.53,平均值为 0.39;同时,紧凑度小于 0.5 的小区有 6 个,大于 0.5 的只有两个,说明所有样本小区的避难人流圈构型普遍不接近于圆形,紧凑度整体水平偏低。

在避难场所分布圈方面,紧凑度最小值为上海路小区的 0.09,最大值为工人新村的 0.44,平均值为 0.28;反映了所有样本小区的避难场所分布圈构型与其最小外接圆的形状相近度很低(表 6-13)。

表 6-13 老小区避难圈的最小外接圆数据

小区名称	仁义里	上海路小区	集庆门小区	三牌楼小区	明华新村	瑞金路小区	工人新村	山西路小区	平均值
避难人流分布圈	0.27	0.49	0.53	0.32	0.40	0.28	0.52	0.29	0.39
避难场所分布圈	0.16	0.09	0.19	0.33	0.38	0.22	0.44	0.41	0.28
差值	0.11	0.40	0.34	−0.01	0.02	0.06	0.08	−0.12	0.11

同时,就整体水平而言,老小区避难场所分布圈的紧凑度低于避难人流分布圈的紧凑度,说明避难人流的分布相对避难场所的分布要相对均衡一些,但是,离理想状态圆形均衡分布状态还是有较大的差距(图 6-5)。

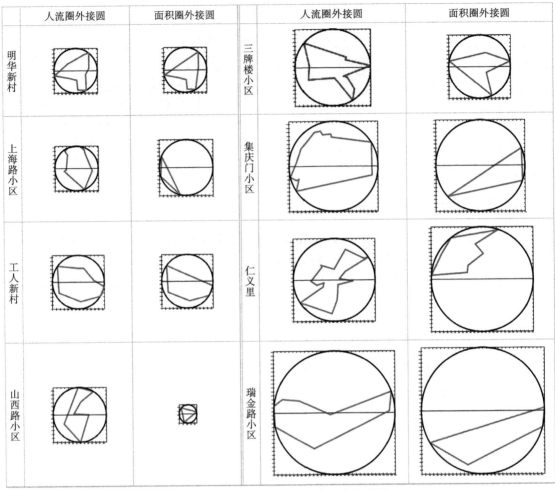

图 6-5　老小区最小外接圆(参见书末彩图)

在新小区中,避难人流分布圈方面,紧凑度最小值是翠杉园的 0.06,最大值是碧瑶花园的 0.38,平均值为 0.22。在避难场所分布圈方面,紧凑度最小值是金陵世纪花园的 0.01,最大值是清江花苑的 0.44,平均值为 0.20(图 6-6、表 6-14)。由此可知,整体而言,新小区两类圈的紧凑度情况都比较差。与老小区相比,新小区的数据都偏低,说明老小区两类圈的紧凑度整体优于新小区。

表 6-14　新小区避难圈的最小外接圆数据

小区名称	碧瑶花园	翠杉园	金陵世纪花园	龙凤花园	莫愁新寓	清江花苑	双和园	兴元嘉园	月安花园	长阳花园
避难人流分布圈	0.38	0.06	0.07	0.21	0.17	0.28	0.28	0.18	0.33	0.28
避难场所分布圈	0.34	0.05	0.01	0.21	0.17	0.44	0.22	0.12	0.21	0.22
差值	0.04	0.01	0.06	0.00	0.00	—0.16	0.06	0.06	0.12	0.06

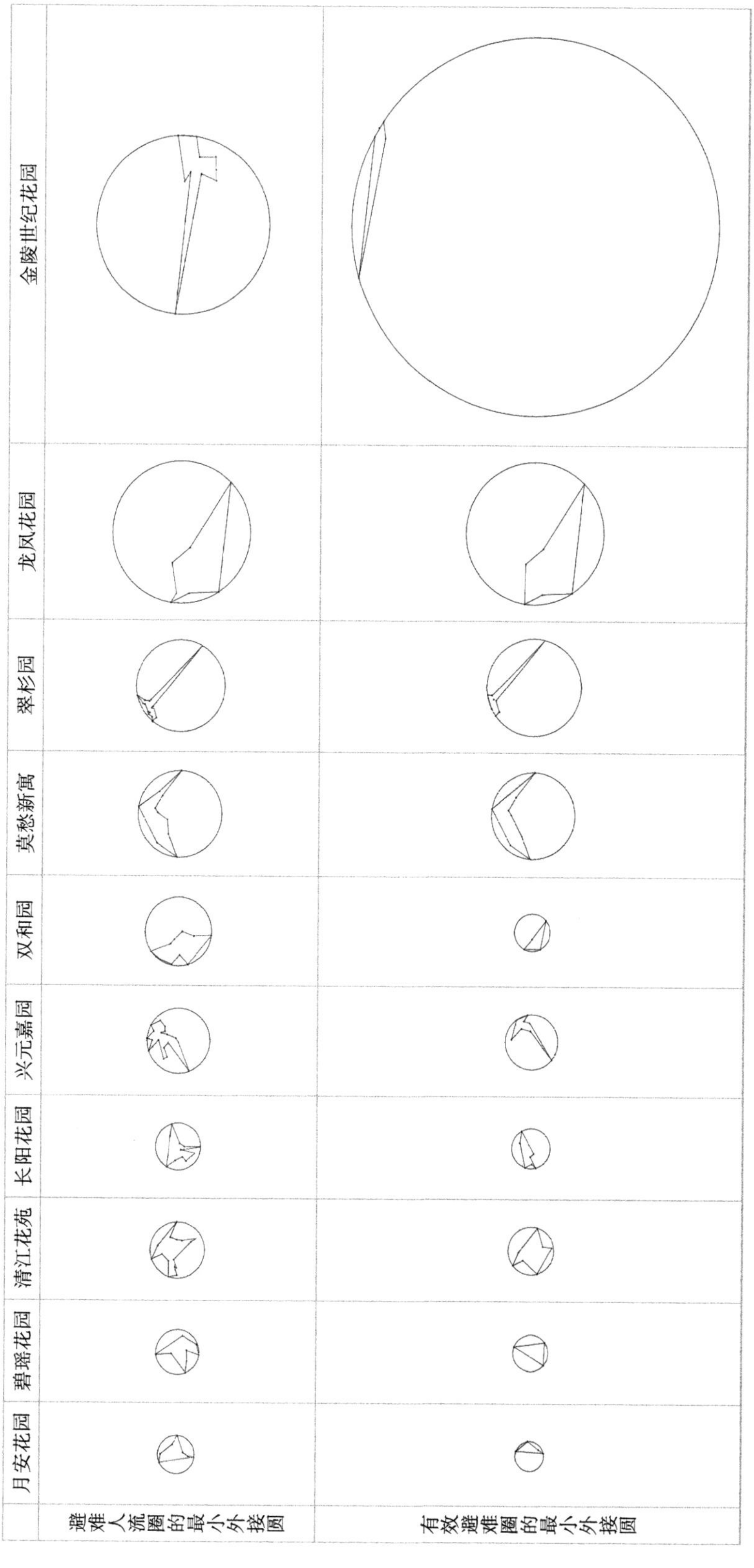

图 6－6　新小区最小外接圆

6.4　避难圈重心的偏离度

避难圈的均衡性体现在避难圈的重心与样本小区形心的重叠程度,可以等同于用其重心与小区形心的重叠度来衡量,重叠度与两心间距成反比。避难圈的重心如果与小区的形心一致,则说明避难圈的构型较好,各方向上避难场所的分布均衡,避难人流分布均衡;距离越近,则位置偏差越小,重叠度越高;反之,重心与形心的偏差距离越远,重叠度越低,则避难场所分布的均衡性越差,避难圈平面构型的优良度就越差,避难人流分布越不均衡,大人流方向上的拥挤度偏高。

6.4.1　重心的相关概念

6.4.1.1　居住小区的形心

居住小区的形心,就是其几何中心。对样本小区而言,均为行列式布局的多层居住小区,其住宅建筑的分布密度均匀,因此,可以把小区的形心等同于重心。这个重心,既是建筑重心,又是人口重心,对本书而言,主要用到的是人口重心,是日常状态下小区内人口均匀分布的状态下所得的。

6.4.1.2　避难人流的分布重心

在紧急状态下,居民四处逃生,分别选择不同的地点进行避难,不同地点聚集的人数存在很大差异,而且,各人流聚集点离小区的距离也不同。因此,这些人流聚集点连线而成的该小区避难圈的重心,多数情况下与小区形心不重叠;人流重心一般会靠近人流量较大的避难地点。人流重心与小区形心的位置偏差越大,则避难圈上人流分布的均衡性就越差;反之,就越好。位置偏差可以用两点连线的长度来表示,通过分析不同线段的长短,就可以比较出不同小区人流分布的均衡性好坏。

在老小区中,瑞金路小区、集庆门小区、山西路小区的人流重心都非常明显地靠近大的人流聚集点。人流分布重心位于小区边界外的有工人新村和山西路小区。其中,山西路小区的人流分布重心甚至位于避难圈的外面,反映出该小区的人流分布非常不均衡。相反,人流重心位于小区内部,且位置相对居中的有上海路小区、三牌楼小区和仁义里,其人流分布的均衡性较好(图6-7)。

人流重心脱离小区,反映出大人流聚集点距离小区较远,且人流聚集点分布不均衡,存在着明显的某一边或某两边较重,其他边较轻的现象。例如,工人新村的避难人流集中在小区东侧;瑞金路小区的人流集中在小区西侧和北侧。

上海路小区没有明显的大规模人流聚集点,西侧的人流量比东侧略多;仁义里没有明显的大人流聚集点,东侧和西侧均有分布;明华新村的大人流集中在小区北侧和南侧;三牌楼小区的大人流集中在小区的东南角和西北角;集庆门小区的人流集中在东侧较远的避难地点;山西路小区的人流集中在小区东侧和东北角。

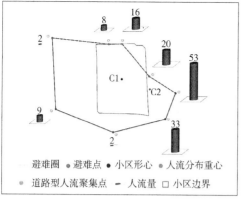

工人新村

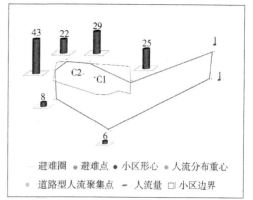

瑞金路小区

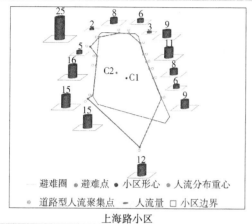

上海路小区

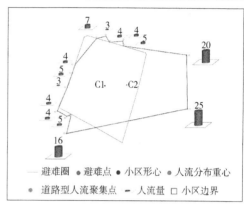

集庆门小区

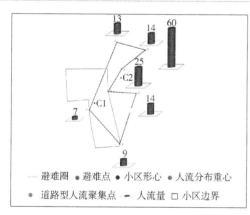

山西路小区

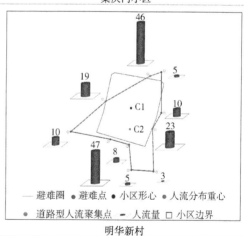

明华新村

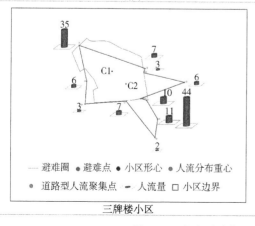

三牌楼小区

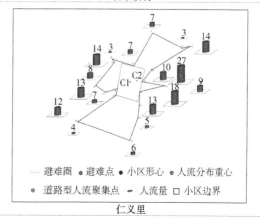

仁义里

图 6-7 老小区避难圈上的人流重心（参见书末彩图）

在新小区中,人流重心位于小区内部,且位置相对居中的仅有清江花苑,说明其人流分布较为均衡。相反,人流分布重心位于避难圈边界外的有兴元嘉园和双和园,反映出此两个小区的人流分布非常不均衡。同时,莫愁新寓、翠杉园的人流重心位于避难圈的边线上;人流重心比较接近避难圈边线的有长阳花园、月安花园和龙凤花园。说明有7个小区的人流重心与小区形心有较大偏差,人流分布较为不均衡。以长阳花园、龙凤花园和月安花园为例,人流主要集中在1~2个地点上,从而导致人流重心比较接近避难圈的边线。

碧瑶花园中人流规模最大的地点在小区内部,小区外的地点人流量相对较少。翠杉园的人流分布较为分散,人流量较大的点在小区内外均有分布。龙凤花园的人流分布较为集中,有两个人流量较大的人流聚集点,小区内外各有一处,其他地点的人流量相对明显减少。莫愁新寓的人流分布与龙凤花园比较类似,也是两个人流量较大的聚集点,分处小区内外,其他点的人较少。在清江花苑中,小区内部中心绿地上人流量最大,秦淮河边的人流量次之,其他地点的人流量明显较少。兴元嘉园中,大流量的聚集点有3处,小区内部绿地上有2处,小区外有1处。双和园的人流较为分散,小区内部绿地的人流量最大,其余人较多的地点大部分在小区外部。金陵世纪花园,是一个典型案例,小区内部中心绿地上的人数要远远高于其他地点。月安花园也是只有一个大型人流聚集点,位于小区中心绿地旁的操场上。长阳花园也是如此,小区中心绿地的人流量最大,其他地点都很少(图6-8)。

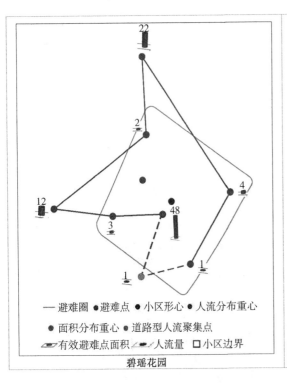

碧瑶花园

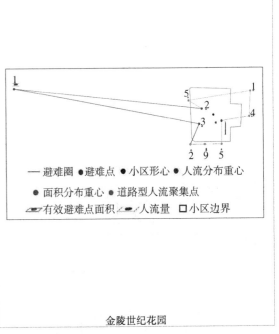

金陵世纪花园

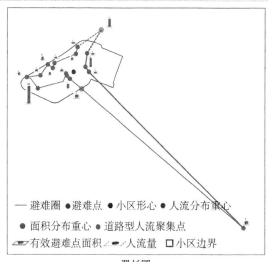

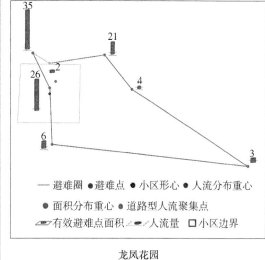

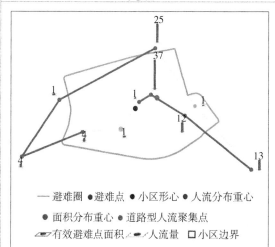

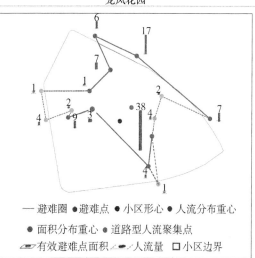

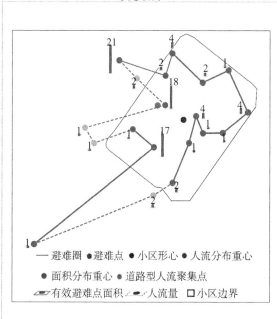

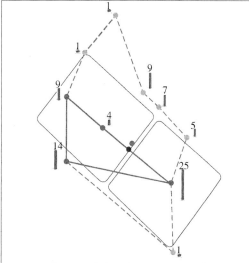

翠杉园　　　　　　　　　　　　　　　龙凤花园

莫愁新寓　　　　　　　　　　　　　　清江花苑

兴元嘉园　　　　　　　　　　　　　　双和园

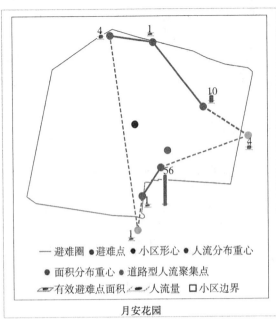

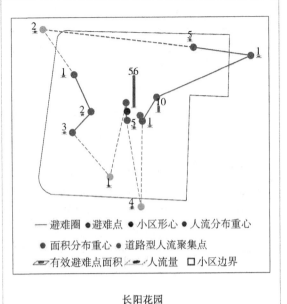

| 月安花园 | 长阳花园 |

图6-8 新小区避难圈上的人流重心（参见书末彩图）

6.4.1.3 避难场所的面积重心

避难圈上各顶点的避难有效性,是指各顶点是否能够为居民提供安全有效的避难服务。有些人流聚集点没有充裕的场地面积,不能作为避难场所来使用。因此,这些地点就属于无效的避难点。在小区现状的避难圈上,道路型人流聚集点的数量越多,则顶点的避难无效率越高;反之,若道路型人流聚集点的数量越少,则顶点的避难无效率越低,有效率越高。在调查中,发现此类型的地点多为小区出入口、城市道路及其交叉口。若判定该点为无效避难点,则可以确定该点是未来需要改造的点。处理方法包括在小区出口处拓宽场地,或者分流人流到其他地点等。

在表6-15中,8个小区避难圈上的道路型人流聚集点数量依次排列,最多的是上海路小区和集庆门小区,分别有12个和11个,分别占各自所有顶点数的80%和78.6%;最少的是工人新村和明华新村,均只有3个,分别占各自所有顶点数的37.5%和30.0%。顶点上无效避难点的比例越高,则意味着到小区出入口进行避难的人越多。如图6-9所示,避难圈上蓝绿色的点都是无效的避难地点。

表6-15 各小区避难圈上顶点中的无效避难点数

小区名称	上海路小区	集庆门小区	山西路小区	三牌楼小区	仁义里	瑞金路小区	工人新村	明华新村	平均值
顶点数	15	14	7	11	18	8	8	10	11.4
道路型人流聚集点数	12	11	4	6	9	4	3	3	6.5
顶点数的避难无效率	80.0%	78.6%	57.1%	54.5%	50.0%	50.0%	37.5%	30.0%	57.0%

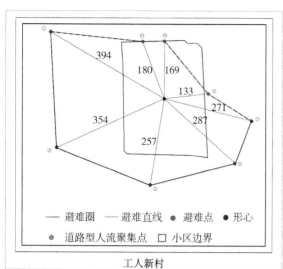

工人新村

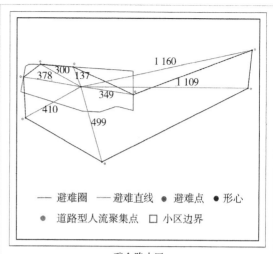

瑞金路小区

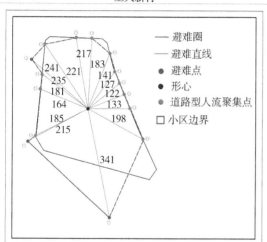

上海路小区

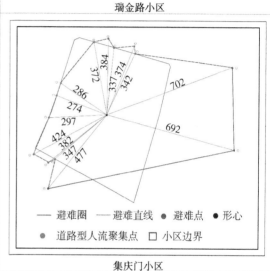

集庆门小区

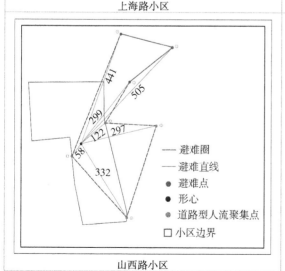

山西路小区

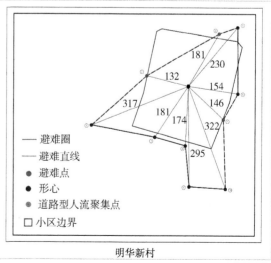

明华新村

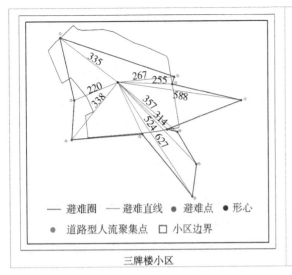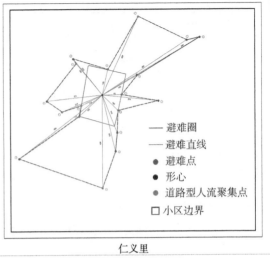

三牌楼小区   仁义里

图6-9 老小区避难圈上的无效避难点(参见书末彩图)

居住小区的真正有效的避难圈,是排除了那些无效地点的圈形。有效避难圈上的各个有效避难场所的面积有大有小,代表其能够容纳的人数也不同。不同规模大小的避难场所在空间上的分布位置不同,将会影响小区内部人群的流向和人群数量在空间上的分布。在距离、可达性和熟悉程度等条件相同的情况下,面积大的避难场所对居民的避难吸引力应该会大于面积小的避难场所。由此可以推测,在现状样本小区的各避难场所面积存在较大差异的情况下,必然会引发人群向某些规模大的避难场所的聚集。如果出现这样的现象,将会出现人流分布非常不均衡的情况。比较理想的状态是,小区内外各个地点的有效面积相似,人流向小区的各个方向流动,各个地点上人流分布相对均衡,不会产生过度拥挤的情况。因此,需要对不同规模的避难场所在避难圈的分布,以及与小区的位置关系进行分析。

避难场所的面积重心,是指有效避难圈上的面积不同的各个避难场所的共同重心。当避难场所的面积重心和小区形心重叠时,说明各个避难场所在小区形心周边的分布非常均衡。相反,当避难场所的面积重心与小区形心有较大距离时,说明避难场所的分布非常不均衡。

从图6-10中可以看出,在老小区中,避难场所的面积重心在小区避难圈边线外面的有三牌楼小区、集庆门小区、上海路小区、瑞金路小区和山西路小区;面积重心在小区避难圈边线上或者非常接近边线的有上海路小区;面积重心在小区避难圈内部,但位置较偏,且接近小区边界的有工人新村和明华新村。在所有老小区中,避难场所的面积重心在小区避难圈内部,且位置居中的情况,没有出现,说明整体而言,不同规模避难场所的分布很不均衡,与小区边界的位置关系不理想。

工人新村的避难场所面积重心虽然在小区边界内部,但是由于面积较大的几个避难场所均偏向小区的东侧和南侧,故而导致面积重心偏向小区的东南侧,且接近小区边界。明华新村的情况与工人新村比较类似。

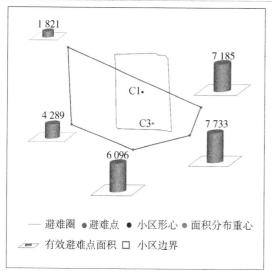

工人新村

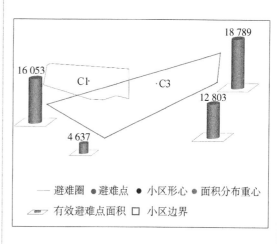

瑞金路小区

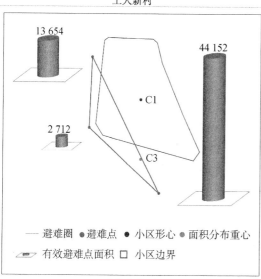

上海路小区

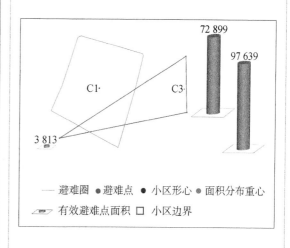

集庆门小区

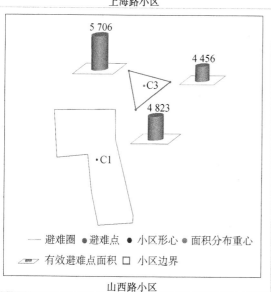

山西路小区

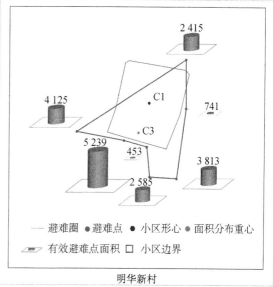

明华新村

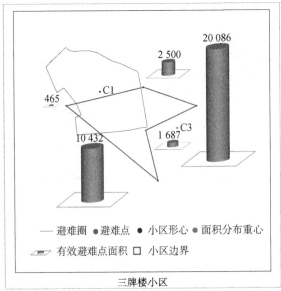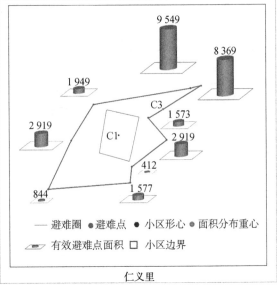

图 6 - 10　老小区避难圈上的避难场所重心（参见书末彩图）

　　瑞金路小区，由于几个面积较大的避难场所离小区较远，因此，有效避难圈与小区边界的位置关系非常不理想，仅覆盖了小区的东南一角，小区内部其余大部分地区都没有被覆盖到。同时，避难场所的面积重心也出现在小区边界以外，且与小区形心的距离较远。

　　三牌楼小区、集庆门小区、上海路小区的情况与瑞金路小区非常类似，也是由于个别大避难场所的出现，有效避难圈仅覆盖小区一角，避难场所的面积重心在小区外面。

　　山西路小区的情况比较极端，由于有效避难场所距离小区较远，从而使得有效避难圈完全与小区脱离。虽然避难场所的面积重心位于避难圈的重心位置，但是离小区形心的距离偏远，反映出该小区周边避难场所的分布非常不均衡。

　　从图 6 - 11 可以看出，在新小区中，避难场所的面积重心在小区避难圈边线外面的有碧瑶花园；面积重心在小区中部但在避难圈边线外面的有莫愁新寓；面积重心在小区避难圈边线上或者非常接近边线、且在小区边界外面的有翠杉园；面积重心在小区内部，但在避难圈边界上的有双和园、兴元嘉园、月安花园；面积重心在小区避难圈的中部但在小区边界外面的有龙凤花园、金陵世纪花园；面积重心在小区内部、且也在避难圈内部的有长阳花园、清江花园。

　　在所有新小区中，避难场所的面积重心在小区避难圈内部，且位置居中的情况，没有出现，同样也说明，各新小区内部不同规模的避难场所在空间分布上，与小区边界的位置关系不理想。

　　碧瑶花园，有两个规模较大的避难场所在小区西侧，小区中部的避难场所面积偏小，导致避难场所的面积重心明显西斜，落在小区边界以外。翠杉园，小区内部的避难场所面积偏小，其外部东南侧的避难场所规模较大，导致避难场所的面积重心远离小区。龙凤花园内部有一处中心绿地，但是规模不大，规模较大的几个避难点都分布在小区的北侧和东南侧，使得避难场所的面积重心与小区脱离。

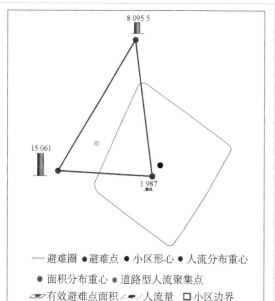

碧瑶花园

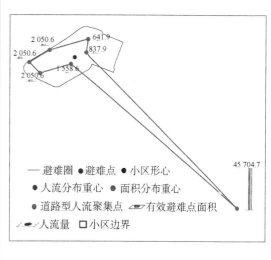

翠杉园

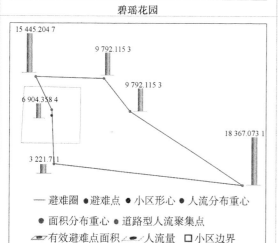

龙凤花园

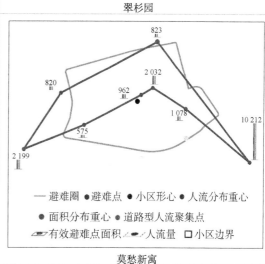

莫愁新寓

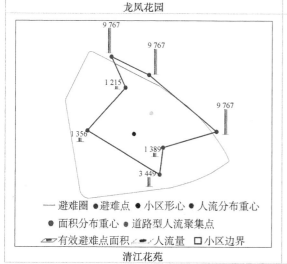

清江花苑

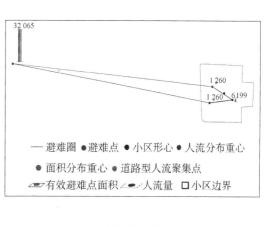

金陵世纪花园

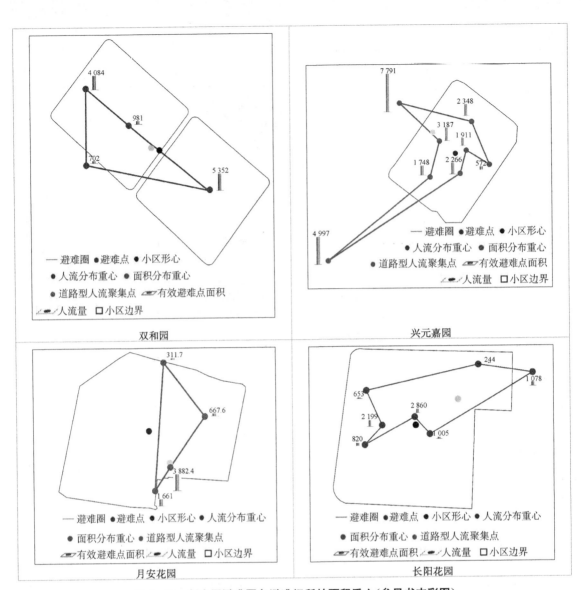

图 6-11　新小区避难圈各避难场所的面积重心（参见书末彩图）

6.4.2　偏离三角形的构建

所谓偏离三角形,是指由避难人流分布圈重心、避难场所分布圈重心与样本小区形心构成一个三角形。偏离三角形的构建,是为了分析避难人流分布与避难场所分布的对应性程度的。因为,在很多情况下,避难人流的分布与避难场所的分布存在着不对应性,这也反映了避难场所的位置选址存在一定的问题。为了分析和比较不同小区的避难人流分布与避难场所分布的偏离程度,故而笔者提出了这一概念。通过借助分析偏离三角形的面积、周长和高宽比来分析具体的偏离度。

避难人流分布圈重心,是指小区避难人流聚集点构成的圈形的重心,表示了人流圈的重心;避难场所分布圈重心,是指有效避难场所构成的圈形的面积重心,表达了各规模不同的避难点的重心。小区形心,是指小区的几何中心,也等同小区在避难前的人流分布重心。

在图 6-12 和图 6-13 上,C1 是小区形心,C2 是人流圈重心,C3 是有效避难点圈面积重心。在三角形中,C1—C2 边长代表人流圈重心偏离小区形心的距离;C1—C3 边长代表有效避难点圈面积重心偏离小区形心的距离;C2—C3 边长代表有效避难点圈面积重心偏离人流圈重心的距离。

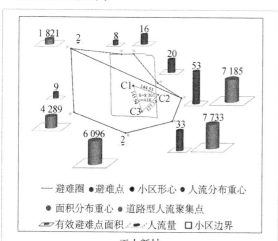

工人新村

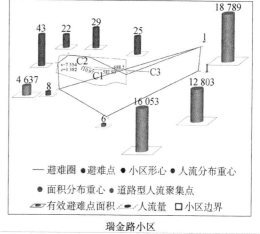

瑞金路小区

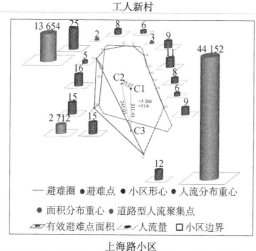

上海路小区

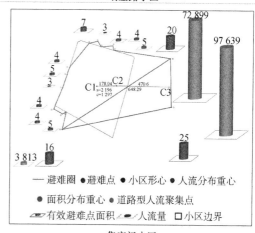

集庆门小区

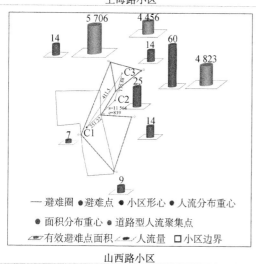

山西路小区

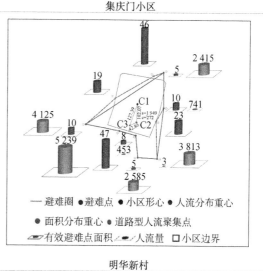

明华新村

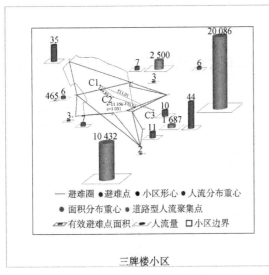

三牌楼小区

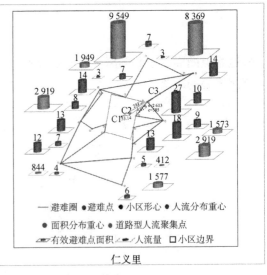

仁义里

图6-12 老小区避难圈重心的偏离距离(参见书末彩图)

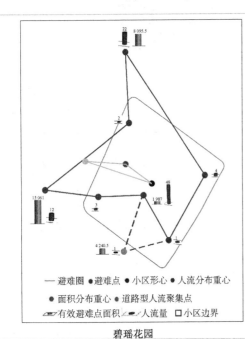

碧瑶花园

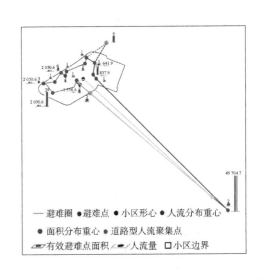

翠杉园

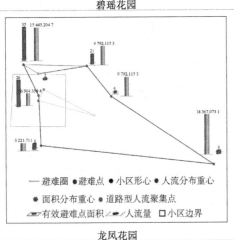

龙凤花园

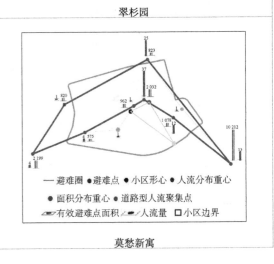

莫愁新寓

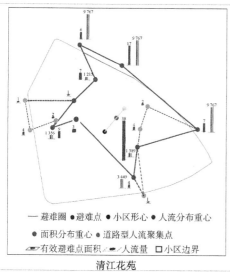

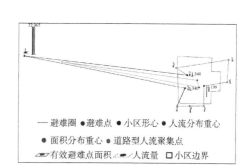

清江花苑

金陵世纪花园

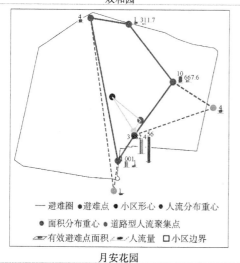

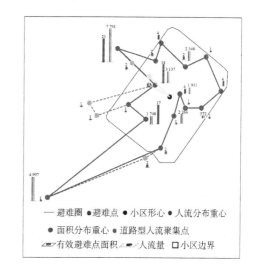

双和园

兴元嘉园

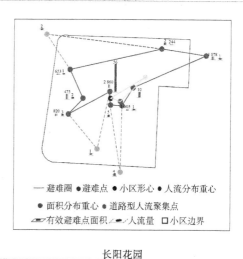

月安花园

长阳花园

图6-13　新小区避难圈重心的偏离距离(参见书末彩图)

边长越长,代表偏移距离越大。三角形的某条边长相对其他两边较长,则表示该边线所代表偏移距离较大;反之,则代表偏移距离较短。三角形的周长代表了三条边的总长度,其周长越长,则表示总偏移距离越大。

6.4.3　偏离度分析

本书对偏离三角形的分析,主要借助三角形的三个关键指标,即面积、周长和高宽比来进行,三个指标从不同方面反映了三角形的状态。

6.4.3.1　面积

面积这一指标,反映了三角形的规模大小。如果偏离三角形的面积越大,则代表偏离度越高;反之,则偏离度越小。

在老小区中,偏离三角形的面积在 5 000 m² 以下的有 3 个小区,分别是明华新村、集庆门小区和仁义里;在 5 000～10 000 m² 之间有 3 个小区,分别是上海路小区、瑞金路小区和工人新村;在 10 000 m² 以上的有两个小区,分别是三牌楼小区和山西路小区(表 6-16)。

表 6-16　老小区偏离三角形的各项指标

指标	明华新村	集庆门小区	仁义里	上海路小区	瑞金路小区	工人新村	三牌楼小区	山西路小区	平均值
三角形面积(m²)	1 949	2 196	2 613	5 206	7 554	8 301	11 356	11 564	6 342
三角形周长(m)	272	1 297	585	514	1 382	418	1 031	839	792

新小区的情况比较多样,就偏离三角形的面积数据来讲,最小的要远小于老小区中的最小值,最大的也要远大于老小区中的最大值。说明整体上,数据的分布比较分散。如果再进一步分析,就会发现,在新小区中,其实主要是有两个小区的数据明显偏大,远远大于其他小区,分别是翠杉园和金陵世纪花园。而其他 8 个小区的数据情况,整体要比老小区小;也就是说,老小区避难圈的重心偏离度要比新小区要大。

具体而言,偏离三角形的面积在 1 000 m² 以下的有 5 个小区,分别是清江花苑、双和园、兴元嘉园、月安花园和长阳花园。面积在 1 000～2 000 m² 之间的只有 1 个,即碧瑶花园;面积在 2 000～5 000 m² 的没有,面积在 5 000～10 000 m² 的有 2 个,分别是翠杉园和莫愁新寓;面积在 10 000～20 000 m² 的有 1 个,是龙凤花园;面积在 20 000 m² 以上的只有金陵世纪花园(表 6-17)。

从数据上来看,双和园的偏心三角形面积最小,三边长最短,形状也较为匀称,是最好的一个案例。清江花园,小区形心、避难场所面积重心和人流重心在一条直线上,直线长度也较短,整体情况还是比较好的。同时,兴元嘉园、月安花园和长阳花园的偏心三角形的数据和形状也相对较好。莫愁新寓和龙凤花园的偏心三角形面积和边长数据均偏大,相对较差。

表 6-17　新小区偏离三角形的各项指标

指标	清江花苑	双和园	兴元嘉园	月安花园	长阳花园	碧瑶花园	翠杉园	莫愁新寓	龙凤花苑	金陵世纪花园	平均值
三角形面积(m²)	0	147	577	835	867	1 456	7 111	7 300	10 528	26 514	5 534
三角形周长(m)	84	61	158	170	201	294	1 299	471	705	2 196	564

6.4.3.2 周长

周长是指偏离三角形的三个边的边长之和,周长越大则代表偏离度越高,反之,则偏离度越小。如前文所述,面积小,不代表三角形就小,还需要结合周长来综合判断。

(1) 老小区

如集庆门小区,其偏心三角形面积不大,但是其周长却不小,属于非常窄长的三角形,说明其形状并不好,主要是避难场所的面积重心离小区形心和人流重心距离太远所致。同样情况的还有瑞金路小区和三牌楼小区,都是因为规模较大的避难场所距离小区较远,选择的人又少,从而导致偏心三角形的形状非常不好。仁义里和上海路小区的情况有点类似,但是避难场所重心的远离程度还好一些。山西路小区的情况有点不太一样,人流重心距离小区形心有较远的距离,避难场所的面积重心离形心还要更远,形状不理想。

在老小区中,偏离三角形的周长在 500 m 以下的有 2 个,分别是明华新村和工人新村;在 500～1 000 m 之间有 3 个小区,分别是仁义里、上海路小区和山西路小区;在 1 000 m 以上的有 3 个,分别是集庆门小区、瑞金路小区和三牌楼小区。

在 8 个老小区中,偏离三角形周长最长的是瑞金路小区,为 1 382 m,其次是集庆门小区,为 1 297 m,平均值为 792 m,其他高于平均值的还有三牌楼小区、山西路小区;而低于平均值的小区包括仁义里、上海路小区、明华新村、工人新村,其中,最低的是明华新村,仅为272 m,约为平均值的 0.34。以上数据说明明华新村的三心偏离程度相对是最低的,而瑞金路小区的三心偏离程度是最高的(图 6-14)。

其中,C1—C2 边长的平均值为 131 m,C1—C3 边长平均值为 366 m,C2—C3 边长平均值为 295 m,人流圈重心偏移小区形心的程度较低,有效避难点圈的面积重心偏离小区形心的程度最大,接近人流圈偏离小区形心距离的 3 倍;而有效避难点圈的面积重心和人流圈重心的偏离距离居中,较 C1—C3 边长偏低。

这反映了三个问题:第一,有效避难点圈的面积重心偏离小区形心的程度普遍较大,说明小区周边避难点的分布极不均衡;第二,有效避难点圈面积重心与人流圈重心偏离距离也较大说明避难圈上的无效避难点数量多,且分布不均;第三,人流圈重心与小区形心的偏离相对较小,但是绝对数值不小,说明避难人流在逃生时,在小区四周的分布状态也不均衡。

具体来看各小区的避难人流分布和有效避难场所的分布,存在很大差异性。

工人新村,避难人流分布与避难场所面积的空间分布,大体有正相关关系。即在小区东侧的避难地点面积大,且人流量大,而小区其他方向的避难地点面积相对较小,且人流量较少。原因就在于面积大的地点,距离也近;而那些面积较小的地点,由于道路和河流的阻隔,导致路线迂回、且距离被拉长,故而人少。在该小区中,距离和面积的影响叠加到了一起,引力作用非常明显;同时,线性要素的阻隔作用也非常突出。

在明华新村的有效避难场所中,人流和面积分布大体表现出一定的正相关性。面积最大的是广播电视大学停车场,人数最多;面积第二大的是协和神学院校园绿地,人数第二;街头绿地的面积较小,其人数也较少。该小区的案例反映出:在可达性条件相似的前提下,避难地点的面积影响就比较大。

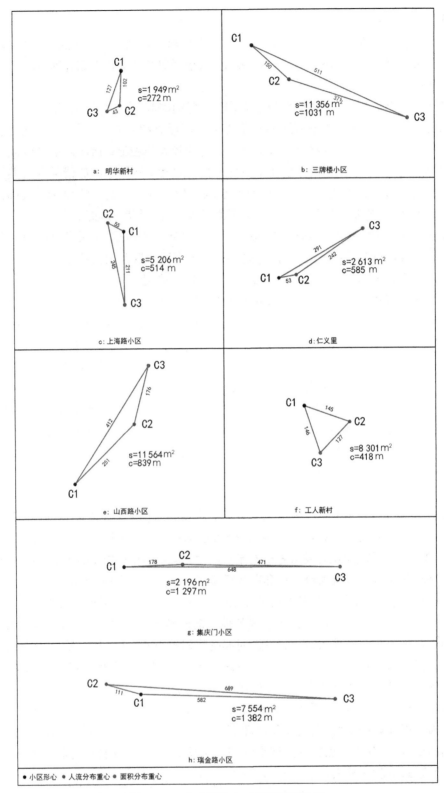

a: 明华新村

b: 三牌楼小区

c: 上海路小区

d: 仁义里

e: 山西路小区

f: 工人新村

g: 集庆门小区

h: 瑞金路小区

● 小区形心 ● 人流分布重心 ● 面积分布重心

图 6 - 14　老小区偏心三角形基本数据

住区避难圈

仁义里，人流分布和避难场所的面积分布的正相关性不明显。规模较大的两处地点，距离较远，人数较少；其他几处避难地点，人数多少均与距离远近大体呈现出一种负相关关系，即距离近，则人多，距离远，则人少，人数与面积的关系不明显。

三牌楼小区中，人流分布和避难场所的面积分布完全没有正相关性。规模最大的两个地点，一个是南京邮电大学操场，另一个是南京工业大学操场，人数都非常少，其主要原因在于距离较远、路线迂回；反观在街角的三牌楼广场，面积虽然很小，但是人数却最多。在该小区中，距离近、场地开放是居民选择的重要影响因素。

上海路小区，人流与面积分布没有呈现出正相关性。在三个有效避难地点中，面积最大的是五台山体育中心，但是人数却最少；面积排第二的是南京师范大学校园绿地，人数第一；面积排第三的是街头绿地，人数第二。在该小区中，产生作用的是避难场所的可达性和便捷性。位于小区西侧的南京师范大学和街头绿地，与小区有直接的出入口连接；反观小区南侧的五台山体育中心，虽然规模最大，与小区也只有一街之隔，但是在小区南侧沿街有 3 栋高层建筑阻隔，且小区在南侧没有出口，居民如果要到达五台山体育中心，需要从小区东侧和西侧的出口出来，绕过高层建筑，而后才能到达。高层建筑的阻隔和路线的迂回性，对居民的选择产生了很大的阻力，由此也可知，路线的直接、便捷、不绕弯是影响居民选择的重要因素。

集庆门小区，人流和面积分布同样没有呈现出明显的正相关性。距离较远的和平广场和南湖公园的面积远远大于近处的南湖第三小学，但是在人数上仅略高出南湖第三小学，场地面积和选择人数的关系，在距离的作用下，大场地的引力没有发挥出来。

山西路小区，人流和面积分布没有呈现出明显的正相关性。人数最多的地点是山西路广场，距离最近，面积排第二；其余两个地点，一个是西流湾公园，另一个是鼓楼区职业学校操场，距离都略远，且场地没有直接面向城市街道开放，被其他建筑遮挡，路线较为迂回，人数明显减少。在这个小区中，场地开放性和距离的影响作用表现得非常明显。

瑞金路小区，避难人流分布与避难场所面积的空间分布存在着严重的不对应性。小区东侧和南侧的避难地点面积最大，但是人流量却很少；相反，在小区西侧面积较小的避难地点和北侧的无效避难地点上，却聚集了大量的人群。原因就在于东侧的地点离小区的距离较远，致使选择的居民数量少。此时，距离因素反而产生了明显的斥力，场地面积的引力作用完全没有发挥出来。

（2）新小区

在新小区中，偏离三角形的周长在 100 m 以下的有 2 个小区，即双和园和清江花苑；在 100～500 m 之间的有 5 个小区，即兴元嘉园、月安花园、长阳花园、碧瑶花园和莫愁新寓；在 500～1 000 m 之间的只有 1 个小区，即龙凤花园；在 1 000 m 以上的有 2 个小区，即翠杉园和金陵世纪花园。

在新小区中，各小区的人流分布和有效避难点的分布也有很大不同（图 6-15）。

碧瑶花园，人流分布和避难场所面积大小大体呈负相关关系，与距离呈正相关关系。面积最小的避难场所是小区中心绿地，人数却最多。小区西侧的学校操场和街头公园，人数明显减少。与小区仅有一个街坊之隔的奥体中心和滨江公园，却无人选择。滨江公园与小区之间有扬子江大道隔着,奥体中心与小区之间有奥体大道隔着。其中,扬子江大道为快速路,奥体大道为城市主干道,两条路的阻隔性都很强。该小区的案例反映出,高等级道路的阻隔性很强,居民不会因为某个避难地点的面积大,而就一定会选择该点;同时,距离就成为一种决定性因素。

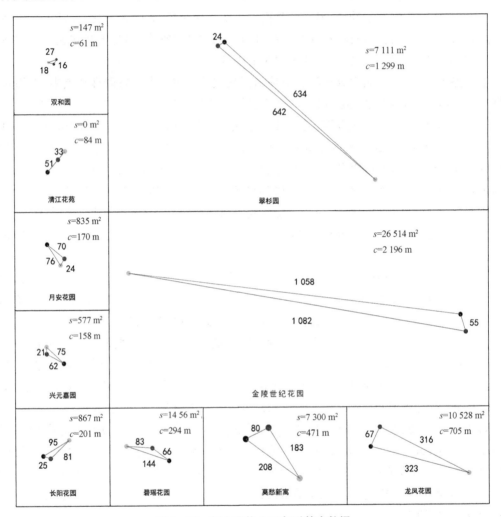

图 6-15 新小区偏心三角形基本数据

兴元嘉园,人流分布和面积大小大体有较为明显的正比关系。面积最大的是小区门口对面的建邺高中操场,人流量最大;其次是小区内部的两处绿地,人流量也次之;其余场地上的人数都明显减少。

龙凤花园,人流分布与避难场所面积大小整体上有较为明显的正相关关系。在距离不是太远的前提下,规模大的避难场所人流量较大,规模小的地点人流较小。人流量最大的江苏省教育学院附属高中龙江分校,其面积是第二大;小区内部的中心广场,面积不大,但是人流量排第二;该小区对面的小区中心广场面积更小,人流也较少。同时,其他三个位于秦淮河边的绿地,由于距离较远,故而选择人数也整体偏少。这三个地点的人流量的减少,也是与距离成明显的反比关系。

莫愁新寓,人流分布与避难场所面积大小的关系,在小区内部有一定的正比关系。小区内部面积最大的是中心广场,人数也最多,其他地点面积较小,人数也较少。在小区外部,人流量与距离成明显的反比关系;在距离类似的情况下,与场所面积大小和开放性成正比关系。

在金陵世纪花园内部和小区边界外的近距离范围内,人流分布与避难场所面积大小有明显的正比关系。但是,由于面积最大的避难场所距离小区较远,导致避难场所的面积重心远离小区;而同时,该大型避难地点的人流很少,使得小区的人流重心离小区形心距离较近。

双和园,人流分布与避难场所面积大小在总体上有一定的正比关系。东区和西区成为两个相反的例子,东区的中心绿地面积较大,人流量最大,人流方向有明显的内向性;西区没有明显集中的中心绿地,故而其内部绿地上的人流量也明显偏少,人流流向有明显的外向性。

月安花园,人流分布和面积大小大体上有一定的正比关系。大量人流集中在小区中心绿地东部的操场上,此处面积也最大。

长阳花园的情况与月安花园类似,人流分布和避难场所面积大小有一定的正比关系,最大的人流聚集点为面积最大的场地。人流的内向性非常明显。

翠杉园,人流分布与避难场所面积大小没有呈现出正相关性。反而,由于规模大的避难地点的距离较远,导致小区的避难场所面积重心偏离小区很远。两个人流较多的地点,一个在小区内部,一个在小区出口处,面积都不大。可见,距离再次成为影响居民选择避难地点的决定性因素。

清江花苑,人流分布与避难场所面积大小的关系不明显。面积较大的避难场所为秦淮河边绿带,其他方位的避难场所面积都不大;人流集中分布在小区中心绿地和河边绿带上。值得关注的是,该小区的中心绿地所处的地块较大,上面还有幼儿园、物业管理等其他用房,有效面积并不多,但该处地点的人数却最高,远远高于河边绿带,又一次证明了小区中心绿地的吸引力非常大。

6.4.3.3 高宽比

高宽比是指偏离三角形的高与边长的比值。如果高宽比过大或过小,说明有两条边相对第三条边而言,过长或者过短,通常表现为锐角三角形。

高宽比的数值既不是越大越好,也不是越小越好,而是存在一个相对最为适中的数值,这个数值就是等边三角形的高宽比,即0.866。也就是说,当不同避难圈的偏离三角形的高宽比越接近0.866,就越好;如果与该数值的距离越远,则越差。

设定高宽比系数为k,高为h,宽为d,面积为s,则高宽比的计算公式为:

$$k=2s/d^2$$

因为三角形有三条边长和三个高度,为方便比较,这里将统一使用每个三角形的最长的一个边及其相对应的高度。

在老小区中,集庆门小区和瑞金路小区的偏离三角形的高宽比数值较小,即其三角形的均衡性最差;相对而言,工人新村的偏离三角形的高宽比数值最接近0.866,即表明其最均衡。从整体分布来看,在所有8个老小区中,有6个小区的偏离三角形的高宽比数值低于0.20,仅有一个大于0.5,也说明老小区的偏离三角形的形状普遍不太好(表6-18)。

表6-18　老小区偏离三角形的各项指标

指标	集庆门小区	瑞金路小区	仁义里	三牌楼小区	山西路小区	上海路小区	明华新村	工人新村	平均值
高宽比	0.01	0.03	0.06	0.09	0.14	0.17	0.24	0.78	0.19

在新小区中,可以看出,翠杉园和金陵世纪花园的高宽比数值要明显比其他小区小很多,即说明这两个小区的避难圈重心偏离度较大,避难圈圈形不好。双和园在所有新小区中,高宽比数值是最接近0.866的,从具体形状上也可以看出,该三角形相对最好。从整体上看,在所有10个新小区中,有5个小于0.20;其余5个均在0.20~0.50之间,没有一个大于0.50(表6-19)。

表6-19　新小区偏离三角形的各项指标

指标	清江花苑	翠杉园	金陵世纪花园	碧瑶花园	长阳花园	龙凤花苑	兴元嘉园	月安花园	莫愁新寓	双和园	平均值
高宽比	0	0.03	0.05	0.14	0.19	0.20	0.21	0.29	0.34	0.40	0.19

6.5　小结

本章主要论述了三个方面的内容:一是基于居民选择的样本小区的避难圈的空间特征;二是避难圈的紧凑度;三是避难圈重心的偏离度。

(1)空间特征

① 避难生活圈的圈形,受到避难空间资源的需求条件和供给条件的双重影响。避难场所的数量并不是越多越好,规模越大越好;数量和规模都有其适宜的区间,与需求量直接相关。

② 大部分样本小区的避难圈的平面构型都很不规则。避难人流分布圈和避难场所分布圈的紧凑度指数均偏低,说明其紧凑度情况均较差,反映出住区中的避难资源在数量和空间分布上均存在一定的问题,均衡性不佳。

③ 各样本小区避难圈应对不同层面避难问题的表现有所差异。单纯从容量的角度来讲,大部分样本小区现有避难圈内的有效资源应对紧急避难的问题不大;但是,如果应对短期固定避难,则有近一半的小区不能满足需求。说明在未来,需要加大力度建设短期固定避难场所。

④ 老小区的避难圈与小区的面积比值要明显大于新小区。其中,87.5%的老小区的避难圈面积比值大于1,说明老小区的避难圈相对规模偏大,现状更多地依靠外部资源。而同时,90%的新小区的避难圈面积比值小于1,说明绝大部分新小区的避难圈相对规模较小,现状更多地依靠内部资源。

(2)紧凑度分析

样本小区避难圈的紧凑度均比较差。在避难圈的紧凑度分析上,将形状率、形状指数、圆形率和最小外接圆等量化方法引入避难圈的紧凑度分析领域,并对老小区和新小区的相应数据进行分析,同时比较了避难人流分布圈和避难场所分布圈的紧凑度指数。以最小外接圆为例,老小区和新小区的避难人流圈和避难场所分布圈的紧凑度指数均偏低,说明其紧凑度情况均较差。避难圈的紧凑度较差的原因,主要还是由于避难人流分布不均,以及有效避难场所分布不均所导致的。同时,也反映了现有避难圈的圈形,以及小区边界的位置和形状关系,均不是很理想。

(3) 偏离度分析

所有样本小区中都存在着明显的避难人流分布和有效避难场所分布不对应的现象,部分小区还非常严重。这就需要对避难圈的优良性进行评价。评价方法是分析避难圈上的重心偏离度。提出了避难人流的分布重心和避难场所的面积重心等概念,通过建立偏心三角形,分析其面积、周长和高宽比数值等指标来判断避难圈上人流重心和面积重心的偏离程度。整体而言,新小区的偏离程度小于老小区。重心偏离的主要原因还是不同规模的有效避难场所的空间分布和样本小区避难人流的分布状态不一致。而取得多个重心的重叠,就是最理想的状态,也是规划的终极目标。

第7章　住区避难场所布局模式建构

建构避难场所布局模式,首先应确定其理论基础和基本原则。本书基于避难资源是一种特殊的公共产品的理念,提出了避难资源的需求和供给理论,并将之作为避难生活圈规划布局的理论基础。避难场所的布局模式,主要包括四种类型,一是中心式,二是边角式,三是带状式,四是混合式。针对不同类型,均提出了理想模式的简化图示,并配以相应的样例加以说明。

7.1　避难资源需求与供给理论

7.1.1　需求理论与需求曲线

7.1.1.1　人对避难空间的需求

在现场调查时发现,居民在紧急状态下对避难空间的要求是空旷开阔和近。空旷开阔指的是避难空间的用地规模大,没有过多的建筑物和构筑物,同时还隐含着一些开放的意思;近就是指距离要短。很多居民没有意识到避难空间应该还需要具备其他方面的条件。那么,本书提出,从规划角度出发,人对避难空间的需求具备如下基本特征:安全、就近、可达、开放、可住。

首先是安全,即避难空间一定要能够保证人的安全;第二是要就近,距离短,避难时间少;第三是要能够快捷方便地过去,不能被其他事物阻挡;第四是到了之后,要能够顺利地进去,不能被拦在外面,无法进入;最后是进去之后,要能够停留下来,甚至住下来,对规划的要求就是需要配备相应的避难生活设施。

(1) 安全

安全是人们在地震发生时的最基本需求,进行避难活动的目的就是为了能够找到一个地方,保证自己和家人的生命安全。

从人的避难过程来看,小区居民在避难过程中遇到的危险主要来自三个方面:第一是小区内部的建筑设施抗震能力弱,建筑倒塌容易致人伤亡;第二是在小区外的城市道路上行走或跨越城市道路,遇到高空坠物、路旁构筑物倒塌或者快速行驶的大量机动车,也会有一定风险;第三是居民到达避难地点之后,该地点是否安全,也是未知数。

避难场所应该具备的第一个属性就是安全性。对避难场所来说,不安全因素主要来自三个方面:一是基地自身的地质条件,例如,基地本身地质条件不稳定,位于地震断裂带上,或者位于地质灾害易发区等;二是基地上的建筑或其他工程设施的安全性能,包括抗震能力等;三是来自基地周边,如周边是否有重大危险源,或者有易倒塌的建筑,或者是容易发生地震次生灾害的设施等。

（2）就近

居民希望避难场所离自己家的距离越近越好,到避难场所去所花费的时间越短越好。但是从规划的角度讲,不可能做到无限制的近距离。关键在于研究适宜的避难距离区间,这需要根据现场调查的数据来进行分析。

从前文的问卷调查和行为地图分析中均可以看出,居民选择的避难地点随着距离的加大而呈现出明显的衰减趋势。根据前文研究的结果,受现状空间环境条件的影响,居民避难距离的分布特征在新小区和老小区有一定的差异,新小区的平均距离普遍要比老小区短。老小区中,近90％的人的直线距离小于300 m,90％的人的实际距离小于500 m。新小区中,近90％的人的直线距离小于200 m,超过90％的人的实际距离小于400 m。这些拐点数据,可以给未来的避难场所的规划布局提供重要的参考,包括避难半径的适宜值和最大值的设定(图7－1)。

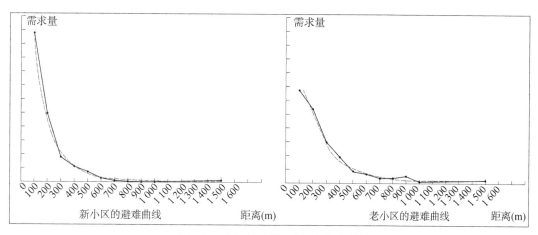

图7－1 样本小区的避难距离分布曲线

在问卷调查过程中,通过对避难距离和避难时间的接受程度来分析居民能够接受的数据区间。在图7－1中,可以看出,选择200 m的人数占总人数的64.93％,接近三分之二的比例;选择500 m的有22.79％,800 m的超过7.86％,而选择1500 m的人数,仅为0.86％,几乎可以忽略不计。

同时,避难时间也是一个重要指标,距离和时间关系密切,因为避难距离的大小最终都会转化为所需要花费的避难时间的多少。从图7－3中可以看出,选择5分钟的人数占69.79％,超过总人数的三分之二;选择10分钟的人占19.71％,选择15分钟的人占7.71％;而选择30分钟和1小时的人数,仅为2％和0.43％。

从图7－2和图7－3中可以看出,避难距离的曲线走势和避难时间的曲线走势非常接近,同时,也与图5－1各距离区间避难人数选择的曲线走势非常接近。

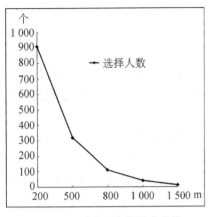

图 7-2 避难距离的需求曲线

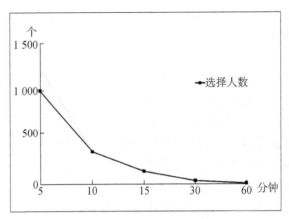
图 7-3 避难时间的需求曲线

（3）可达

从避难者的角度来讲，避难场所的可达性如何在很大程度上直接决定了该地点是否会被选择。可达性越高，选择该地点进行避难的可能性就越大；可达性越低，则选择的可能性就越低。如果某地点被一些线性要素阻隔，需要花费更多的时间和绕更远的距离，则可达性会明显地下降。从前文可知，如果一些规模较大的避难场所被主干道或快速路隔着，或者距离稍微远一些，则其被选择的可能性都会很低。这也说明了居民希望去那些能够非常方便快捷地到达的地点。

（4）开放

这里的开放有两层含义，一是场地的用地规模大，二是场地是开敞的，是可以进入的。场地是否开敞空旷会直接影响居民的选择。场地的不空旷，会让人产生这里场地不够大，有可能周边建筑倒下来会砸到人的感觉。场地不开敞、封闭性强，会让居民产生这里不能进入、不能用来避难的感觉。这些感觉都会导致居民对这些地方的选择率降低。

（5）可住

当居民进入避难场所之后，有可能需要短暂地停留一下，也有可能需要在这里住上几天。那么，就需要配套一系列的应急设施，如帐篷、应急厕所、应急饮用水、应急食品等。这些属于场地内部配套的问题，相应的国家标准已经出台，按照国标建设即可。

7.1.1.2 需求理论

基于前文的分析，笔者提出了避难资源需求理论和避难需求层次理论。

避难资源需求理论，是研究在完全自主选择的状态下，避难资源供求关系中需求方面的理论，用来说明某种避难服务的需求量与距离、时间等变量的关系。它包括避难资源需求的含义、需求的距离、需求的影响因素、需求函数、需求定律、需求曲线、需求曲线的移动、需求弹性等。

避难需求是指人在震时对安全逃生的本能欲望，需求是避难欲望与避难能力的统一。需求的大小可以用避难需求量来计算。避难需求量是指避难者在地震发生时，在每个距离区间内,愿意且能够出行到达的人数。

影响避难需求的因素包括影响避难意愿与避难能力的各种社会因素、个人因素和物质空间因素,包括个人身体条件、避难技能、替代地点、临时地点、个人偏好与预期等。某种避难的需求还与其相关避难需求的距离相关。需求函数是用来表示影响需求的因素和需求之间的关系。

避难资源需求理论,也可以简称为需求定理,其基本内容是:在其他条件不变的情况下,避难服务的需求量与距离之间成反向变动,即需求量随着避难服务本身距离的上升而减少,随着避难距离的下降而增加;同时,避难服务的需求量与时间之间的关系是先正向变动,而后又反向变动,即在刚开始的一段时期内,需求量是逐渐上升的;当达到高峰后,又会随着时间的推移,需求量又逐渐下降。

避难需求是一个综合的概念,它包括人在避难时,在很多方面产生的需求;同时,这些需求又可以分成不同的层面,基于此,笔者提出避难需求层次理论。

避难需求层次理论的基本内容是:人对避难的需求大体可以分为三个层次:首先是要保证人的生命安全,包括安全的场地、受伤时可以得到及时的救治、疫情的防治等;其次是保证人的基本避难生活需求,包括应急的住宿、饮食、公厕、照明等;第三是保证与外界的联系畅通,包括灾害信息获取、应急通讯、应急供电等。

7.1.1.3 需求曲线

在避难资源需求理论的基础上,笔者进一步提出了避难资源的需求曲线。

避难需求曲线用来表示某类地区、不同规模地震情况下,愿意接受不同避难距离的人数;不同避难距离与需求之间的关系的表就是需求表。需求曲线是根据需求表画出的,是表示避难距离与某种需求量之间关系的曲线。避难需求曲线通常以距离为横轴(X 轴),以需求人数为纵轴(Y 轴)。需求曲线向右下方倾斜,表示通常情况下,随着距离的增加,避难的人数逐渐下降。避难需求量与时间的关系曲线是一条先迅速上升而后缓慢下降的曲线,表示当灾害发生后,在较短的时间内,避难者人数达到高峰;随着时间的推移,人数又会逐渐地减少(图 7-4)。

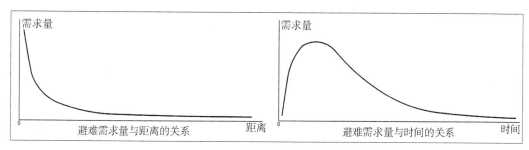

图 7-4 避难需求曲线图

避难资源需求量的变动是指在其他条件不变的情况下,避难地点距离变动所引起的避难需求量的变动。需求量的变动表现为同一条需求曲线上的移动。需求的变动是指避难地点本身距离不变的情况下,其他因素的变动所引起的需求的变动。

当避难资源的供给跟不上需求时,避难距离上升,迫使更多的人到更远处避难或者在近处选择替代地点进行避难,避难地点人满为患,避难人群更加集中,人均避难用地指标无法满足需求,且有可能面临第二次甚至第三次转移的可能;当避难资源的供给大于需求时,避难距离下降,人的选择面更多,避难人群更加分散,人均避难面积更大。

7.1.1.4 需求函数

需求函数是用来表示一种避难空间的需求数量和影响该需求数量的各种因素之间的相互关系的数学表达式。影响需求数量的各种因素是自变量,需求数量是因变量。表达式如下:

$$Q = f(P; Y, P_1, P_2, X)$$

其中,Q代表避难空间的需求量;P代表距离;Y代表避难行动能力;P_1代表相关场地的距离;P_2代表人口;X代表一些影响未来需求量的因素。

7.1.2 供给理论与供给曲线

7.1.2.1 城市对避难资源的供给原则

针对前文提出的人对避难资源的需求特征,笔者又从规划的角度,提出了避难资源供给的五项基本原则。

(1) 安全可靠与就地平衡

① 安全可靠

安全,是居民避难的第一需求,也是避难场所选址的首要条件。

安全可靠,是指备选的避难空间应具有很强的安全性,没有安全隐患。例如,避难场所不能位于地震断裂带或地质灾害易发区,不能位于重大危险源附近,不能被周边的建筑倒塌所覆盖,等等。因此,在对避难场所进行选址时,需要经过安全性评价,一定需要保证场地的安全性,保证用地的有效性,排除那些危险因素。例如,前文老小区中不少居民选择小区内部房前屋后的空地上进行避难,而这些地方存在建筑间距小、房子老、抗震能力弱,有倒塌危险等情况,故而不能作为避难场所。又如有些大型城市公园中有些山体,面积虽然很大,但是树木茂密,且有多处滑坡点,同样也不能作为有效避难面积。

② 就地平衡

就地平衡是避难空间布局的一个基本理念,其思想来源于前文中笔者对居民避难行为空间特征的统计分析。

在前文中,经过对样本小区居民避难行为的大量统计分析后发现,居民避难的终点一般都是在小区内部或者小区周边,离开小区很远距离的情况极少。同时,居民的避难行为具有很强的内向性和向心性。如果小区内部能够提供合适的避难空间,那么,这种倾向性会更加明显。这种倾向在新小区和老小区的比较中,体现得非常明晰。这也在很大程度上反映出居民对避难场所空间分布特征的一种强烈需求。

由此,可以提出一种设想,就是将居民对避难空间的需求在尽可能小的范围内解决,避免长距离避难和大范围大规模的人员转移,以方便居民避难,提高避难的效率和效果;同时,还可以有效减少对外部地区的避难接收压力。

就地平衡，是指尽可能在本地提供足够的避难空间，以满足本地居民的避难需求，特别是那些非长期性的避难需求。

对街坊式的居住小区而言，最理想的方式是，将紧急避难的人群尽可能留在街坊内，以减少对外部的影响和压力。如果所有街坊都能够做到紧急避难需求和供给的就地平衡，居民的避难将会达到最佳效果，整个城市的避难问题将得到顺利解决。

（2）方向明确与就近避难

① 方向明确

避难方向是居民开始避难时所面临的第一个实际问题。

通过前文的比较分析可以发现，新小区的居民在避难路径的方向性上要明显好于老小区，其原因就在于新小区普遍有中心绿地，而老小区没有；中心绿地的存在，给了小区居民非常明确的避难方向。反观老小区，居民的避难方向非常分散，存在着非常明显的目标方向不明确和有效性偏低的问题。

避难方向在开始时就一定要明确，才能避免过多的迂回，减少不必要的损失。避难方向明确是对居民提出的要求；对规划而言，需要通过避难场所的合理设置，让这些避难场所在居民的潜意识中形成非常明确的印象，以便在遇到紧急情况时，立即就能想到该地点。这些避难场所会具有一定的标志性，同时也会给人以明确的方向感。

具有明确形象的避难场所，需要具备如下条件：

第一，位置好。避难场所最好设在日常人流聚集的地方，人经常去，环境和路线熟悉，符合居民日常行走路线，也符合惯性行为的特征。这些地点往往是一些关键的空间节点，如小区中心等。

第二，场地开敞。至少要不受周边建筑倒塌的影响，场地进深要大过正常住宅建筑间距；同时，要有足够的有效面积。该条件符合居民对避难场所的空旷、规模大的要求。

② 就近避难

通过前文的分析可以发现，在避难距离方面，随着距离的增加，人数下降的速率很快，即呈现出明显的就近避难的特征。

就近避难是居民的一种典型的避难行为类型；同时，还是人的一种本能行为。人在避难时，面临着外部环境巨大的不确定性和高风险性，人不由自主地会产生观望和恐惧，也有着迫切想要了解情况和尽快能够找到安全之所的心理。

就近避难的行为选择，既符合"空间移动最小努力"和风险损失最小化的原则，也符合期望效用最大化理论的观点。

因此，就近避难既是民众避难的迫切需求，也是避难空间规划布局的基本原则。就近设置避难场所，可以将民众个体所花费的时间和距离成本降到最低，使其获得生命安全，期望效益得以最大化。

（3）路线简捷与畅通无阻

① 路线简捷

从居民的角度来讲，在明确了避难方向和目标之后，之后就是走哪条路的问题了。基于效率的考虑,路线需要尽可能简洁,即简单、直接、不绕弯。该原则直接影响到小区内部道路的平面形式、出入口的位置、避难场所的入口位置,以及城市道路的平面形式;特别是小区一些步行出口的位置。在样本小区中,有些路径的绕曲指数较高,主要原因就是由于小区出口位置的问题,需要绕很大的弯,路线非常迂回,造成了无谓的浪费。

对规划而言,就需要统筹考虑避难场所的入口位置、小区内部道路形式、小区出口位置等多方面要素的空间关系,尽可能减少不必要的绕曲,以提高效率。

② 畅通无阻

明确路线之后,需要能够快捷地到达避难场所,并顺利地进去。

畅通无阻涉及三个关键节点:一是小区出口,二是城市道路,三是避难场所入口。

样本小区的调研发现,在小区出口处,极易形成人流的滞留点,瓶颈现象比较严重。这就需要对小区的出口位置和数量进行统筹规划,减少过度拥挤。

其次,一些城市道路非常宽,车流量很大,车速很快,对民众的跨越产生了客观的阻隔;同时,多次跨越城市道路也给人带来了更多的风险。因此,就需要在避难空间布局时,尽可能减少跨越大马路的次数,特别是那些低等级的避难场所,如紧急避难场所和短期固定避难场所,避免设置在高等级城市道路旁边,以减少居民避难路径上断点的数量,提高路径的连续性和安全性。

最后,一些潜在的避难资源有高大封闭的围墙和完全封闭式的管理,外人不得进入。场地的隔离性也会造成人在紧急时无法进入。这就需要在进行指定避难场所选址时,也需要建立避难场所的开放与关闭、日常运营与紧急管理,以及平灾转换的应急管理制度上。

(4) 层次多样与均衡分布

① 层次多样

通过前文的避难需求层次理论可知,人对避难的需求是可以分为多个层次的。

对规划的影响体现在,避难场所根据满足人的不同层次的需求,可以分成不同的等级。例如,在国标中,分为紧急避难场所、固定避难场所、中心避难场所。不同等级可以承担不同的职能。由此,不同等级避难场所的设置要求不同,不同阶段的避难需求有不同的空间范围。

例如,紧急避难和短期避难所需的用地,最好在街坊内和住区内解决;中期和长期避难所需的用地,可以在避难单元或防灾分区内解决,特别是长期避难场所,应允许跨越避难单元来获得足够的资源。而中心避难场所,由于其所需的用地规模较大,在住区内很难满足其用地条件,故应由城市统一提供。

② 均衡分布

在样本案例中,有一些小区的外部避难场所集中分布在某一个方位上,吸引人流都朝向该方向流动,会造成道路的拥挤甚至局部的堵塞;而且,当过多的人流集中在城市道路上时,还面临着来自机动车的风险。因此,理想的情况是,在布局避难场所时,可以在各个方位上都有布点,进行适当的人员分流,避免出口滞留行为和过度拥挤现象的发生。同时,均衡分布的避难场所,也将提高避难圈的紧凑度和优良性,减少人流重心、避难场所的面积中心对小区形心的偏移程度。

住区避难圈

（5）点小量多与先小后大

① 点小量多

样本案例的统计发现,居民选择的大部分有效避难地点都是低等级的避难场所,以紧急避难场所和短期固定避难场所的数量最多,中期和长期固定避难场所的数量很少,而中心避难场所为零。一方面是由于高等级避难场所的用地规模大且数量少的原因,另外一方面,带来的启示是:对住区而言,避难场所的等级应以低等级的为主,即紧急避难场所和短期固定避难场所,即所谓的"点要小"。

住区是居民长期生活的地方,人员分布也较为密集,避难场所的服务半径不能太长。按照就地平衡和就近避难的理念,需要设置大量的、小规模的避难场所,来分布到住区的各个方位上,以方便居民的使用,即"量要多"。

"点小量多"模式,可以减少"点大量少"带来的过度拥挤现象,对人员进行适当的分流。数量要多,既可以在区域内保证一定的总体规模容量,又可以缩短避难距离。点的规模要小,是尽可能减少大规模用地要求带来的用地压力,提高其落地的可操作性。

"点小量多"的分散式布局原则,也符合样本案例中总结出的人的避难行为特征,即群集性与分散性。在避难场所的布局方面,就是要做到"小集中、大分散",也就是局部集中、总体分散。

所谓局部集中,是指在局部地区或较小的空间地域范围内,应采取集中的避难方式。总体分散,是指在城市总体上或较大的空间地域范围内,应采取分散的避难方式。同时,避难场所的分散布局,还要保证其空间分布的均衡性。

关于分散的地点位置的选择,需要从人的聚集行为当中去寻找。通过分析居民的聚集点的空间分布特征可以得知,这些人流聚集点往往也是一些关键的空间节点,如小区的中心绿地、组团绿地、小区出口、街角等。

② 先小后大

样本案例中,居民大量选择低等级避难场所的现象说明:城市中的避难场所建设,应遵循"先小后大"的原则。小规模、低等级的避难场所,大量分布在城市中的各个角落。当地震来临时,这些低等级的避难点才是真正提供避难服务的主力军,而不是那些规模大、位置偏的中心避难场所。因此,应该改变目前很多城市对高等级避难场所的强调和优选建设时序,转而大力推进这些小规模、低等级的避难场所的建设,才能真正为民众提供良好的避难服务,真正提高城市的避难服务水平。

7.1.2.2 供给理论

基于对以上避难资源供给原则的分析,以及针对前文提出的避难资源需求理论和避难资源需求层次理论,笔者提出了避难资源供给理论和避难资源供给层次理论。

避难资源供给是指在某一定区域内,一定时间内,一定条件下,对某一地点愿意提供避难资源的数量。避难资源供给有两个条件:一是有场地,即有潜在的避难资源,能够满足避难需求对场地的基本要求;二是能提供,即场地能够被提供出来,为避难服务。

避难资源供给理论的基本内容是:通常情况下,避难资源的供给量与距离呈正相关关系,即:随着距离的增加,避难资源的供给量也逐渐增加。理论上,供给曲线应该是向右上方倾斜的曲线。同时,避难资源的供给量与时间之间的关系是:供给量先迅速上升,而后逐渐缓慢下降。该曲线形式与随时间变化的避难资源需求曲线是相似的。这是因为,在地震发生之初,由于各方面条件的限制,能够被用来作为避难场所的场所数量较少,总体规模也较小;随着灾民的大量出现和救援物资的大量进入,不断有新的避难场所开放使用,供给量开始上升,当达到高峰之后,随着人员的回家和转移,在原有避难场所里的人的数量逐渐减少,部分避难场所开始关闭,停止提供避难服务,转而恢复日常的功能,此时,避难场所的供给量逐渐减少。

影响供给的因素包括:避难资源自身的距离与规模容量、城市规模与城市人口密度、区位条件、城市公共空间及其分布特征、自然和人工环境的变化、城市人口的变化、建筑抗震能力的变化、特殊管理的变化等。

与前文对应,基于避难需求层次理论,就产生了避难资源供给层次理论。该理论的主要内容是:城市政府对于避难空间资源的供给是可以分为不同层次的,首先提供紧急避难场所,提供用于就近紧急或临时避难而需要的安全场地;其次是提供用于避难人员进行固定避难的安全场地,即固定避难场所,最后是提供具有救灾指挥、应急物资储备、综合应急医疗救援等综合功能的安全场地,即中心避难场所。

由此可知,不同等级的避难场所,其功能定位也不同,用地规模和配套设施类型也不同,开放时间也不同(表7-1)。例如,紧急避难场所是需要能够满足民众1~3天的避难需求,那么,也就是说,紧急避难场所不仅仅是要满足地震发生的那一紧急时刻的避难需求,还需要提供合适的场地,以便民众能够在此地进行过夜。如在震后发生较大规模的余震,晚上居民不敢回家睡觉,那就需要到紧急避难场所去夜宿。

表7-1　不同等级避难场所的最长开放时间

适用场所	紧急避难场所		固定避难场所			中心避难场所
避难期	紧急	临时	短期	中期	长期	长期
开放时间(天)	1	3	15	30	100	100

又如短期固定避难场所用于安置短期避难人员,避难时间一般不超过15天;中期固定避难场所用于安置中期避难人员,避难时间一般不超过30天;长期固定避难场所用于安置长期避难人员,避难时间一般不超过100天。

同时,所有避难场所都需要能够提供紧急避难的功能,上一级避难场所需要能够提供下一级避难场所的功能。例如,在中期固定避难场所里,可以进行短期固定避难;在长期固定避难场所里,也可以进行中期固定避难。

7.1.2.3　供给曲线

避难资源供给曲线是根据供给表绘制出来的,避难资源供给表是表示某种避难资源的各种距离和与各种距离相对应的该避难资源的供给数量之间关系的数字序列表。横轴表示避难资源的数量,纵轴表示避难资源的距离。

供给曲线表示:避难资源的供给量在一定距离区间内快速上升,并在到达某一数值之后,避难资源的有效供给量保持稳定,并不会随着距离的增加而扩大。随着距离的增加,虽然避难资源供给的绝对量也会增加,但是此时有效供给量却在逐渐减少;即超过一定距离之后,增加的避难资源因为无人选择而随之转变为无效供给(图7-5)。

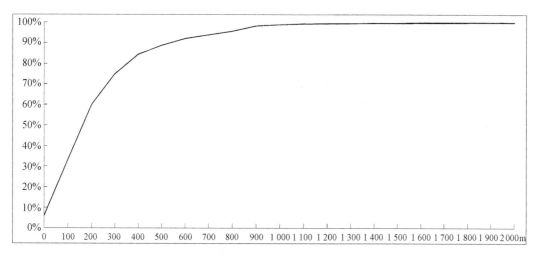

图7-5　避难空间资源供给曲线

7.1.2.4　供给函数

避难资源的供给是城市政府在一定时期内,在各种距离条件下,愿意而且能够提供的避难空间的规模。用公式表示为:

$$Q_s = f(p)$$

其中,Q_s 表示避难资源的供给量,P 表示避难空间的规模。

该公式表示避难资源的供给量和距离之间存在着一一对应的关系。它就表示这种供给数量和影响该供给数量的各种因素之间的相互关系。影响供给的各个因素是自变量,供给数量是因变量。

7.1.3　供需平衡点

在城市中,有着众多的人口,就有着对避难空间的大量需求;那么,就需要提供相应的供给,来保障安全,并尽可能减少损失。避难资源的需求与供给关系,是需要研究的关键内容,目的是为了找到供给与需求的平衡点,而供需平衡点,则是避难场所选址和避难圈划设的重要依据。

如何找到这个平衡点?简单地说,就是需要找到需求曲线和供给曲线的交点。如图7-6所示,当达到某一个距离值时,居民对避难资源的需求量和供给量取得平衡。

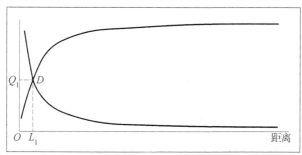

图7-6　避难资源需求与供给的平衡

同时,根据前文的避难资源需求和供给的层次理论,民众对于避难场所的需求是分不同层次的,城市政府对于避难场所的供给也是分不同层次的。那么,平衡点的获得,是需要看在哪一个层次上取得平衡。不同层次上的需求人口不同,人均指标也不同。例如,在紧急避难需求这一最基本的层次上,受众应是城市的全体民众;在固定避难需求这一层次上,受众是住宅倒塌或者被损坏而影响居住安全的那部分人口。

本书研究的重点是紧急避难需求这一层次。其受众是所有居民,人均指标按照紧急避难场所的等级来设定。需求规模就是人口数与人均指标的乘积。

用公式表示为:

$$P = A_i \cdot K_j$$

其中,P 代表需求规模,A_i 代表第 i 个小区的人口数,K_j 代表避难用地的人均指标。

如果涉及多个小区,则数学表达式为:

$$P = \sum_{i=1}^{n} A \cdot K_j$$

亦即,N 个小区的避难资源需求规模之和,就是该区域内居民对避难资源的需求总量。当然,不同人群因为自家房屋可能受损程度的不同,对避难用地的需求指标也不同。也就是说,所有人群都是需要紧急避难的;同时,也有一部分人是需要中长期固定避难的。需要进行中长期固定避难的人口规模,需要根据国标要求,以及不同类型房屋的建筑质量而定。

那么,如果要达到平衡,相应的供给规模也理应达到需求规模指标的要求。如果避难资源的供给规模到达甚至高于需求规模,那么,能够满足居民的紧急避难需求;而如果避难资源的供给规模低于需求规模,不能满足居民的需求,就会产生避难资源短缺问题,也会带来严重的安全隐患、社会稳定等一系列问题。在供需平衡点找到之后,接下来的工作,就是避难场所的选址和布局了。

7.2 避难场所布局的基本要求

根据就地平衡、就近避难的基本原则,本书提出在小区内部解决低层次避难需求的基本目标。所谓小区内部,是对街坊型小区而言,由四周边的城市道路围合而成的街坊内;所谓低层次避难需求,是指紧急避难和短期固定避难。

7.2.1 位置选址

对街坊型小区而言,避难场所的位置选择有四类:一是小区中心绿地;二是组团绿地;三是小区出入口;四是街角。这四类节点,都是前文调查中人群容易聚集的关键节点。

通常情况下,小区中心绿地和组团绿地是最主要的避难点,具有很强的内向聚合力,特别是对绿地周边住宅建筑内的居民,由于其距离短,方便到达,从而具有天然的优势。同时,选择中心绿地,可以减少避难路径的断点数量,增加其连续性。

小区出入口具有半内向半外向的特征。由前文分析可知,在小区出入口处,容易形成人群聚集点;因此,应在此处设置疏散小广场。同理,街角的开放性比较高,也应在街角处设置一定规模的街头绿地,以方便不同需求的居民开展避难活动。

7.2.2 服务半径

对居民而言,避难距离越短越好,最理想的状态是每栋楼外都是大片的公共绿地,这样只要逃到建筑外就安全了。但是,事实上很难做到。基于前文的研究分析,本书提出,针对居住小区,紧急避难距离的实际长度的适宜距离在200 m以内,这个是调查中超过60%的居民能够接受的距离。最大的实际长度控制在500 m以内,这个是超过90%的居民能够接受的距离范围。如果将其转换为避难场所的服务半径,也就是直线避难距离的话,适宜的紧急避难距离应小于150 m,最大的紧急避难距离应小于300 m。

7.2.3 规模与数量

避难场所的面积需求与居住小区的规模及避难场所的数量密切相关。通常情况下,避难场所面积与小区规模是成正比关系,与避难点数量成反比关系。也就是说,小区规模越大,在避难场所数量不变的情况下,其面积就越大;反之,就越小。在同一规模的小区中,避难场所数量越多,避难场所面积越小;反之,就越大。

另一方面,在单一居住型的街坊内,避难场所的数量应根据街坊规模的大小而有所变化。街坊的规模越小,避难点的数量就越少;规模越大,则避难点的数量就越多。

当小区用地规模小于4 hm² 时,如果小区内只有1个避难场所时,该避难场所的有效面积应大于2 000 m²,满足短期固定避难场所的面积下限。

当小区用地规模在4~10 hm² 之间时,如果小区内有5个避难点,则小区中心避难场所的面积应大于5 000 m²,而其他四个依托组团绿地建立的紧急避难点,面积均在1 000 m²～2 000 m² 之间,均需满足短期固定避难场所的面积下限。

当小区用地规模在10~20 hm² 之间时,若有5个避难场所,则小区中心避难场所的面积应大于10 000 m²,满足中期固定避难场所的面积下限;其他4个避难场所的面积应均大于2 000 m²,满足短期固定避难场所的面积下限。

当小区用地规模在20 hm² 以上时,若也只有5个避难场所,则小区中心避难场所的面积应大于15 000 m²,满足中期固定避难场所的面积下限;其他4个避难场所的面积应均大于5 000 m²,满足短期固定避难场所的面积下限。

当然,以上不同规模小区的避难场所的数量和等级也不是固定不变的,还需要根据具体情况来定。

7.3 避难场所的布局模式

本书以街坊型居住小区为例,以简化图示和样例的形式来展现避难场所布局模式。仅依托小区中心绿地,就能满足小区全体居民紧急避难所需的用地面积。当小区规模较大、人口较多、小区中心绿地无法容纳时,可以考虑小区出入口的疏散广场和街角绿地。

最理想的布局模式是每个小区都有一个集中的中心绿地,每个出入口都有一个疏散广场,每个街角都有一个绿地广场。但是,现实中实施起来会面临着很多困难。那么,退一步的要求是:每个小区有一个中心绿地;或者在每个小区的多个出入口中,至少有一个出入口处有疏散广场;又或者在每个道路交叉口的多个街角中,至少有一处小型的街头绿地。以正方形作为小区的基本构图,每个方向设置一个出入口。由此,一个街坊式的居住小区,所拥有的避难场所的数量在1~9个之间。

假设小区的人口分布是均质的,各位置上的避难场所的面积是相等的。用小方块代表避难场所;深色圆点代表小区静态人口的分布重心,此时等同于小区几何中心;灰色圆点代表避难圈的重心;虚线框线代表避难圈(图7-7)。

本书以较为理想的情况为例,将小区的避难场所布局模式分为中心式、边角式、带状式以及混合式等四种类型,并分别给出了对应的样例。

7.3.1 中心式

7.3.1.1 理想模式

中心式是指避难场所位于小区中心位置的布局形式。中心式有两种类型:一种是小区只有一处避难场所,位于小区中心;另一种是小区有多处避难场所,一处位于小区中心,其他位于各组团的中心(图7-7)。中心式是一种较为理想的避难场所布局模式,由于地处小区中心,因而其服务半径较小,居民的避难距离也较短,所花费的时间也较少,效率较高。

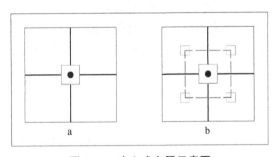

图7-7 中心式布局示意图

7.3.1.2 样例

在得到避难场所的理想布局模式之后,需要结合不同规模的居住小区,来划设其避难场所的具体布局。本书以独立街坊式小区为例,来设定不同规模的街坊的避难场所布局形式。

街坊尺寸包括4种类型,分别是200 m×200 m,300 m×300 m,400 m×400 m,500 m×500 m,其对应的用地规模分别是4 hm²,9 hm²,16 hm²,25 hm²。每户90 m²,每户3人,每人住宅面积为30 m²,全部为多层小区,容积率为1.2,紧急避难面积和短期固定避难面积分别占街坊用地面积的比例为4%和8%(表7-2)。通过建筑倒塌模拟,把各中心绿地的边界控制在周边建筑倒塌范围之外,而且尽可能把中心绿地周边的环路留出来。由此,提出一个新的概念,即"有效集中绿地",是指在居住小区中,需要配置一定比例的集中式绿地,以便能够满足本小区居民的紧急避难需求。同时,该集中绿地不能处在周边建筑的倒塌范围内,比例指标的确定需要根据小区人口规模和避难层次而定。

表 7 - 2　各街坊基本指标

序号	尺寸 (m)	用地面积 (hm²)	容积率	总建筑面积 (m²)	人口数 (人)	紧急避难面积(m²)	短期固定避难面积 (m²)	紧急避难面积占街坊用地面积的比例	短期固定避难面积占街坊用地面积的比例
1	200×200	4	1.2	48 000	1 600	1 600	3 200	4%	8%
2	300×300	9	1.2	108 000	3 600	3 600	7 200	4%	8%
3	400×400	16	1.2	192 000	6 400	6 400	12 800	4%	8%
4	500×500	25	1.2	300 000	10 000	10 000	20 000	4%	8%

在 500 m 见方的居住小区(图 7-8)中,采取的避难点布局模式是"一心四点"式,即一个小区中心绿地,加上四个组团绿地;避难圈的圈形为正方形。小区中心绿地服务于整个小区,组团绿地服务于组团。在避难分区中,分为五个分区,边上四个加上中间一个。

各绿地的规模依据人口数量来定。在该小区中,假设容积率为 1.2,全部是多层住宅建筑,行列式平行排列。建筑密度约为 20%,五处中心绿地的面积为 46 417.9 m²,占小区用地面积的 18.6%。组团绿地面积为 7 832 m²,满足短期固定避难场所的面积要求;小区中心绿地的面积为 15 090 m²,满足中期固定避难场所的面积要求。由图上的小图 D 可知,每个避难分区中的绿地面积远超过所服务人口的固定避难面积的量。以左上角的避难分区为例,人数为 1 512 人,所需固定避难面积为 3 024 m²,组团绿地为 7 832 m²,人均绿地面积为 5.2 m²。左下角的避难分区中,人数为 1 080 人,所需固定避难面积为 2 160 m²,绿地面积为 7 832 m²,人均绿地面积为 7.3 m²。中部最大的避难分区,人数为 3 456 人,所需固定避难面积为 6 912 m²,绿地面积为 15 090 m²,人均绿地面积为 4.4 m²。从小区整体来看,人数为 8 640 人,所需固定避难面积为 17 280 m²,5 处中心绿地面积之和为 4 6418 m²,人均中心绿地面积为 5.4 m²,人均中心绿地面积超过本小区居民所需人均长期固定避难面积 4.5 m² 的下限。

同时,在该样例中,小区的绿地率为 41.4%;其中,宅间绿地与中心绿地分别占小区总用地面积的 22.8% 和 18.6%,中心绿地与宅间绿地的面积比例为 4∶5。小区绿地率高于国标要求的 30% 的下限要求,中心绿地的比例高达 18.6%,也远高于短期固定避难要求的 8% 的用地需求。也就是说,在 500 m 见方的居住小区中,避难场所采用中心式布局的方式,完全可以满足本小区居民对长期固定避难的用地需求。当然,这有一个前提,就是中心绿地的面积一定要全部有效,不能设置大量的水面和山体,否则其有效面积就会大打折扣。

同时,在避难距离方面,最大的距离为 222 m,最短的为 53 m,大部分建筑楼梯出口到中心绿地的距离在 53～163 m 之间,仅有少量建筑的距离超过 200 m。

在 400 m 见方的居住小区(图 7-9)中,依然采取"一心四点"模式来设置避难场所。组团绿地面积为 2 103 m²,达到短期固定避难场所的要求;小区中心绿地的面积为 13 419 m²,达到中期固定避难场所的面积下限要求。小区容积率为 1.21,建筑密度为 20.2%,中心绿地面积占小区用地的 13.6%,小区总人数为 5 616 人,所需固定避难面积为 11 232 m²,5 处中心绿地面积之和为 21 831 m²,人均绿地面积为 3.9 m²,人均绿地面积超过人均中期固定避难面积 3.0 m² 的下限。

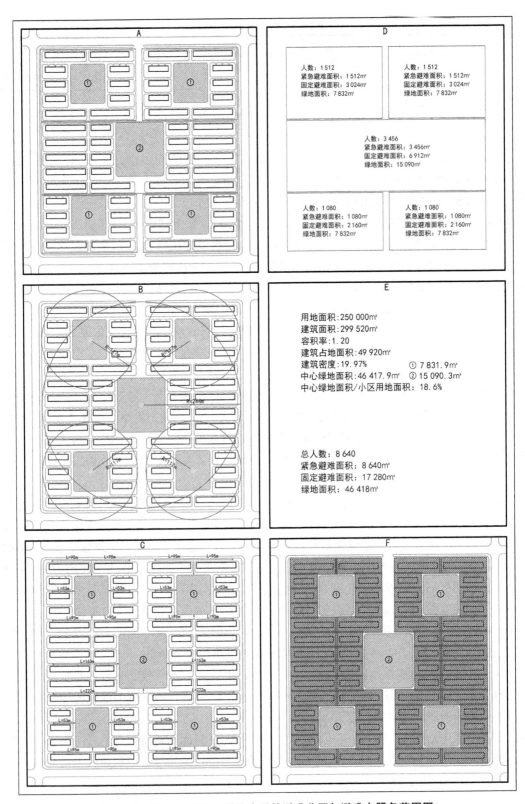

图7-8　500 m×500 m居住小区的避难分区与避难点服务范围图

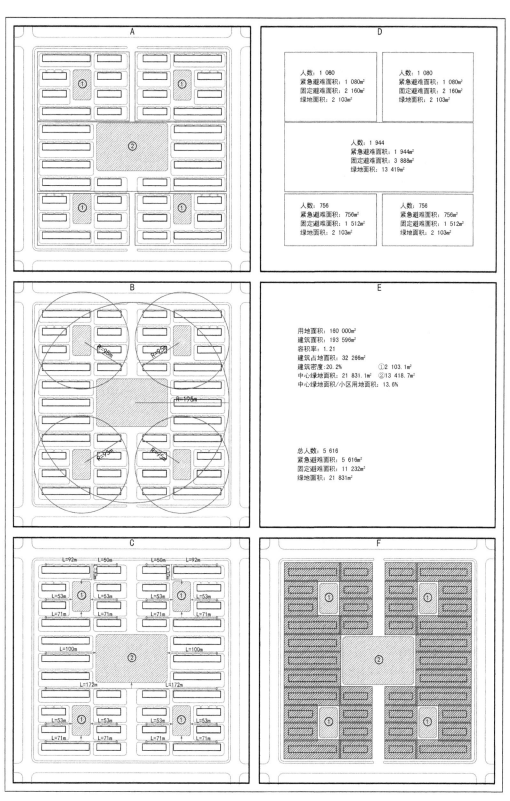

图 7－9 400 m×400 m 居住小区的避难分区与避难点服务范围图

同时，在该样例中，小区的绿地率为36.7%；其中，宅间绿地与中心绿地分别占小区总用地面积的23.1%和13.6%，中心绿地与宅间绿地的面积比例为3∶5。小区绿地率高于国标要求的30%的下限要求，中心绿地的比例高达13.6%，也远高于短期固定避难要求的8%的用地需求。也就是说，在400 m见方的居住小区中，避难场所采用中心式布局的方式，完全可以满足本小区居民对中期固定避难的用地需求。

与前面500 m见方的小区相比较，在容积率相同的情况下，小区的绿地率在明显下降，中心绿地的比例也在下降，人均中心绿地面积也在下降，小区从能够满足本地居民的长期固定避难的用地需求，下降到了满足中期固定避难的用地需求。

在避难距离方面，最大的距离为172 m，最短的为53 m，大部分建筑楼梯出口到中心绿地的距离在53～100 m之间，仅有极少量建筑的距离超过100 m。

另外，根据本书对不同尺度街坊型居住小区所进行的空间分析，当街坊用地规模小于4 hm² 时，避难点的数量以一个为宜，即为中心绿地。当街坊规模在4～20 hm² 之间时，避难点的数量可以为5个。当街坊规模超过20 hm² 时，避难点数量可以在5～9个之间。

在300 m见方的居住小区（图7-10）中，仍采用"一心四点"模式来设置避难场所。组团绿地面积为1 515 m²，未达到短期固定避难场所的面积下限，但是可以作为紧急避难场所来使用；小区中心绿地面积为5 026 m²，达到短期固定避难场所的面积要求。小区容积率为1.22，建筑密度为20.3%，总人数为2 736人，5处中心绿地面积之和为11 086 m²，占小区用地面积的12.3%，人均绿地面积为4.1 m²，人均绿地面积超过人均中期固定避难面积3 m²的下限。

在该样例中，小区的绿地率为34.5%；其中，宅间绿地与中心绿地分别占小区总用地面积的22.2%和12.3%，中心绿地与宅间绿地的面积比例为11∶20。小区绿地率高于国标要求的30%的下限要求，中心绿地的比例高达12.3%，也远高于短期固定避难要求的8%的用地需求。也就是说，在300 m见方的居住小区中，避难场所采用中心式布局的方式，完全可以满足本小区居民对中期固定避难的用地需求。

与前面400 m见方的小区相比较，在容积率相同的情况下，小区的绿地率略有下降，中心绿地的比例也略有下降，人均中心绿地面积也略有下降，小区仍能满足中期固定避难的用地需求。

同时，在避难距离方面，最大的距离为96 m，最短的为27 m，大部分建筑楼梯出口到中心绿地的距离在50 m左右，仅有少量建筑的距离超过80 m，所有建筑的距离都小于100 m。

在200 m见方的居住小区（图7-11）中，采用"一心"模式来设置避难场所，由于4公顷的规模本身仅相当于一个组团的规模，故小区仅设一个中心绿地，其面积为2 329 m²，达到短期避难场所的面积下限，占小区用地面积的5.8%。小区总人数为1 296人，所需固定避难面积为2 592 m²，人均绿地面积为1.8 m²，达到紧急避难面积的要求，而小于短期固定避难面积的要求。

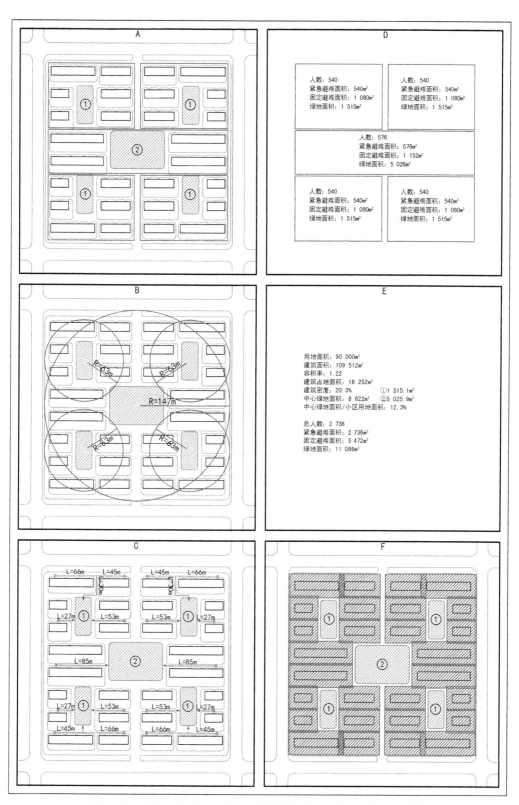

图 7-10　300 m×300 m 居住小区的避难分区与避难点服务范围图

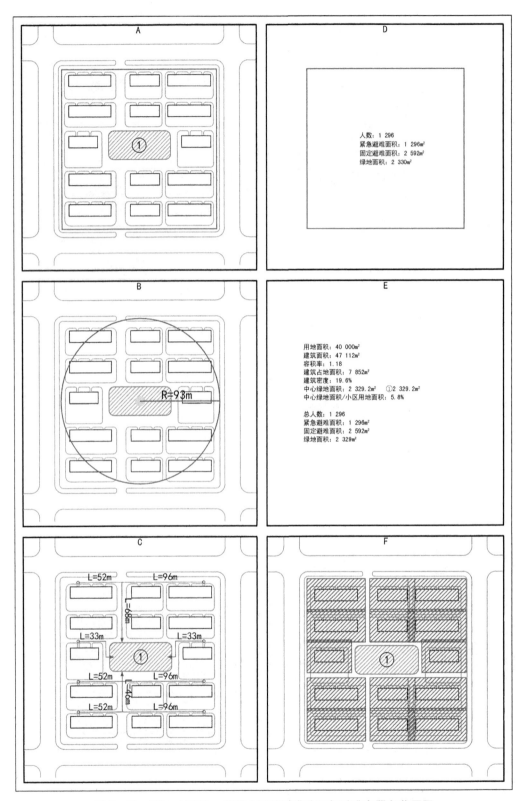

图 7-11 200 m×200 m居住小区的避难分区与避难点服务范围图

在该样例中,小区的绿地率为 31.6%;其中,宅间绿地与中心绿地分别占小区总用地面积的 25.8% 和 5.8%,中心绿地与宅间绿地的面积比例为 1:5。小区绿地率略高于国标要求的 30% 的下限要求,中心绿地的比例仅为 5.8%,也高于紧急避难要求的 4% 的用地需求,但是不满足短期固定避难要求的 8% 的用地需求。也就是说,在 200 m 见方的居住小区中,避难场所采用中心式布局的方式,仅可以满足本小区居民对紧急避难的用地需求。

与前面 300 m 见方的小区相比较,在容积率接近的情况下,小区的绿地率略有下降,中心绿地的比例也略有下降,人均中心绿地面积也略有下降,小区仅能满足紧急避难的用地需求。

同时,在避难距离方面,最大的距离为 164 m,最短的为 33 m,大部分建筑楼梯出口到中心绿地的距离在 33~100 m 之间,仅有少量建筑的距离超过 100 m。

由此可见,避难场所采用中心式布局,在绿地率高于 30% 的情况下,通过设置中心绿地的用地比例指标,就可以满足不同层次的避难需求。小区规模越大,中心绿地的比例越高,满足避难的层次就越高;即使在规模最小的样例中,也可以满足当地居民的紧急避难需求。

在用地规模大于 10 hm² 以上的居住小区中,其避难点布局模式宜采用"一心四点"模式,即一个小区中心绿地加上四个组团绿地。小区中心绿地的用地面积要大于组团绿地,倍数在 2~7 之间;等级要高一个级别。如小区中心绿地若为中期固定避难场所,组团绿地为短期固定避难场所;若小区中心绿地为短期固定避难场所,则组团绿地为紧急避难场所;若小区中心绿地为紧急避难场所时,则没有组团绿地,此时小区的规模已经比较小了,大多在 10 hm² 以下,特别是用地规模在 5 hm² 左右的小区。同时,在不同规模的居住小区中,采用"一心四点"布局模式下,大部分建筑的避难距离在 100 m 以内,符合之前问卷调查中居民对避难距离的需求。

7.3.2 边角式

7.3.2.1 理想模式

边角式,是指避难场所分布在小区的边界上或街角上。边界上,一般在小区出口处或者沿街其他公建门前的广场;街角,一般是街角的绿地广场或小公园,同样以点状为主。

受避难场所数量的影响,边角式有很多种布局类型,本书列出了从 1 个避难场所到 8 个避难场所的情况,共列举出了 47 种形式(图 7-12、图 7-13)。与中心式相比,边角式在避难场所布局的均衡性方面要略弱一些,同时,很多布局形式的避难距离也要略远一些,但是还是保持在合理的水平上,也是居民能够接受的距离区间之内。

就避难场所的数量、位置和组合形式来讲,不同形式有些略好,有些略差,但是,都是可以接受的类型,在某些特殊的条件下,很难将小区的避难场所布局做到最理想的布局形式,只能退而求其次,有终归比没有要好很多。

以 1 个避难场所的边角式布局为例,只有两种类型:一种是布局在小区边界的角上,即街角处,这个位置相对小区中心而言,位置较偏,距离略远;另一种是布局在小区出口处,这个位置也是略偏的,距离比前者要略近一些。在避难资源条件很有限的情况下,做不到中心式布局,这两种边角式布局也不失为一种合理的选择。

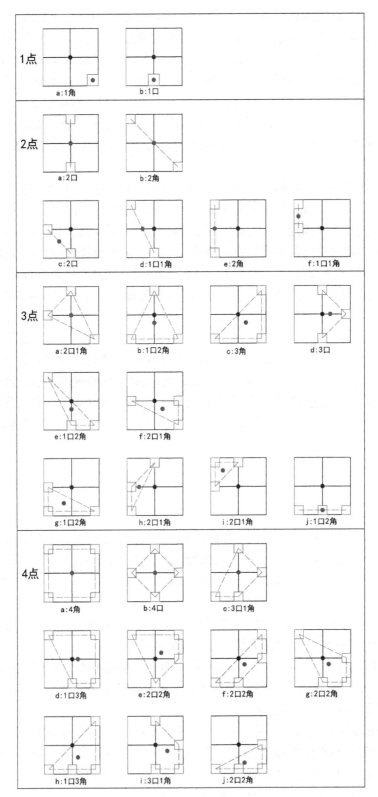

图 7-12　边角式-1

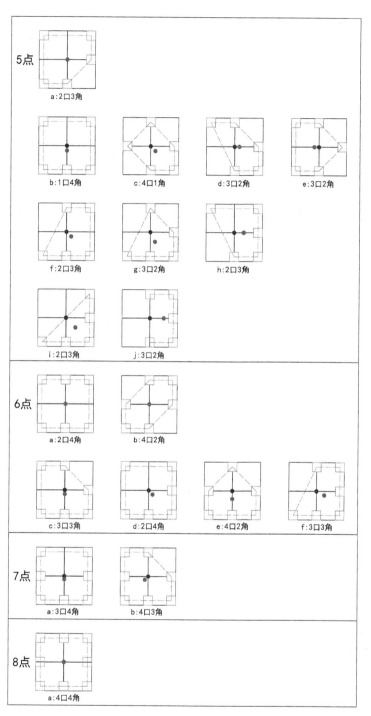

图 7 - 13　边角式 - 2

　　2 个避难场所的边角式布局,类型有 6 种。其中,a 和 b 是比较好的布局,避难场所的面积重心与小区形心重叠,两个点在小区边界上的分布比较均衡。其余 4 种略弱,点位分布不太均衡。

3 个避难场所的边角式布局,类型有 10 种。其中,a 是最好的形式,避难场所的面积重心与小区形心完全重叠;b 也是比较好的,点位分布很均衡;其余形式点位分布的均衡性要略弱,如最后两个,i 和 j,点位集中分布在某一较小的区域内,位置较偏。

4 个避难场所的边角式布局,类型有 10 种。其中,a、b 和 c 三种最好,避难场所重心与小区形心完全重叠,均衡性最好,各避难场所均衡分布在小区的出口或街角上。其余的形式的点位分布要略弱一些。

5 个避难场所的边角式布局,类型有 10 种。其中,a 是最好的;b、c、d、e、f、g 和 h 也是比较好的;i 和 j 相对略弱。如果一个小区能够拥有 5 处避难场所,尽管位置略偏,也是很不错的条件了。

6 个避难场所的边角式布局,类型有 6 种。其中,a 和 b 是最好的,其余 4 种也是非常好的,其避难场所的面积重心与小区形心的偏离距离很小,在无法做到重心与形心完全重叠的情况下,也是不错的选择。

7 个避难场所的边角式布局,类型有 2 种。两种都是非常好的形式,避难场所重心与小区形心的距离非常近。

8 个避难场所的边角式布局,类型有 1 种。各避难场所均衡围绕在小区周边的出口和街角上,这是一种非常难得的形式,点位分布非常均衡。

相对而言,在一个小区中,拥有的避难场所数量越多,其点位分布的均衡性就会得到一定的改善,避难场所重心与小区形心偏离的情况也会变得更好一些;当然,因为高数量避难场所出现的几率较低,所以也就更加难得一些。

7.3.2.2 样例

仍以独立街坊式小区为例,通过设定同一规模小区避难场所的不同布局形式,来比较分析各自的特点。小区的统一规模为 400 m×400 m,用地为 16 hm²,人口在 5 000～6 000 人之间,建筑密度约为 20%,容积率约为 1.2,仍以多层建筑为主(表 7 - 3)。这里,一共列举了 4 个边角式的样例,包括"一角"式、"一口两角"式、"四角"式和"四口"式。

在"一角"式布局中,集中式绿地位于整个街坊的角上(图 7 - 14)。街角绿地的规模为 11 452 m²,小区的人口数为 5 472 人,所需的短期固定避难场所面积为 10 944 m²,街角绿地规模能满足本小区全体居民的短期固定避难对用地的需求。同时,通过合理的布局,街角绿地在小区建筑倒塌后,不会受到影响;而且,通过建筑间距的调整,小区内部的主要道路也会在建筑倒塌后仍然保持畅通,以便于居民到达街角进行避难。但是,街角绿地的位置较偏,避难距离相对略长。

在"一口两角"式布局中,集中式绿地分别位于小区出口和街角(图 7 - 15)。从数据上来看,集中式绿地的面积为 11 822 m²,超过短期固定避难需求,人均集中式绿地 2.02 m²。同理,各集中式绿地和小区内部主要道路也不会被倒塌的建筑所覆盖。从避难场所的布局形式上分析,"一口两角"所形成的三角形的格局相对要均衡一些。每个街角可以负责四分之一的小区面积,小区出口处的绿地广场可以负责一半的小区面积,分区和避难距离也要相对好一些。

表 7 - 3　样例小区的主要指标

项目	一角式	一口两角式	四角式	四口式
小区用地面积(m²)	160 000	160 000	160 000	160 000
总建筑面积(m²)	193 440	196 578	196 578	197 184
容积率	1.20	1.22	1.22	1.23
建筑密度	20.2%	20.4%	20.4%	20.5%
总人数(人)	5 472	5 832	5 832	5 688
紧急避难面积需求(m²)	5 472	5 832	5 832	5 688
短期固定避难面积需求(m²)	10 944	11 664	11 664	11 376
集中式绿地面积(m²)	11 452	11 822	11 822	13 453
人均集中式绿地面积(m²)	2.09	2.02	2.02	2.37

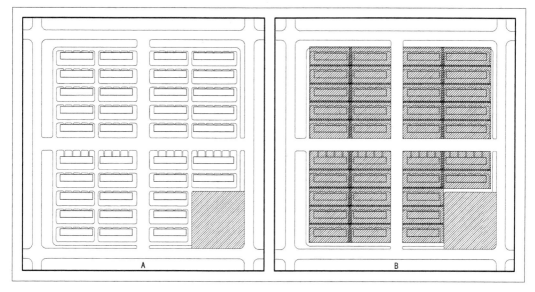

图 7 - 14　边角式-1 角

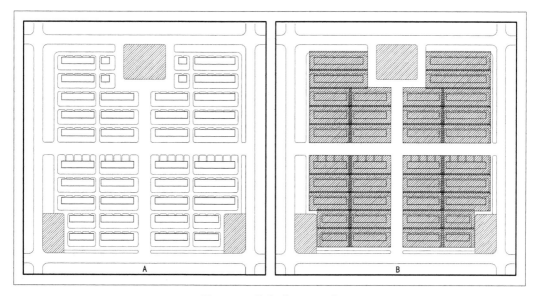

图 7 - 15　边角式-1 口 2 角

第 7 章　住区避难场所布局模式建构

在"四角"式布局中,集中式绿地分别位于小区的四个街角上,每块绿地负责四分之一的小区面积,责任区的划分更加均衡(图7-16)。其集中式绿地的规模也为11 822 m²,人口数为5 832人,同样能满足小区居民的短期固定避难需求。与"一角"式相比,"四角"式的避难场所数量有所增加,虽然集中式绿地的位置仍在街角,但是由于数量的增加和相应责任区范围的减小,从而相对减小了整体的避难距离。

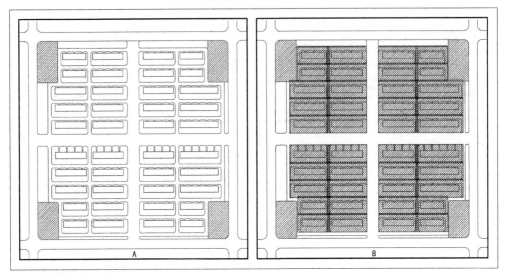

图7-16 边角式-4角

在"四口"式布局中,集中式绿地分别位于小区的四个方向的出口上,绿地分布均衡,可达性很高,避难距离最短,居民可以通过宅间道路非常便捷地到达各个绿地上(图7-17)。其集中式绿地的规模也为13 453 m²,人口数为5 688人,人均集中式绿地2.37 m²,同样能满足小区居民的短期固定避难需求。

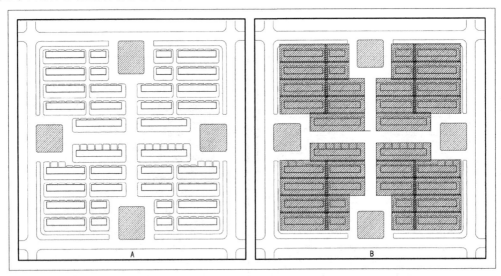

图7-17 边角式-4口

通过上面的分析可知,避难场所的四种边角式布局形式,在避难效率上是存在一定差异的,"四口"式相对最高,而"一角"式相对最低。对于新规划小区而言,可以尽可能往更加理想的模式上靠近;但是,对于旧区改造而言,还是需要根据当地的地形条件、改造规模和实施难度等综合条件来定。

7.3.3 带状式

7.3.3.1 理想模式

带状式,是指避难场所依托带状绿地布局的方式。带状式是另外一种非常高效的避难场所布局模式,相比点式布局而言,带状式布局的避难距离要更短一些,效率也略高一些;当然,具体效果还与各绿带的空间分布状况有关。

根据带状绿地的数量不同,本书列出了从 1 条绿带到 4 条绿带的避难场所不同布局模式,共计 11 种形式(图 7-18)。

在只有 1 条绿带的情况下,有两种具体形式,即绿带位于小区的中轴线上,或者位于小区的边界上。很明显,位于中轴上绿带的均衡性要好于位于边界上的绿带;同时,中轴绿带是依托小区内部的绿地,而边界上的绿带往往是依托城市沿街或滨河的带状公共绿地。

有 2 条绿带时,避难场所的布局模式有 5 种,最好的是 a 和 c,其两条绿带的分布比较均衡,重心与小区形心完全重叠。其余 3 种的情况也还是可以,例如 d,T 形绿带,一条是小区内部的中轴绿带,另一条是城市的公共绿带;又如 e,L 形绿带,两条绿带都是城市的公共绿带,虽然重心位置略偏,但是,一个小区能拥有两条绿带,也是非常难得的。

有 3 条绿带时,模式有 3 种。其中,a 和 b 最好,绿带分布非常均衡;c 略微弱一点,但也属于很好的类型,整个小区由 3 条城市公共绿带围着,避难资源是很丰富的。

有 4 条绿带时,只有 1 种形式,即 4 边围

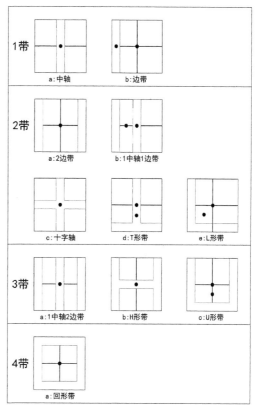

图 7-18 带状式布局示意图

合。小区的 4 个边界上,均有绿带分布,避难空间分布非常均衡,避难距离很短,效率很高。

7.3.3.2 样例

在紧急避难过程中,避难路径的平面形式应以直线为主,距离越短越好。以小图 A 为例,在两列房子中间有一条绿带,当地震发生时,两侧住宅里的人都可以快速地到达绿带上进行避难。其避难距离最短,避难路径为直线。在小图 B 中,小区的规模横向增加了一倍,绿带也增加了一条,等于是往用地延伸的方向进行复制;同理,当用地形状较为方正且规模较大时,可以对用地进行多次分割,以保证任何两列房子之间都有一条绿带作为缓冲。

在技术指标上,小图 A 的容积率为 1.1,建筑密度为 18.2%,中心绿带面积为 6 517.1 m²,

占小区总用地面积的 16.3%,远远超过短期固定避难面积所需要的集中绿地占小区用地 8% 的比例。小图 B 的中心绿地面积占小区用地 16.3%;小图 C 中,由于增加了横向的绿带,其中心绿地占小区用地规模的 24.6%,其比例更高(图 7-19)。图 7-20 是该方案的建筑倒塌模拟图,可以看出,在建筑倒塌后,中心绿带及其周边的环路和小区出口并没有受到影响,即小区内外的交通联系没有被阻塞。

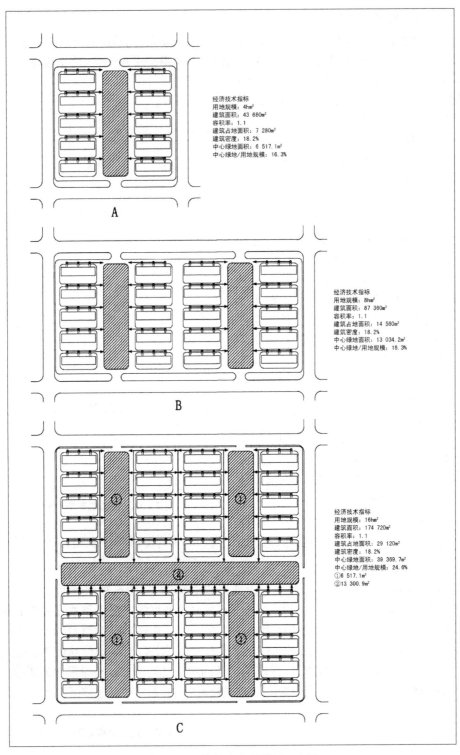

图 7-19　带状式布局样例示意图

与三种典型的点状布局模式相比,带状布局模式的优点体现在三个方面,一是保证了小区中每栋建筑一侧都有绿地可以进行避难;二是从建筑内部出来后,所有人的避难路径都可以是直线;三是避难距离最短,最远也就是一栋楼的长度,不超过 100 m,图上三个单元的住宅建筑,其避难距离最远在 60 m 左右,大部分是 40 m 和 20 m。

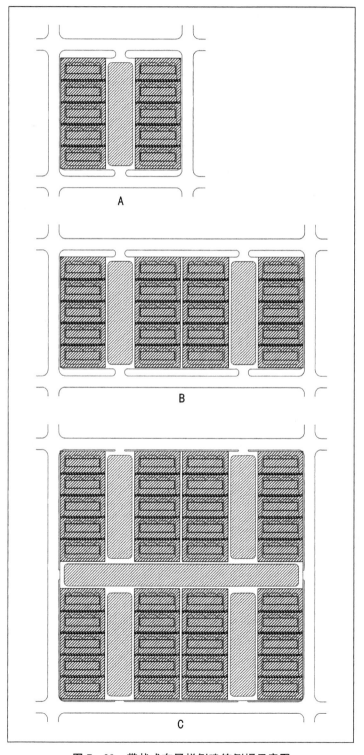

图 7-20 带状式布局样例建筑倒塌示意图

7.3.4 混合式

7.3.4.1 理想模式

混合式,是指避难场所按照不同位置和不同形状进行组合的布局形式。混合式布局包括中心点与小区出口点的组合、中心点与街角的组合、中心点与小区出口点和街角的组合,以及点带结合式,不同的组合形式,加上不同数量和位置的避难场所,形成非常丰富的类型。

按照避难场所的数量多少,本书列出了从2个避难场所到9个避难场所的各种组合形式,共47种(图7-21、图7-22)。

2个避难场所的混合式布局,类型有2种。其中,一个避难场所在小区中心,另一个在小区出口处或者街角处。此两种形式的避难场所分布均会偏向某一侧,其面积重心也会离开小区形心一定距离,不过依然是在可以接受的范围以内。

3个避难场所的混合式布局,类型有6种。其中,a和b是最好的形式,避难场所的面积重心与小区形心完全重叠;其余形式的避难场所集中分布在小区的某一侧或者某个区域内,点位分布的均衡性要略弱。

4个避难场所的混合式布局,类型有10种。其中,a最好,避难场所重心与小区形心完全重叠,均衡性最好。其次,b、c、d、e和f也比较好,避难场所重心与小区形心非常接近;其余的形式要略微弱一些。

5个避难场所的混合式布局,类型有9种。其中,a、b和c是最好的,避难场所的点位分布非常均衡;其次,d和e也是比较好的,避难场所重心与小区形心非常接近;其余的形式相对略微弱一点,但也是不错的组合形式。

6个避难场所的混合式布局,类型有11种。其中,a是最好的;b、c、d、e、f和g也是非常好的;其余的略微弱一点。

7个避难场所的混合式布局,类型有6种。其中,a和b是最好的,避难场所的点位分布很均衡,其重心与小区形心完全重叠;其余也是非常好的组合形式,避难场所重心与小区形心非常接近。

8个避难场所的混合式布局,类型有2种。两种形式都比较好,避难场所重心与小区形心非常接近。

9个避难场所的混合式布局,类型有1种。小区中心有一处避难场所,其余各避难场所均衡围绕在小区周边的出口和街角上,点位分布非常均衡,这是一种非常难得的类型。

除了各种点位的组合外,混合式还包括点带结合的形式。本书列出1条绿带和2条绿带与点状绿地的结合形式,共有5种类型(图7-23)。

在1条绿带中,给出了2种类型。其中,a是最好的,绿带位于小区中轴上,其余是个点状绿地位于各组团中心,形成一轴四心的格局,避难场所分布非常均衡。其次,b是一心一带的形式,即小区中心处有一个避难场所,绿带位于小区边界处,形成一种略微有点偏心的结构。相对前者而言,均衡性略弱。

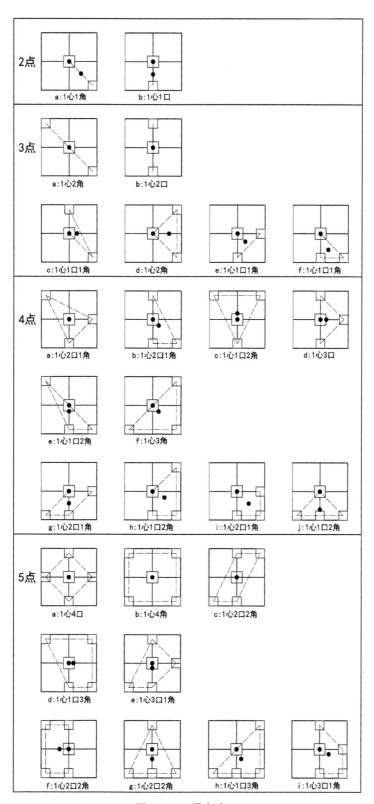

图 7 - 21　混合式 - 1

在 2 条绿带中,给出了 3 种类型。其中,a 是最好的,十字绿轴位于小区中心,其余 4 个点状绿地位于各组团中心,均衡性很好。b 是一个 T 形绿轴加上两个心的格局,两个心分别位于 T 轴两侧的中心,也是一种比较好的形式。c 是一个 L 形绿带加上一个中心绿地的格局,均衡形也是不错的。

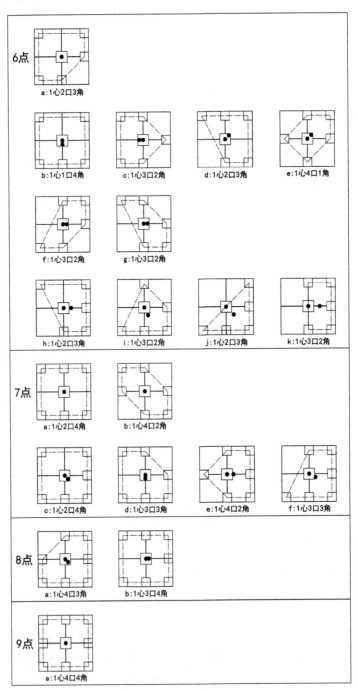

图 7-22　混合式-2

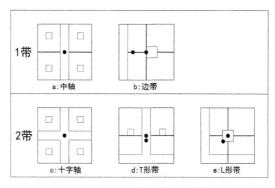

图 7 – 23   点带结合式示意图

7.3.4.2   样例

下文给出了不同类型的混合式布局的样例,其中包括各种点式的组合和点带结合的形式。以 250 m 见方的居住小区为例,可以采用不同的避难场所布局模式,主要有三种,即"一心四角"、"一心四口"、"一心四点";同时,保证三种模式下,绿地不受周边建筑倒塌的影响,并留出周边环路(图 7 – 24)。

在"一心四角"模式中,小区容积率为 1.20,中心式绿地占小区总用地面积的比例为16.2%,远超过短期固定避难要求的 8% 的比例下限。两级集中式绿地面积分别是 1 687 和3 354 m²,分别满足紧急避难场所和短期固定避难场所的面积下限要求。小区总人口2 516 人,所需固定避难场所 5 032 m²,集中绿地面积之和为 10 102 m²,人均集中绿地面积为 4 m²,超过人均中期固定避难面积 3 m² 的下限要求。也就是说,该小区采取"一心四角"模式来布局避难场所,可以满足本小区居民对中期固定避难场所的用地需求。

在"一心四口"模式中,小区容积率为 1.23,中心式绿地占小区总用地面积的比例为13.6%,超过短期固定避难要求的 8% 的比例下限。两级绿地面积分别是 1 317 和 3 354 m²,分别满足紧急避难场所和短期固定避难场所的面积下限要求。小区总人口 2 563 人,所需固定避难场所 5 126 m²,集中绿地面积之和为 8 622 m²,人均绿地面积为 3.3 m²,超过人均中期固定避难面积 3 m² 的下限要求。亦即,该小区的避难场所布局模式也能满足本地居民的中期固定避难需求。

在"一心四点"模式中,小区容积率为 1.23,中心式绿地占小区总用地面积的比例为9.6%,略超过短期固定避难要求的 8% 的比例下限。两级绿地面积分别是 726 m² 和 3 118 m²,分别满足紧急避难场所和短期固定避难场所的面积下限要求。小区总人口 2 568 人,所需固定避难场所 5 136 m²,集中绿地面积之和为 6 022 m²,人均绿地面积为 2.3 m²,超过人均短期固定避难面积 2 m² 的下限要求。亦即,该小区的避难场所布局模式能满足本地居民的短期固定避难需求。

在上述三种典型布局模式中,尽管都可以满足小区内部居民短期固定避难的面积需求,但是,不同布局模式的效果也是存在一定差异的。"一心四角"模式是最外向的,四个街角都安排了街头绿地,能够尽可能地为街道上的人群服务;相对而言,为本小区内部居民服务的话,其避难距离要长一些,因为在街角一般不设置小区主要出入口,居民要到达街角进行避难,要先从小区出口处绕一下,使得其避难时间被延长了。即使在街角设置了步行小门,其连接道路也有可能被周边倒塌的建筑所覆盖,从而不能发挥作用。

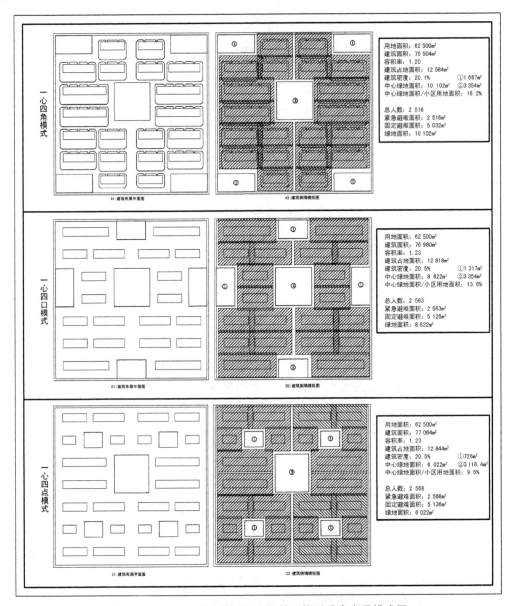

图 7 - 24　250 m 见方的居住小区的不同避难点布局模式图

"一心四口"模式是半外向半内向的,在小区四个出入口上设置疏散广场,方便了小区内部居民便捷地逃出来,也使得街道上的人群有较近的场地可以进行紧急避难。

"一心四点"模式是完全内向型的,所有的场地都是为了满足小区内部居民的避难需求而设置的。

下面以 500 m 见方的小区为例,给出了点带结合的布局模式样例,具体形式是"十字轴加四心"的格局。十字轴位于小区的中轴线位置上,四个点状绿地分别位于四个组团的中心;并保证在建筑倒塌后,组团绿地和绿轴的周边环路均不会被覆盖(图7-25)。

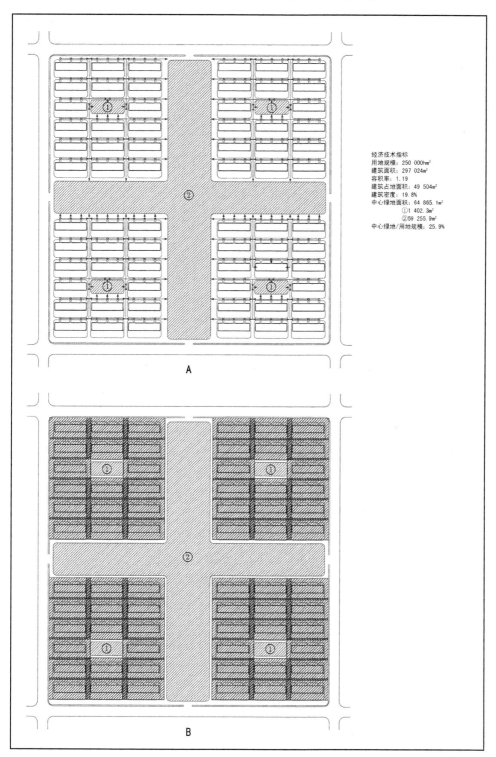

经济技术指标
用地规模: 250 000hm²
建筑面积: 297 024m²
容积率: 1.19
建筑占地面积: 49 504m²
建筑密度: 19.8%
中心绿地面积: 64 865.1m²
　①1 402.3m²
　②59 255.9m²
中心绿地/用地规模: 25.9%

图7-25　点带结合式布局示意图

该小区的容积率为 1.19,中心绿地率为 25.9%,远超过短期固定避难 8% 的下限要求。单个组团绿地面积为 1 402.3 m²,满足紧急避难场所的要求;绿轴面积为 59 255.9 m²,满足长期固定避难场所的面积要求。小区人口为 1 万人,中心绿地的总面积为 64 865.1 m²,人均中心绿地为 6.5 m²,超过人均长期固定避难 4.5 m² 的下限要求。也就是说,该小区采取点带结合的方式来布局避难场所,可以满足本小区居民的长期固定避难需求。

7.4 小结

避难场所的规划布局受到需求条件和供给条件两个方面的影响。需求是前提,供给是结果。很多情况下,需求量是远大于供给量的,这也是避难问题产生的主要原因。唯有需求量和供给量取得平衡,才能完全解决住区的避难问题。

(1) 避难资源需求与供给理论

对构建一个居住小区的避难圈而言,其决定性影响要素是避难圈的需求与供给关系。在同等条件下,需求量越大,所需要的避难圈对避难场所面积的供给量就应越大;反之,需求量越小,供给量就应越小。在一个理想的避难圈中,供给量应与需求量达成平衡。

避难资源需求理论的基本内容是:需求量随着避难服务本身距离的上升而减少,随着避难距离的下降而增加。避难需求曲线用来表示某类地区、不同规模地震情况下,愿意接受不同避难距离的人数;需求曲线向右下方倾斜。

避难需求层次理论的基本内容是:人对避难的需求大体可以分为三个层次:首先是要保证人的生命安全;其次是保证人的基本避难生活需求;第三是保证与外界的联系畅通。

同时,本书提出,城市对避难资源的供给原则应包括:安全可靠与就地平衡、方向明确与就近避难、路线简洁与畅通无阻、层次多样与均衡分布、点小量多与先小后大。基于此,提出避难资源供给理论和避难资源供给层次理论。

避难资源供给理论的基本内容是:避难资源的供给量与距离呈正相关关系,即:距离越远,供给量越大。理论上,供给曲线应是向右上方倾斜的曲线。

避难资源供给层次理论的主要内容是:避难资源的供给是分层次的,根据需求层次的划分,可为紧急避难场所、固定避难场所和中心避难场所,不同层次的需求规模不同,也对应不同规模的供给。

基于保障全体居民安全的基本考量,避难资源的供给规模需要与需求规模相匹配,供需平衡点是避难场所选址布局和避难圈划设的重要依据。同时,给出了计算需求规模的数学表达式。

(2) 避难场所布局的基本要求

在位置选址方面,避难场所的位置选择有 4 类:一是小区中心绿地;二是组团绿地;三是小区出入口;四是街角。

在服务半径方面,建议适宜的紧急避难距离应小于 150 m,最大的紧急避难距离应小于

300 m。

在规模和数量方面,提出应随着小区规模的变化而变化,呈正相关关系。但同时,避难圈与小区的面积比值最好能等于或小于1,亦即,避难圈的边界最好能与小区的边界重叠,甚至更小,避难场所的选址也应遵循"边界效应"的原则。

（3）避难场所布局的理想模式

文中提出了四种避难场所的布局模式,主要包括中心式、边角式、带状式和混合式,针对不同类型,均提出了理想模式的简化图示,并配以相应的样例加以说明。

在中心式中,列出了两种具体的布局形式,给出了4种不同规模小区的"一心四点"式的样例。同时,提出了"有效集中绿地"的概念,论证了在多层建筑、正常容积率和高于30％绿地率的条件下,只要使得集中绿地率大于4％,就可以满足本小区所有居民的紧急避难需求;集中绿地率大于8％,可满足短期固定避难需求;集中绿地率大于12％,可满足中期固定避难需求;集中绿地率大于18％,可满足长期固定避难需求。同时,给出了小区在不同规模条件下,避难场所的适宜数量和规模等级。

在边角式中,列出了47种布局形式,提出良好的均衡性是判断布局形式优劣的重要依据。按照避难场所的数量不同,分别给出了不同的组合方式,并指出了其中的优良模式类型。

在带状式中,列出了11种布局形式,指出带状式是避难效率很高的一种形式,避难路径全部为直线形式,方向非常明确。同时,给出了一条绿带、两条绿带和三条绿带的小区样例;并指出,带状式的避难路径的效率是最高的。

在混合式中,也列出了47种点状混合布局形式和5种点带结合的布局形式,指出了不同组合形式的差异。在样例中,比较了不同布局形式的共性和差异性,即均能满足小区内部全体居民的短期固定避难需求。不同的是,"一心四角"模式是最外向的,"一心四口"模式是半外向半内向的,"一心四点"模式是完全内向型的。

第8章 住区避难生活圈划设

避难生活圈是在避难场所和避难路径的基础上划定而成的;三者不是一个点线面的简单组合关系,而是有着深刻内在联系的有机整体。避难生活圈这一概念的提出,将这三者紧密地联系在一起。避难生活圈的划设与避难场所的位置选址和布局形式有很大关系,避难圈的基本构型也是在避难场所理想布局模式的基础上提炼出来的,并对避难路径的形式提出了明确要求;同时,避难圈的等级也与避难场所的规模有直接关联。基于此,本章从三个方面展开论述:一是避难圈布局的数学模型;二是避难圈的划设方法;三是样本小区避难圈的优化。

8.1 避难生活圈布局的数学模型

8.1.1 假设条件

① 在地震发生时,所有人均需要进行紧急避难,且以步行方式进行避难活动。

② 避难者首先到邻近的任一避难场所去,获得紧急避难服务;任何等级的避难场所都能提供紧急避难的功能。

③ 同一避难场所的功能,会随着时间的推移,其发挥的作用也在变化。例如,所有等级避难场所在地震时,均能发挥紧急避难功能,但随着时间推移,一些人已经不需要再在此避难场所避难,回家去住;同时,另一部分人可能由于自家房屋倒塌或严重损坏无法居住,而被迫进行中长期固定避难。此时,紧急避难场所和短期固定避难场所已经关闭,不再提供紧急避难服务,转为平时正常的功能;而中长期固定避难场所的功能也由紧急避难转为中长期固定避难。

④ 避难者人数会随着时间的推移而发生变化。有紧急避难需求的人数应是全体居民,人数最多,但是,有固定避难需求的人数要比紧急避难需求的人数要少。因为,并非所有人都需要进行固定避难,特别是中长期固定避难。进入中长期避难阶段,在紧急避难场所或短期固定避难场所的、且有中长期固定避难需求的避难者,需要转移到邻近的中长期避难场所去,以获得更高层次的避难服务。因此,居民对不同等级避难场所的需求是不一样的。

⑤ 在同一设施备选点上,只能建立一个应急避难场所。

⑥ 现状应急避难场所的功能完好。

8.1.2　选址模型

对现有小区而言,假设其周边的避难场所是已知的,包括其位置、距离、规模和数量等,其指标都是固定不变的。那么,避难圈构型的问题就转变为,以小区为中心,如何从小区周边的 P 个现有的避难场所中,选择出 N 个来,构成一个避难圈。评判这个避难圈构型是否优良的关键条件就是,小区中所有居民到达各避难场所的距离之和达到最小,即总移动距离最小。此时,需要把小区简化为一个点,小区中所有的人集中在这个点上,这个点就是小区的人口分布重心。通常情况下,为方便计算,会把小区视为一个人口均质化分布的场地,那么,小区的人口重心就会等同于其几何中心。

公式如下[229]:

$$L = \sum_{i=1}^{n} \sum_{j=1}^{n} S_{ij} \cdot d_{ij}$$

式中,S_{ij}——从小区 i 到避难场所 j 的人数。

d_{ij}——从小区 i 到避难场所 j 的距离。

求能使 L 最小的 S_{ij},该公式给出了以最佳状况利用现有避难场所时每个居住小区的避难人口。以此就能评价样本小区避难场所的效能和布局是否恰当。

8.2　避难生活圈的划设

构建一个最优的避难圈,其基本目标是要使得小区中所有居民到达各避难场所的距离之和达到最小,即总移动距离最小。反映到空间图形上,就是由小区的形心、避难场所的面积重心以及避难人流的分布重心等构成的偏离三角形的偏离度最小。最理想的情况就是,三心完全重叠。如果现实中遇到诸多困难,很难实现这种理想模式。那么,在划设小区的避难圈时,就需要尽可能使得偏离三角形的规模和周长最小。

8.2.1　基本圈形

8.2.1.1　基本圈形的模式

如前文所述,受避难场所数量和位置的影响,避难生活圈的构型非常多样。在实际中,受小区规模、形状、地形以及城市其他条件的影响,避难圈的形式会更加复杂。本书意欲将问题简化,提出一系列理想的布局模式。

理想模式的评判依据,就是避难圈的圈形要足够优良,具体而言,就是圈形的紧凑度最高和偏离度最小。圈形要饱满、匀称、均衡;小区形心与避难场所的面积重心要"两心合一",完全重叠。第三个心,即避难人流分布重心,要在震后才可知道其实际位置;在避难圈划设时还无法得知,也无法假设实际情况,但是可以通过后续的协调,使不同避难场所的人员得以均衡。而在选址布局阶段,只能尽可能做到"两心合一"的情形。

仍以街坊型居住小区为例,在前文列出的诸多避难场所布局模式中,这里选择了 10 种基本圈形(图 8-1)。形状包括三角形、正方形、菱形、平行四边形、五边形和六边形。还有两种特殊的形式,一种是直线形,另一种是点式;这两种构型未形成闭合的圈形;这两种避难圈形适用于用地规模较小的小区,或者是地形比较复杂的小区。

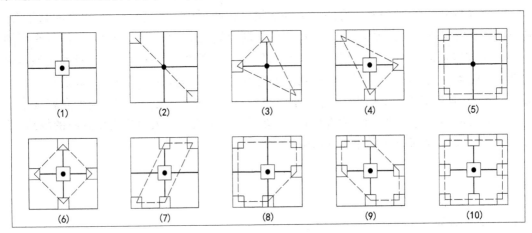

图 8-1 避难圈的优良构型模式图

从形状上来看,所有的这 10 种形式,都是圈形非常好、紧凑度很高、偏离度最小的形式,做到了"两心合一"的要求,即小区形心和避难场所的面积重心合二为一。这 10 种形式分别是:"一心"式、"两角"式、"一角两口"式、"一心一角两口"式、"四角"式、"一心四口"式、"一心两口两角"式、"一心两口三角"式、"一心两角四口"式、"一心四角四口"式,其图示分别如图 7-20 中的小图(1)~(10)。

(1)"一心"式:是指仅有一个避难场所,位于小区中心位置,表现为单中心的形式。该种形式布局,避难场所的位置条件优良,服务范围为整个小区,各个区域的避难距离均等。

(2)"两角"式:是指仅有的两个避难场所分别位于小区的街角上,两个点呈对角线方式布局。该形式的避难场所位置相对较偏,避难距离相对较长。

(3)"一角两口"式:是指一个避难场所位于小区的街角,另外两个位于小区出口处,其避难圈呈现出等腰三角形的形式。小区出口的避难场所位置相对较好,可达性较高;位于街角的避难场所的可达性相对略弱。

(4)"一心一角两口"式:是指小区中心有一个避难场所,街角有一个避难场所,小区的两个不同方向的出口处各有一个避难场所,其避难圈也呈现出等腰三角形的形式。小区中心的避难场所的可达性最高,街角的相对较弱。

(5)"四角"式:是指四个避难场所均位于小区的四个街角上,分布均衡。其避难圈呈现出正方形的形式。

(6)"一心四口"式:是指小区中心有一个避难场所,另外四个位于小区不同方向的出口处,其避难圈呈现出菱形的形式。该形式的 5 个点的可达性均较为优良,避难距离相对较短。

(7)"一心两口两角"式:是指小区中心有一个避难场所,另外 4 个分别分布在不同方向的出口处和街角处,其避难圈呈现出平行四边形的形式。

(8)"一心两口三角"式:是指小区共有 6 个避难场所,小区中心有 1 个,2 个小区出口各有 1 个,3 个街角各有 1 个,其避难圈呈现出五边形的形式。

（9）"一心两角四口"式：是指小区共有 7 个避难场所，小区中心有 1 个，4 个小区出口各有 1 个，2 个街角各有 1 个，其避难圈呈现出等腰六边形的形式。

（10）"一心四角四口"式：是指小区共有 9 个避难场所，小区中心有一个，4 个小区出口各有 1 个，4 个街角各有 1 个，9 个点为九宫格的布局，其避难圈也呈现出正方形的形式。该形式的避难场所数量最多，分布也最均衡。

在图 8-2 中，对 10 种基本圈形的责任区划分和路径设置进行了图示。例如，在图（1）"一心"式中，整个小区被设定为一个责任区；在图（2）"两角"式中，小区中被分成了两个分区；在图（3）中，有 3 个责任分区；在图（4）中，有 4 个责任分区；在图（5）中，也有 4 个责任分区，如同 4 个象限；在图（6）中，有 5 个责任分区，如同风车的形式；在图（7）中，也有 5 个分区，与图（6）一样；在图（8）中，有 6 个责任区；在图（9）中，有 7 个责任区；在图（10）中，有 9 个责任区，如同九宫格。分区的原则是每个避难场所有各自独立的责任区，并处于其责任区内尽可能靠中的位置上；如果有小区中心绿地，则必然设定一个中心分区，围绕该中心绿地来设置。同时，避难路径的设置尽可能以直线为主，减少不必要的绕曲。

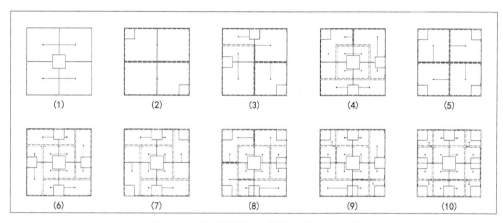

图 8-2　基本圈形的责任区和路径示意图

为了进一步考核这些基本圈形的效率，将静态选址模型应用到各基本圈形中，来对各自圈形的效率进行比较分析。

因为只有一个小区，故而需要将不同避难场所的责任区进行划分，从而计算出不同责任区的人数。通过计算到达不同避难场所的人数，以及到达各避难场所的距离来计算不同圈形条件下统计结果。假设人口在小区中是均质分布的，S 代表小区总人数，用不同责任区与小区总面积的比值来算出各责任区的人数。同理，各责任区形心到达各避难场所的实际长度就是避难距离，d 代表小区边长，用该长度与小区边长的比值来求得。下面是各圈形的数据。

图（1）：$L_1 = Sd/2$；

图（2）：$L_2 = Sd$；

图（3）：$L_3 = 19Sd/32$；

图（4）：$L_4 = 3Sd/8$；

图（5）：$L_5 = Sd$；

图（6）：$L_6 = Sd/4$；

图(7)：$L_7 = 7Sd/16$；

图(8)：$L_8 = Sd/2$；

图(9)：$L_9 = 5Sd/16$；

图(10)：$L_{10} = 3Sd/8$。

出人意料的是，排名第一的是 L_6，即图(6)的"一心四口"式，而非图(10)的"一心四角四口"式。从数据上看，L_6 的效率明显高于 L_{10}。也就是说，避难场所的数量多，不一定就一定带来高效率，还与位置分布有很大关系。从位置上讲，图(6)的 5 个避难场所的位置均很好，可达性很高，平均避难距离最短；而图(10)中有 4 个街角型避难场所，由于小区在街角没有开设出入口，导致人流需要从小区各方向边界中部的出口出去后绕行到达街角，从而导致避难距离偏长，降低了该小区的整体避难效率。由此带来的启示是：对待此类情况，有两种解决方案：一是减少在街角的避难场所的数量，尽可能将避难场所设置在小区中心或小区出口；二是在街角开设步行出口，以避免过多的绕曲，减少总体避难距离。

排名第二的是图(9)；共同排名第三的是图(4)和图(10)；排名第四的是图(7)；排名第五的是图(1)和图(8)，其避难距离之和为图(6)的两倍；排名第六的是图(3)；排名第七的是图(2)和图(5)，其避难距离之和为图(6)的四倍。

由此可知，虽然从形态上看，10 种圈形的重心全部落在小区形心上，构图都是非常均衡的；但是，其实际的效率还是存在很大区别。而这些区别，主要是由于避难场所的区位原因造成的，特别是街角型避难场所的出现，使得避难距离之和增加，降低了整体的避难效率。另一方面，也并不是说，排名靠后的圈形就不能在实际工作中使用。这些圈形本身还是比较理想的，只不过运用在现实中，需要根据具体情况而有所变化。不同的圈形适应不同的环境条件，所以有其存在的必要性。

同时，需要注意的一个原则是，避难圈的圈形需要与小区的形状相似，或者有较强的关联度。例如，当街坊用地的形状为正方形时，最理想的避难圈形是正多边形，其中，以正四边形为最经典的构型，也是最高效和优良的圈形。又如，如果用地是非常狭长的地形，那么就需要用到带状式布局的模式了。同时，还需要根据小区的规模来定。例如，如果居住小区的规模越小，其人口数越少，所需要的避难场所的面积也就越小。因此，避难场所的数量也就越少，避难圈构型也就越简单。反之，居住小区的用地规模越大，人数越多，所需要的避难场所的用地面积越大，数量也越多，避难圈构型也就相对越复杂。

8.2.1.2 基本圈形与避难路径的关系

（1）距离

对居民而言，避难距离越短越好，最理想的状态是每栋楼外都是大片的公共绿地，这样只要逃到建筑外就安全了。但是，事实上很难做到。基于前文的研究分析，本书提出，针对居住小区，紧急避难距离的实际长度的适宜距离在 200 m 以内，这个是调查中超过 60% 的居民能够接受的距离。最大的实际长度控制在 500 m 以内，这个是超过 90% 的居民能够接受的距离范围。如果将其转换为避难圈的服务半径，也就是直线避难距离的话，适宜的紧急避难距离应小于 150 m，最大的紧急避难距离应小于 300 m。

（2）线形与方向性

避难路径的线形以直线为最佳，因为其避难起点和终点在一条直线上，避难的方向性最强；在起点位置就可以直接看到终点，视线的通畅性也较好，有利于居民的快速疏散。对于在小区公共绿地东西两侧的住户来讲，只要走出单元门口，经过宅间的一条直线路段就可以到达公共绿地；绿地南侧的住宅，通常在北侧设置单元出口，则只要走出单元门口，就可以到达公共绿地，路径为直线；绿地北侧的住宅楼，由于单元出口在建筑北侧，需要绕过建筑才能到达绿地，其路径呈L形或U形。L形的路径也比较简洁明确，也是一种较好的路径线形，路径的拐点只有一个，方向性相对较强；U形的路径，路径的拐点有2个，方向性相对较差；另一种路径形式是Z字形，也是有2个拐点，但是由于两条横向路段在一个方向上，故而方向性较U字形稍好；最后，是S形和其他过于弯曲的路径形式，由于拐点过多，方向性较强，不利于居民的快速高效疏散。

（3）连续性

连续性最好的避难路径应该没有一个断点，其次，是断点数量越少越好。按照本书提出的理想布局模式，紧急避难在街坊内解决。这样，街坊内的居民不需要跨越城市道路到街坊外部去寻找场地来避难，就不会面临城市道路上的大量车流带来的风险。

（4）宽度

理想模式中要求小区主路，包括连接小区出入口的主路和中心绿地周边的环路，在周边建筑倒塌线覆盖范围之外，那么，主路上也不存在堵塞点，能够保证在建筑倒塌后，小区的主路未被覆盖，以便有效地将小区内部的避难场所与外部的城市道路连接起来。因此，必须对主路两侧的建筑间距进行控制。

小区内部主路两侧建筑间距的计算公式为：

$$L=(H_1+H_2)\times 1/2+L_1$$

其中，H_1、H_2分别为道路两侧的建筑高度，L_1为主路的宽度。

对于小区中心绿地周边建筑与绿地周边环路的间距控制原理也是如此。要求有足够的间距宽度，以保证绿地周边环路不被覆盖。环路边线到周边最近建筑的距离，不小于该建筑的高度的一半。

对于多层住宅型的居住小区外部的城市道路而言，最理想的情况是城市主干道在两侧建筑倒塌后，人行道没有被覆盖；城市支路的宽度最好能大于两侧建筑倒塌后的覆盖距离之和，以便能留出一定的宽度，能让人通行。

图8-3、图8-4以基本单元和不同空间单元层次，来说明避难路径的布局模式。图8-3是基本单元内不同绿地布局模式下的5种不同的路径组合方式，表达的是小区中心绿地与小区组团中心、小区出口和街角的路径关系。图8-4是大街区中的路径模式，表达的是基本单元内部的路径组合，以及单元内与单元外，各级街区中心的路径组合方式。

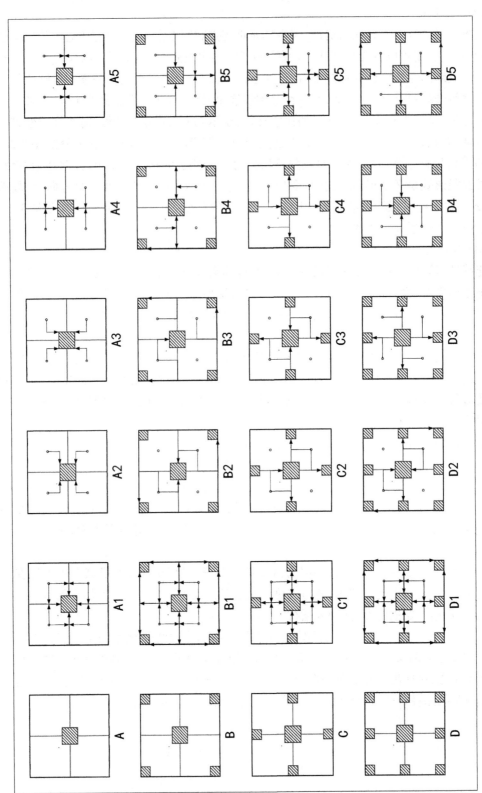

图 8 - 3 4 个基本模式图的路径模式示意图 (参见书末彩图)

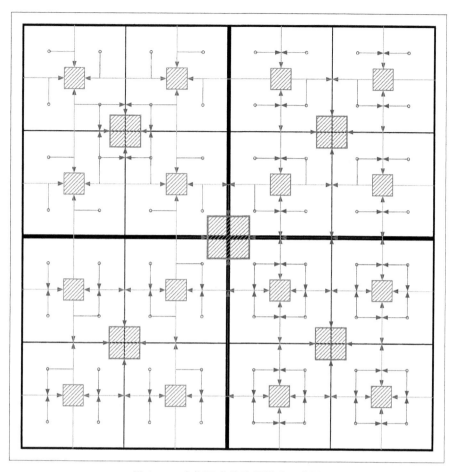

图 8‐4　大街区中的路径模式示意图

8.2.2　服务半径与服务范围

根据就地平衡原则,居住小区是一个基本的避难空间单元,最理想的情况是,每一个居住小区都应设置其专属的避难场所,也就相应地拥有其专属的避难圈。那么,该避难圈的服务范围是本小区的空间区域,服务对象应是本小区的全体居民,服务半径也就等同于本小区居民的最大避难距离。

与常规的圆形圈不同,多数的住区避难圈是一个不规则的多边形。由此,对于一个基本单元的小区而言,其避难圈的服务半径不是一个固定的数值,是一个数值区间,最大值是小区的长轴的一半,最小值是短轴的一半。例如,如果小区形状是长方形,则其避难圈的服务半径的最大值应是其长边的一半,最小值是其短边的一半。如果小区形状是正方形,则其避难圈的服务半径应是其边长的一半。

因为避难圈是由各个避难场所连接而成的圈形,各避难场所的服务范围应覆盖整个避难圈。由此,避难圈的半径应等同于避难场所的半径。如前文所述,适宜的紧急避难距离应小于 150 m,最大的紧急避难距离应小于 300 m。因此,对于居住小区这一级别的基本空间单元来说,避难圈的适宜的服务半径应小于 150 m,最大不应超过 300 m。

8.2.3　等级与规模

在规划时,住区避难生活圈的规模和等级体系需要与城市居住区的规模相匹配。根据城市居住区的空间规模特征,本书将以 1 000 m 见方的街区为一个基本的空间研究尺度,可以将避难生活圈划分为以下三个基本等级或层次:

① 街坊式小区的避难圈,其用地规模从 1～20 hm² 不等,周边主要是城市支路;对应的是组团和小区这一层级。

② 城市次干道围合而成的小街区的避难圈,其用地规模在 20～50 hm² 之间,对应的是小区和小型的居住区层级。

③ 城市主干道围合而成的大街区的避难圈,其用地规模在 70～150 hm² 之间,对应的是中型居住区的层级。

需要说明的一点是,当用地范围扩展到多个街坊或者大街区之后,避难圈的服务范围一般会大于其圈形围合的区域,这是因为避难圈是将各个避难场所连接起来的封闭的不规则多边形,到避难场所来的人来自四面八方。从理想模式上来看,避难圈的服务范围一般都是规则的街坊单元,与不同等级城市道路划分的城市空间单元有对应关系。不同等级的避难圈对应不同等级的城市空间单元,也对应不同等级的避难场所。

本书以四种基本模式为例,将其分别推广到 1 000 m 见方的空间单元中,可以看到不同的效果,如图 8 - 5 所示。

A 类是"一心",即在 250 m 见方的基本街坊中,只有一处中心绿地;500 m 见方的街区和 1 000 m 见方的街区,绿地布局的模式没有发生变化,都是中心式布局。该类型布局模式是完全内向式的布局,是典型的自给自足型,可以满足本小区或者本空间单元内居民的紧急避难需求,缺点是避难场所都处在小区内部,开放性不足,对紧急情况下街道上行人或者其他流动人员的避难需求,不能充分应对。

B 类是"一心四角",即除了中心绿地外,在四个街角也分别设置绿地。街角绿地的出现,等于在每个城市道路交叉口都设置了避难场所,这样就大大增加了避难场所的公共型和开放性,可以方便流动人员的紧急避难,也可以酌情增设更高等级的避难场所。三级空间尺度,分别有各自的避难圈,对应各自的街区范围,最基本的避难圈还是小区层面的。

C 类是"一心四口",即一处中心绿地,加上四个小区出口处的疏散广场。该类型的开放性要强于 A 类的中心式,但是要略弱于 B 类的边角式。因为,小区出口处的疏散广场还是以方便本小区居民的避难为主。

D 类是"一心四角四口",即 9 个关键节点,全部设置绿地。在四种类型中,这是最理想的一种,也是对用地条件要求最高的一种。对街区内部的居民和外部的人员,都能够照顾到。

另外,本书再次以"一心"式为例,同时在街角增加了绿地,构成了"一心一角"式,即一个中心绿地加上一个交叉口绿地,将其推广到 2 000 m 见方的城市空间中。该空间尺度的用地规模有 4 km²(由 4 个 1 km² 的基本街区组成),对应的是大型居住或城市居住片区的层级。

图 8 - 6 是四个层次的避难场所布局模式图,图中的 A、B、C 和 D 分别代表上文的四个层次。以 250 m×250 m 的街坊为基本单元,以一个中心绿地作为紧急避难场所为基本布局模式,用地规模不断扩大,依次以 500 m×500 m、1 000 m×1 000 m、2 000 m×2 000 m 为代表,作出不同空间尺度下的避难场所布局模式示意图。

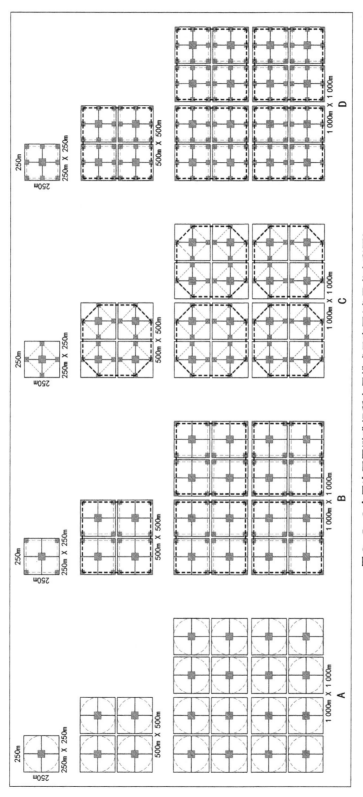

图 8-5　3 个层次不同避难场所布局模式示意图(参见书末彩图)

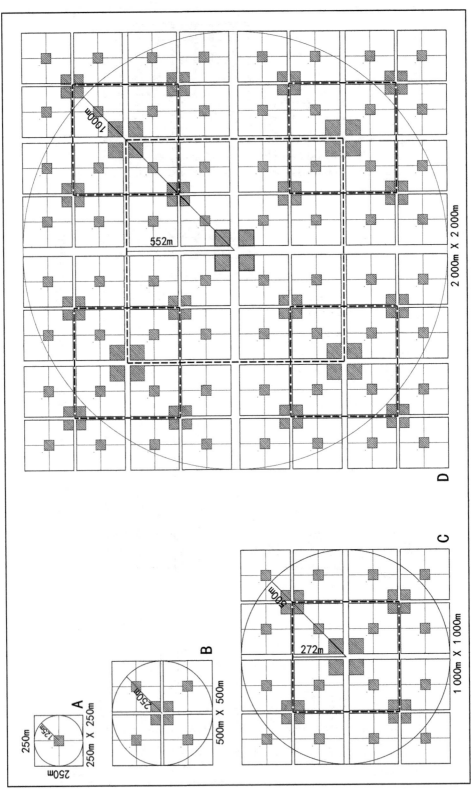

图 8－6　四个层次的避难圈布局模式示意图

当小区规模为 250 m 见方时,只有一处小区中心绿地,满足本小区居民的紧急避难需求;当街区规模为 500 m 见方时,每个街坊都有一处中心绿地,且街坊中心的交叉口处也有一处街头绿地或广场,除满足本街区的居民紧急避难需求外,还可满足部分街上行人的紧急避难需求,或者是可以安排一处短期固定避难场所;当街区规模达到 1 000 m 见方时,在街区中心安排一处街心小公园,用地规模要求达到中期固定避难场所的面积下限。当街区规模达到 2 000 m 见方时,在街区中心安排一处街心公园,用地规模要求达到长期固定避难场所的面积下限。

8.3　样本小区避难圈的优化

8.3.1　优化方法

不同类型的小区,优化策略应有所区别。优化主要涉及四个基本要素,即场地、规模、位置、设施。在优化过程中,需要对这四个要素的情况进行分析。例如,是否拥有有效的避难场所;场地的规模大小如何,能否满足需求;场地的位置和距离是否合适;场地内有没有应急设施,等等。

对于老小区而言,现时最突出的避难问题是避难场所严重缺乏,没有场地;所以,在优化老小区时,以开辟新的避难场所为主。

对新小区而言,最突出的避难问题是避难场所面积不足,以及与现有避难场所道路连接不畅的问题;现时很多新小区都有中心绿地,但是由于建筑布局的问题,造成在建筑倒塌后中心绿地的有效避难面积偏小;同时,很多滨河绿带或路边绿带面积很大,但是没有设置小区出口,从而导致可达性差和被选择率偏低。因此,在优化时,以拓展现状避难场所的面积和改善道路连接方式为主。

优化过程遵照前文提出的"就地平衡"的理念来进行,即在样本居住小区的街坊内部解决本小区所有居民的紧急避难或短期避难用地问题。这个过程包括以下四个步骤:

① 计算样本小区现时的人口数,按照紧急避难或短期固定避难的人均用地指标来计算本小区现有人口的避难用地需求数量;

② 第二,对小区现时建筑的倒塌覆盖情况进行模拟,计算小区内部有效空地的面积,比较需求与现时供给之间的差距;

③ 在样本小区内开辟出新的有效空地,满足小区人口的避难需求;

④ 将样本小区优化前与优化后的偏离度数据进行比较分析。

8.3.2　避难场所用地需求

首先,进行需求计算。紧急避难用地和短期固定避难用地的人均指标分别按照每人 1 m² 和 2 m² 来计算。如下表所示,工人新村目前有 4 951 人,则需要紧急避难场所为 4 951 m²,需要短期固定避难场所 9 902 m²,所需短期固定避难用地占小区用地的 12.22%。其他老小区需求的避难用地占小区用地的比例从 10.14%~20.56%,平均比例为 15.54%(表 8-1)。

表 8-1 样本小区人口与避难用地需求

项目	仁义里小区	工人新村	明华新村	上海路小区	山西路小区	瑞金路小区	三牌楼小区	集庆门小区
小区用地面积(hm²)	4.52	8.10	8.12	10.77	11.58	17.62	20.52	35.59
小区总人口(人)	4 089	4 951	8 346	6 654	6 054	12 813	16 026	18 048
紧急避难用地面积需求最小值(m²)	4 089	4 951	8 346	6 654	6 054	12 813	16 026	18 048
短期固定避难用地面积需求最小值(m²)	8 178	9 902	16 692	13 308	12 108	25 626	32 052	36 096
总需求避难用地占小区总用地的比例	18.09%	12.22%	20.56%	12.36%	10.46%	14.54%	15.62%	10.14%

在新小区中,如月安花园,小区人口数为 3 255 人,所需紧急避难面积为 3 255 m²,所需短期固定避难面积为 6 510 m²,所需短期固定避难用地占小区用地的 7.65%。其他新小区需求的避难用地占小区用地的比例从 7.53%~16.84%,平均比例为 10.99%(表 8-2)。

表 8-2 新小区人口与避难用地需求

小区名称	碧瑶花园	翠杉园	金陵世纪花园	龙凤花园	莫愁新寓	清江花苑	双和园	兴元嘉园	月安花园	长阳花园
小区用地面积(m²)	56 017	32 873	103 673	84 042	131 971	149 613	88 872	60 646	85 118	83 861
小区人口数(我)	2 184	2 142	5 040	5 390	11 109	11 038	3 346	3 157	3 255	3 920
紧急避难场所面积需求最小值(m²)	2 184	2 142	5 040	5 390	11 109	11 038	3 346	3 157	3 255	3 920
短期固定避难场所面积需求最小值(m²)	4 368	4 284	10 080	10 780	22 218	22 076	6 692	6 314	6 510	7 840
避难用地占小区用地的比例	7.80%	13.03%	9.72%	12.83%	16.84%	14.76%	7.53%	10.41%	7.65%	9.35%

另外,对于普通的居住小区而言,不同规模的小区的容积率不同,人口数不同,对避难用地的需求量也不同。在规划布局或者优化阶段,可以通过确定适当的集中绿地的比例来满足本地居民对避难用地的需求。

8.3.3 建筑倒塌模拟

建筑倒塌模拟是为了找出在建筑倒塌后,倒塌建筑覆盖的空间范围和分布特征,以及小区内剩余空地的分布位置和面积大小。同时,还可以对未来小区空间布局提出一些建议。建筑的倒塌系数按照 2007 年版的国标《城市抗震防灾规划标准》中的规定来进行,对多层住宅建筑,长边的倒塌系数为建筑高度的三分之二,短边为建筑高度的二分之一。同时,标准中要求的建筑倒塌影响范围在计算时应按照最不利的影响来进行。本书在对样本小区进行建筑倒塌模拟时,均依照国标中的相关规定和原则来进行。表 7-5 是各老小区在建筑倒塌后的情形。

在老小区中,绝大部分的场地都会被倒塌的建筑所覆盖,仅留下极少的空地;其中,以小区内部的中小学、幼儿园等为主,还有零星的空场地。这再次反映出老小区建筑间距小、排列密集、开放空间少、避难资源严重短缺的问题。

（1）建筑倒塌覆盖率。就具体的倒塌覆盖率而言，在8个老小区中，7个小区的覆盖范围超过小区总用地面积的95%，平均为98.1%，最高的甚至达到了99.8%；仅有集庆门小区的覆盖面积稍小，但也有93.3%。各老小区在建筑倒塌后的覆盖率极高是由于小区建筑密度高导致的。各样本小区住宅建筑的间距偏小，最大的日照间距系数为0.95，多数间距系数在0.6~0.9之间。这与南京市要求的1.20~1.25存在很大差距。间距偏小，也是造成建筑倒塌覆盖率过高的重要原因之一。倒塌覆盖率过高，也造成了大部分老小区内居民避难现状呈现出较强的外向性。

（2）小区内部道路的覆盖情况。建筑倒塌后，老小区内部的道路基本全部被覆盖，只留下局部路段，但是没有任何小区还仍空出一条较完整的道路，包括与小区出入口连通的主路，绝大部分都被覆盖。在新小区中，情况比较类似，也是大部分小区内部道路被覆盖，仅有部分小区入口或中心绿地周边的环路部分被留出来。

（3）小区外围道路的覆盖情况。建筑倒塌线基本上把老小区周边所有城市道路的人行道全部给覆盖了，有些城市道路甚至在局部路段整个机动车道都被覆盖。从整体来看，多少都会覆盖一部分的机动车道，具体覆盖的比例与沿街建筑高度和城市道路的宽度直接相关。而在新小区中，主要是沿街的高层住宅建筑会对周边的城市道路有所覆盖，例如清江花苑东侧的高层住宅，不仅将小区东侧的城市道路全部覆盖，甚至将濒临秦淮河的绿带也覆盖了相当一部分。除此之外，对城市道路的覆盖情况要少一些，这也与新小区沿街建筑有着较多的后退要求有关。

（4）小区出入口的覆盖情况。大部分老小区出口全部建筑倒塌覆盖了，能留下空地的情况较少，而且面积都很小，没有超过1 000 m² 的，绝大多数都在500 m² 以下，以200~300 m² 的情况居多。由此可见，应该是老小区普遍没有在小区入口处设置疏散广场造成的结果。在新小区方面，大部分小区的小区出口也被倒塌的建筑所覆盖，仅有月安花园和清江花苑的主要出口没有被覆盖。

（5）留下空地的情况。在建筑倒塌后，多数小区内部都会或多或少地留下一些空地。就用地类型来看，留下的空地主要有四个类型：一是小区中间的空地；二是小区出入口的空地；三是公共建筑门前的空地；四是小区内中小学校的操场或空地。留下来的空地在老小区中的位置比较分散，在小区中间和边缘位置都有出现。由于老小区中缺乏中心绿地和广场，在小区偏中部位置的主要是水泥路面铺成的硬地，平时还兼做停车场。在小区边缘位置，主要是小区出入口附近的空地，学校内的硬地，以及沿街公共建筑门前的硬地，还包括菜市场门前的空地或停车场。

建筑倒塌后空余出来的空地，形状都很不规则，过于弯曲，宽度过窄，或者是面积过小，非常不利于使用，不能作为紧急避难用地。形状相对完整和规模相对较大的多是学校内的操场空地。另外，还有在河边的滨河绿地，也是由于在建筑倒塌后，所剩下的宽度过窄，不能作为避难用地。当然，一些滨河绿地本身的宽度就不是很宽，有些根本就没有绿地，就是硬地，或者就是一条水泥路(图8-7)。

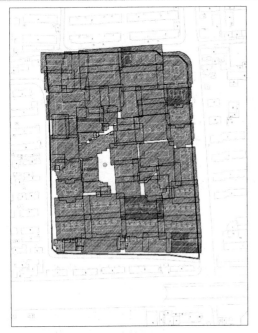

工人新村

明华新村

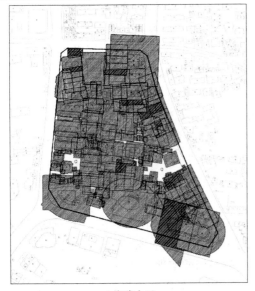

上海路小区

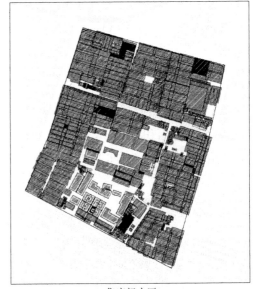

集庆门小区

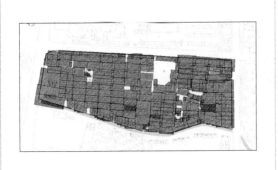

瑞金路小区

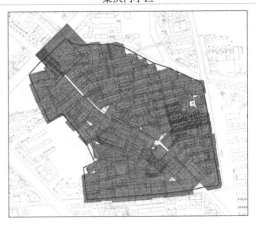

三牌楼小区

山西路小区

仁义里

图 8-7 老小区建筑倒塌模拟

同时,通过建筑倒塌模拟可以发现,新小区的情况与老小区有较大差异。特别是那些有明显中心绿地的小区,在建筑倒塌后,中心绿地仍会有相当的面积不会被倒塌的建筑覆盖到,如金陵世纪花园、龙凤花园、莫愁新寓、清江花苑、兴元嘉园、月安花园和长阳花园。这个也反映出在 1990 年之后,居住小区的规划建设逐步按照国家相关规范来建设,在建筑间距、绿地率等方面,与老小区相比,有明显的改善(图 8-8)。

从空地的用地规模上看,有大有小,但是普遍偏小,大的较少。在老小区中,最小的空地有 2 030 m²,最大的空地有 5 962 m²。面积在 2 000 m² 以下的空地有 18 个,占了总数的72%。具体来看,空地用地面积在 500 m² 以下的有 5 个,占 20%;500~1 000 m² 之间的有8 个,占 32%,1 000~2 000m² 之间的和 2 000~3 000 m² 之间的各有 5 个,各占 20%,5 000 m² 以上的仅有 2 个,仅占 8%。25 个空地,平均用地面积为 1 599.8 m²。

在新小区中,现有空地最大的是月安花园的中心绿地,剩余空地有 13 467 m²;最小的是清江花苑的一处空地,面积只有 324 m²。从规模上看,10 000 m² 的仅有 1 处,5 000 m² 的也只有 1 处,其余均在 5 000 m² 以下,特别是 1 000 m² 以下的占到一半以上。

如果按照现行的《城市抗震防灾规划标准》(2007 版)的标准,1 000 m² 是紧急避震疏散场地的面积下限,依此来看,在老小区现有 25 个空地中,有 12 个能满足这个指标要求,占总空地数量的 48%,而不能满足这个面积指标要求的有 13 个空地,占 52%。

如果按照《城市抗震防灾规划标准》(2012 年报批稿),紧急避难场所的面积不限,短期固定避难场所的用地面积下限是 2 000 m²。那么,所有的空地都可以作为紧急避难场所来使用,但是能作为短期固定避难场所的老小区空地数量只有 7 个,占总数的 28%;新小区空地有 6 个。

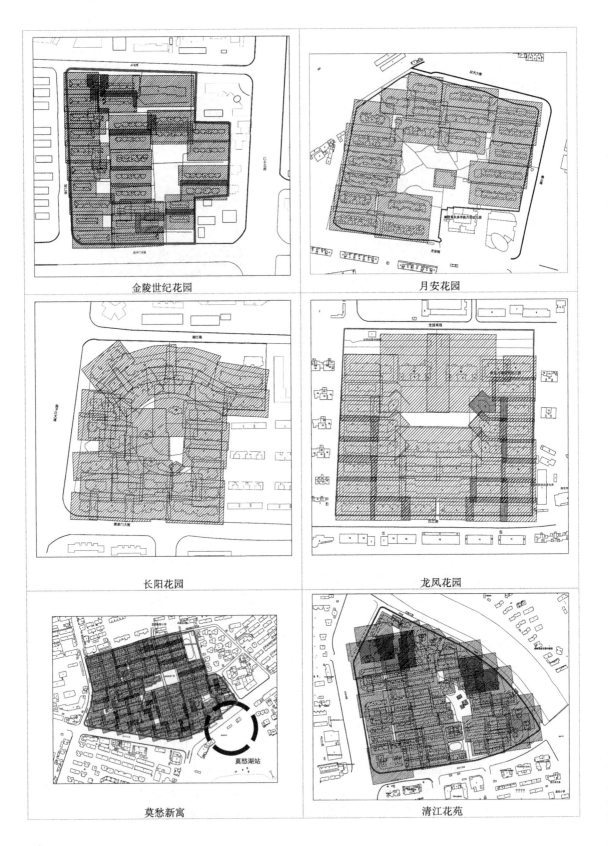

金陵世纪花园

月安花园

长阳花园

龙凤花园

莫愁新寓

清江花苑

住区避难圈

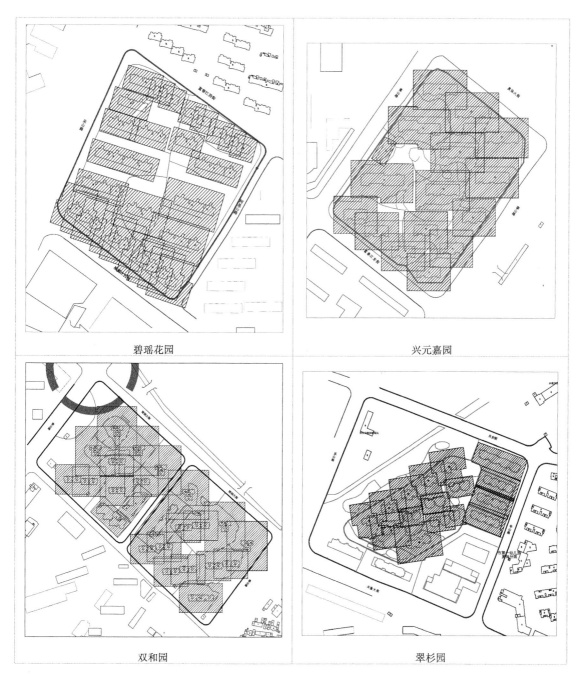

碧瑶花园

兴元嘉园

双和园

翠杉园

图 8‑8　新小区建筑倒塌模拟

　　2007 版标准对固定避难场所的用地下限要求是 1 hm², 2012 年报批稿中, 1 hm² 是中期固定避难场所的用地面积下限。以此标准来衡量,老小区所有空地中,没有一个能满足该指标的要求;在新小区中,只有月安花园可以满足这个条件。

　　由此可知,在街坊型的居住小区内部,在规划或改造时,配置紧急避难场所和短期固定避难场所,也是存在现实的可能性的,这也证明了在理想模式中提出的"就地平衡"的假设是

第 8 章　住区避难生活圈划设

正确的。

8.3.4 新辟避难场所布局

在进行建筑倒塌模拟之后,就需要对样本小区的避难场所设置进行具体的优化调整。从前文的一系列分析可以看出,老小区和新小区在空间布局、倒塌覆盖上存在一些现实的差异。由此,在优化阶段,也需要结合这些具体情况来进行具体操作。

总体而言,老小区由于缺乏中心绿地,所以,在开辟新的避难场所时,应以边角式为主,即选址以街角、小区出口或者沿街其他的公共广场为主,需要依托外部资源,可以结合公共建筑前广场、地铁站前广场、街头小广场的建设来进行。

对新小区而言,由于很多小区有内部中心绿地,在开辟新的避难场所时,可以充分发挥内部空间资源,同时也可以借助外部资源,所以,在避难场所的布局上,应以中心式和混合式为主,即选址在小区中心、内部各个组团的中心,或者在小区出口和街角;避难场所的数量在1~4个之间。

在避难场所的等级设置上,老小区和新小区有一些差异。在老小区中,满足紧急避难需求的用地即可,当然,也不排斥出现短期固定避难场所;在新小区中,由于中心绿地的存在,除了能满足紧急避难需求的用地之外,在条件允许的情况下,可以设置能够满足短期固定避难需求的用地,甚至是更高等级的避难场所。

(1)老小区

在优化之后,能满足该小区所有居民短期固定避难用地需求的有3个小区,即上海路小区、三牌楼小区、山西路小区;能满足该小区所有居民紧急避难用地需求的有5个小区,即明华新村、瑞金路小区、集庆门小区、工人新村、仁义里(表8-3)。

表8-3 老小区优化后的避难场所面积

小区名称	仁义里小区	工人新村	明华新村	上海路小区	山西路小区	瑞金路小区	三牌楼小区	集庆门小区
面积(m²)	6 664	8 453	15 398	17 013	13 260	21 696	32 676	33 278

例如(图8-9),工人新村在建筑倒塌后,留下的有效空地为1 035 m²,而整个小区所需要的紧急避难用地为4 951 m²,所需的短期固定避难用地为9 902 m²;差距分别是3 916 m²和8 867 m²。如图8-9所示,工人新村的避难圈在优化之后由3个避难场所组成,避难圈的圈形为一个三角形;从避难场所的布局模式上来讲,属于混合式,即"一心两口"式。其中,原有小学的避难场所保留,在小区北侧出口和东侧出口处各自增加了一个避难场所。三处避难场所的面积分别是1 010 m²、6 003 m²和1 440 m²,三个点的面积之和是8 453 m²,三处避难场所的面积之和占该小区总用地面积的比例为10.4%,小于该小区全体居民短期固定避难需求的8 867 m²。因此,能满足全体居民的紧急避难需求。

工人新村

仁义里

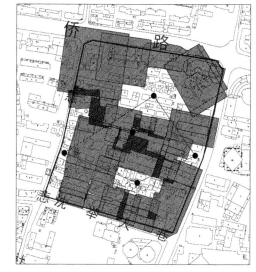

明华新村

上海路小区

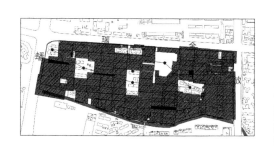

瑞金路小区

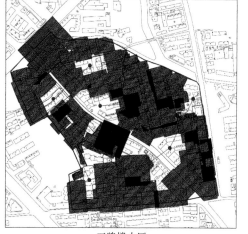

三牌楼小区

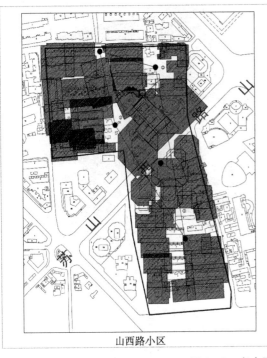

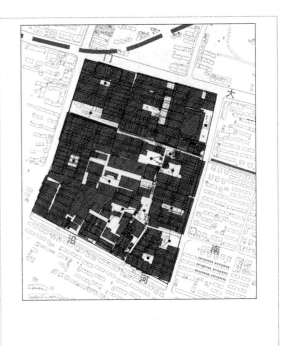

山西路小区 　　　　　　　　　　　　　　　集庆门小区

图 8 - 9　老小区避难场所布局优化

　　仁义里在建筑倒塌后，留下的有效空地为 764 m²，而整个小区所需要的紧急避难用地为 4 089 m²，所需的短期固定避难用地为 8 178 m²；差距分别是 3 325m² 和 7 414 m²。仁义里的避难圈在优化之后由 4 个避难场所组成，形式为一个菱形；从模式类型上讲，属于边角式，即"四口"式，四个避难场所全部位于小区出口处。其面积分别是 1 691 m²、1 296 m²、1 825 m² 和 1 852 m²，4 处避难场所的面积之和为 6 664 m²，占该小区总用地面积的比例为 14.7%。仁义里所需要的紧急避难用地为 4 089 m²，所需的短期固定避难用地为 8 178 m²；也就是说，在优化之后，能满足该小区全体居民的紧急避难需求，但是，没能满足短期固定避难需求。

　　明华新村优化后的避难圈圈形是不规则的四边形，接近于菱形。小区有 4 处避难场所，其中，两处是小区内部绿地，另两处是小区出口。4 处避难场所的面积之和为 15 398 m²，非常接近本小区所有居民的短期固定避难需求的 16 692 m²，能满足本小区居民的紧急避难需求。

　　瑞金路小区优化后的避难圈圈形为不规则五边形。小区有 5 处避难场所，其中，1 处位于街角，1 处依托原有的学校，另外 3 处位于新开辟的组团绿地。5 处避难场所的面积之和为 21 696 m²，能满足本小区居民的紧急避难需求。

　　集庆门小区优化后的避难圈圈形为不规则多边形。小区有 12 处避难场所，在小区出口和组团绿地上均有分布。所有避难场所的面积之和为 33 278 m²，能满足本小区居民的紧急避难需求。

上海路小区优化后的避难圈圈形为五边形。小区有 5 处避难场所,其中,1 处位于小区中心绿地,1 处位于街角,另外 3 处位于小区出口。5 处避难场所的面积之和为 17 013 m²,超过本小区所有居民短期固定避难需求的面积下限,能满足本小区居民的短期固定避难的用地需求。

三牌楼小区优化后的避难圈圈形为不规则六边形。小区有 6 处避难场所,其中,2 处位于新开辟的组团绿地,其余 4 处位于小区出口。6 处避难场所的面积之和为 32 676 m²,超过本小区所有居民的短期固定避难用地需求的面积下限,能满足本小区居民的短期固定避难需求。

山西路小区优化后的避难圈圈形为不规则四边形。小区有 4 处避难场所,其中,1 处依托原有的学校,1 处位于小区出口,另外 2 处位于小区新开辟的中心绿地上。4 处避难场所的面积之和为 13 260 m²,超过本小区所有居民的短期固定避难用地需求的面积下限,能满足本小区居民的短期固定避难需求。

(2) 新小区

新小区的避难圈在优化后,圈形主要有三种类型,即中心式、混合式和带状式。其中,中心式包括月安花园、长阳花园、金陵世纪花园、碧瑶花园,这四个小区都是只有 1 个小区避难场所,位于小区中心绿地。混合式包括清江花苑、莫愁新寓、双和园、兴元嘉园、龙凤花园;多是以某一个中心绿地加上一个小区出口广场或街角绿地的组合形式居多。在优化时,也多是依托现有小区中心绿地来展开的。带状式包括翠杉园(表 8-4)。

在优化之后,满足该小区所有居民长期固定避难用地需求的只有 1 个小区,即月安花园;能满足该小区所有居民短期固定避难用地需求的有 4 个小区,即清江花苑、长阳花园、翠杉园、双和园;能满足该小区所有居民紧急避难用地需求的有 5 个小区,即金陵世纪花园、碧瑶花园、龙凤花园、莫愁新寓、兴元嘉园。

表 8-4 新小区优化之后的避难场所面积

小区名称	碧瑶花园	翠杉园	金陵世纪花园	龙凤花园	莫愁新寓	清江花苑	双和园	兴元嘉园	月安花园	长阳花园
面积(m²)	5 213	6 566	7 008	9 234	12 331	21 612	8 153	4 627	14 841	7 868

月安花园在建筑倒塌后,留下的有效空地为 13 467 m²,而整个小区所需要的紧急避难用地为 3 255 m²,所需的短期固定避难用地为 6 510 m²;有效空地都可以满足该小区全体居民的中期固定避难需求的用地。如图 8-10 所示,月安花园的避难圈在优化之后仍由 1 个避难场所组成,从模式类型上来讲,属于中心式,即"一心"式。其中,原有小区中心绿地被保留,而且将该绿地上原有的建筑拆除,使得有效面积得以扩大,面积为 14 841 m²,占该小区总用地面积的比例为 17.4%,远大于优化之前该小区全体居民短期固定避难需求的 6 510 m²,人均面积为 4.56 m²,达到长期固定避难需求的用地下限要求。

清江花苑在建筑倒塌后,留下的三处有效空地之和为 5 351 m²,而整个小区所需要的紧急避难用地为 11 038 m²，所需的短期固定避难用地为 22 076 m²；差距分别是 5 687 m² 和 16 725 m²。如图 8-10 所示，清江花苑的避难圈在优化之后由 4 个避难场所组成，形式为一个矩形；从模式类型上来讲，属于混合式，即"一心一角两口"式。其中，原有小区中心绿地和小区南侧出口处的学校类场地被扩大，在小区西侧出口和西南侧街角处各自增加了一个避难场所。四处避难场所的面积分别是 9 929 m²、3 191 m²、3 727 m² 和 4 765 m²，三个点的面积之和是 21 612 m²，4 处避难场所的面积之和占该小区总用地面积的比例为 14.4%，也是非常接近优化之前该小区全体居民短期固定避难需求的 22 076 m²。也是同样的道理，由于拆除了一部分住宅建筑而引起人口减少，故而，基本满足短期固定避难需求。

碧瑶花园的避难场所布局模式为"中心式"。小区只有 1 处避难场所，位于小区中心绿地，面积为 5 213 m²，达到短期固定避难场所的面积下限要求；人均避难用地为 2.39 m²，也满足本小区居民的人均短期固定避难用地 2 m² 的下限。

翠杉园的避难场所布局模式为"边角式"。小区有两个避难场所，一处位于小区北侧出口处，另一处位于小区西侧的滨河绿带上，并在此处增设一个小区出口。两个避难场所的面积之和为 6 566 m²；面积规模达到短期固定避难场所的要求；人均避难用地面积为 3.07 m²，满足本小区居民的人均中期固定避难的用地需求。

金陵世纪花园的避难场所布局模式为"中心式"。小区仅有 1 处避难场所，位于小区的中心绿地，面积为 7 008 m²，规模达到短期固定避难场所的等级；人均避难用地为 1.39 m²，能满足本地居民的紧急避难的用地需求。

龙凤花园的避难场所布局模式为"混合式"。小区有 5 处避难场所，最主要的场地位于小区中心广场处，其余 4 个均位于小区北侧的滨河绿带上。5 处避难场所的面积之和为 9 234 m²，达到短期固定避难场所的等级；人均避难用地为 1.71 m²，满足本地居民的紧急避难的用地需求。

莫愁新寓的避难场所布局模式为"中心式"。小区共有 6 处避难场所，分别位于小区的中心绿地和各组团绿地处，另有一处是小学的操场。所有避难场所的面积之和为 12 331 m²；规模达到中期固定避难场所的下限要求；人均避难用地为 1.11 m²，能满足本地居民的紧急避难的用地需求。

双和园的避难场所布局模式为"混合式"。小区内外有两处避难场所，分别位于小区的中心绿地和小区西侧的绿带上，面积之和为 8 153 m²，规模达到短期固定避难场所的等级；人均避难用地为 2.44 m²，能满足本地居民的短期固定避难的用地需求。

兴元嘉园的避难场所布局模式为"混合式"。小区内外有两处避难场所，分别位于小区内部的绿地和出口处的绿地上，面积之和为 4 627 m²，达到短期固定避难场所的等级；人均避难用地为 1.46 m²，能满足本地居民紧急避难的用地需求。

长阳花园的避难场所布局模式为"中心式"。小区内仅有 1 处避难场所，位于小区的中心绿地上，面积为 7 868 m²，规模达到短期固定避难场所的等级；人均避难用地为 2.01 m²，能满足本地居民的短期固定避难的用地需求（图 8-10）。

月安花园

长阳花园

金陵世纪花园

龙凤花园

碧瑶花园

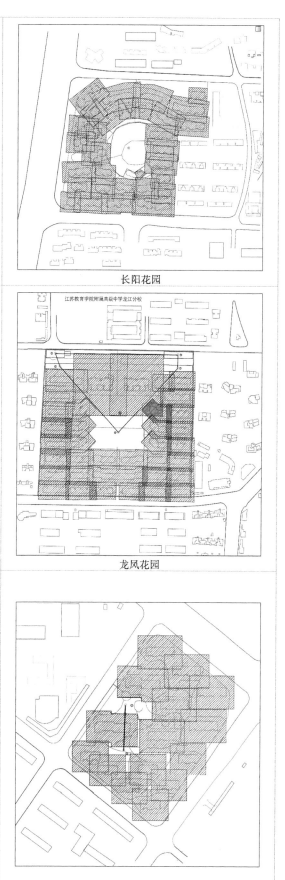

兴元嘉园

双和园

翠杉园

莫愁新寓

清江花苑

图 8-10　新小区避难场所布局优化

8.3.5　优化前后的指标比较

8.3.5.1　偏离度比较

在对样本小区内的避难场所进行优化之后,需要对优化前后的避难圈状态进行比较,通过数据分析,来判断避难圈的主要评价指标是否真的得到了明显的改善。关键的评价指标包括避难圈的面积、顶点数、重心位置,以及重心偏移距离等。

在避难圈的面积方面,从图上可以看出,大部分优化后的避难圈,都被原有的避难圈包含在内,其面积远小于原避难圈。面积变小的直接好处就是避难的距离大大缩短了,这也跟避难场所的位置有关。原来部分小区内部很少有空场地,避难主要依靠外部场地资源来解决;而优化后,避难场地问题主要依靠小区内部的场地资源就可以解决了。

在避难圈的顶点数方面,由于原来小区内外的空场地资源较少,所以居民在自主选择避难地点时,地点会比较分散,避难圈的顶点数量普遍较多。在优化之后,通过有效避难场所的设置,可以对人群进行有效引导,使得避难圈的顶点数得以减少。

最后,判断避难圈优良度的最重要的指标是避难场所重心及其偏移情况。在前文对现状避难圈进行分析时,发现重心偏移的程度是比较高的,不少小区的重心偏移距离偏长,偏移三角形的面积较大。

在优化之后,通过数据比较可以看出,偏移距离得到很大的改观。例如,在老小区中,优化之后,偏移距离最小的是明华新村和仁义里,分别是 6 m 和 9 m;偏移距离最大的是集庆门小区和瑞金路小区,分别为 43 m 和 49 m。偏移距离减少量最少的是工人新村和明华新村,分别为 128 m 和 121 m;偏移距离减少量最多的是瑞金路小区,为 640 m。偏移距离的减少比例最大的是明华新村和仁义里,分别是 95.3% 和 96.9%,减少比例最少的也有87.7%,平均值高达 92.3%(表8-5,图8-11)。

表8-5　老小区优化前后形心与避难点面积重心的偏移距离

小区名称	优化前的偏移距离(m)	优化后的偏移距离(m)	偏移距离减少量(m)	减少比例(%)
工人新村	146	18	128	87.7
明华新村	127	6	121	95.3
上海路小区	214	26	188	87.9
集庆门小区	471	43	428	90.9
瑞金路小区	689	49	640	92.9
三牌楼小区	511	26	485	94.9
山西路小区	412	32	380	92.2
仁义里	291	9	282	96.9
平均值	358	26	332	92.7

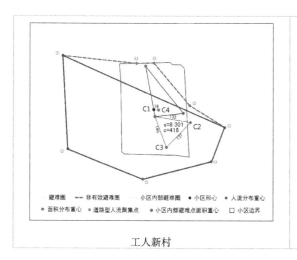

工人新村

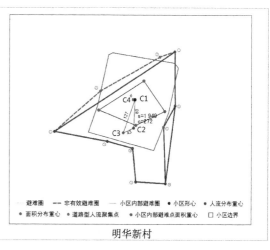

明华新村

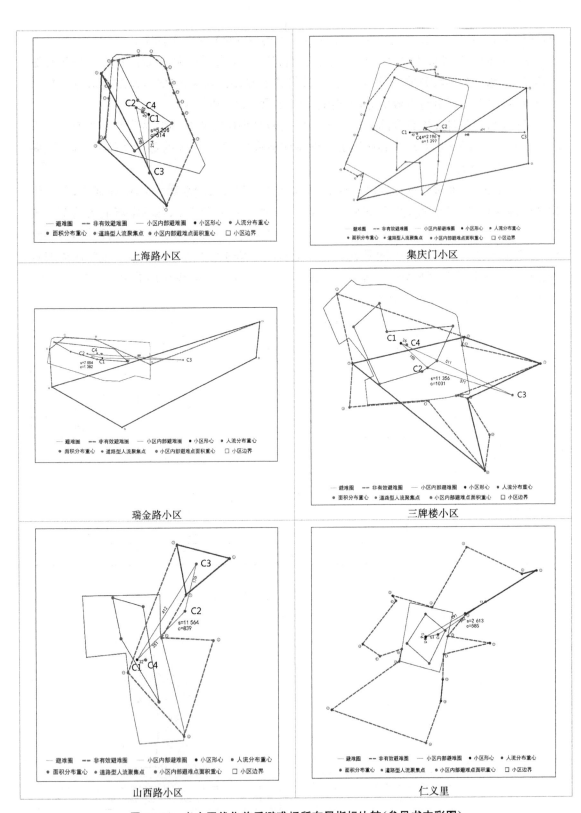

图 8-11　老小区优化前后避难场所布局指标比较（参见书末彩图）

在优化之后,通过数据比较可以看出,新小区的偏移距离也得到很大的改观。例如,优化后偏移距离最小的是长阳花苑的 14 m,最大的是翠彬园的 98 m,平均值为 52 m。偏移距离减少量最多的是金陵世纪花园,高达 997 m;最小的是清江花苑,为 33 m,平均值为 219 m。在减少比例方面,最多的是金陵世纪花园和龙凤花园,分别为 94.2%和 93.2%,有 7 个小区的减少比例高于 60%,10 个小区的平均值为 19.2%(表 8-6)。其中,有一个小区例外,就是双和园,需要特地说明。双和园在优化后有两个避难场所,位于小区西北侧的 1 号场地和位于小区东南部的 2 号场地。1 号场地位于小区外面,与小区只有一墙之隔,是一处公共绿地,面积较大;2 号场地位于小区内部,是一处小区中心绿地,面积较小,仅为 1 号场地的一半大小,故而造成 2 个避难场所的面积重心偏向 1 号场地,其偏移距离也大于优化前。从表面来看,似有矛盾之处;但是,仔细分析,还是有其原因。因为双和园是由两个独立式街坊组成的小区,中间有城市支路隔着。东南侧的小区部分有一个独立的小区中心绿地,而西北侧的小区部分没有小区中心绿地,仅有宅间绿地;同时,在小区西北侧,有一块公共绿地,可以作为避难场所来使用。现状由于小区在西北方向上没有设置出入口,需要绕行,从而导致很少人选择。在优化中,在此处设置一个出入口,以方便居民出入,将极大地提高现有场地的利用效率(图 8-12)。

表 8-6　新小区优化前后形心与避难点面积重心的偏移距离

小区名称	优化前的偏移距离(m)	优化后的偏移距离(m)	偏移距离减少量(m)	减少比例(%)
清江花苑	84	51	33	39.3
莫愁新寓	208	50	158	76.0
翠杉园	634	98	536	84.5
双和园	18	96	-78	-433.3
兴元嘉园	75	63	12	16.0
碧瑶花园	144	36	108	75.0
龙凤花园	323	22	301	93.2
金陵世纪花园	1 058	61	997	94.2
长阳花园	95	14	81	85.3
月安花园	76	29	47	61.8
平均值	271	52	219	80.8

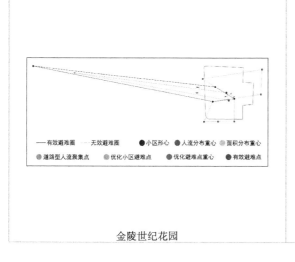

金陵世纪花园

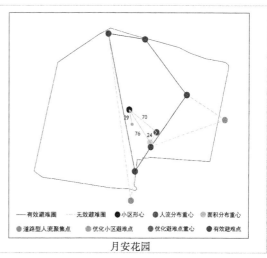

月安花园

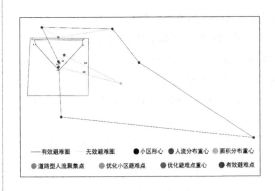

龙凤花园

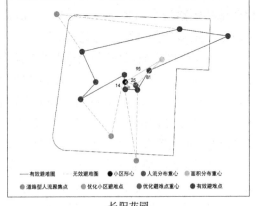

长阳花园

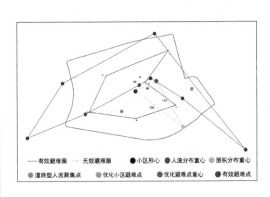

莫愁新寓

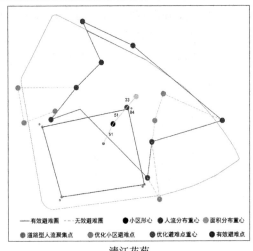

清江花苑

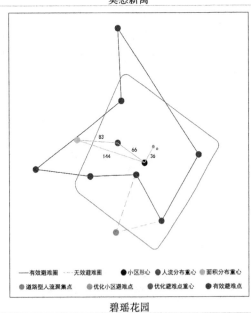

碧瑶花园

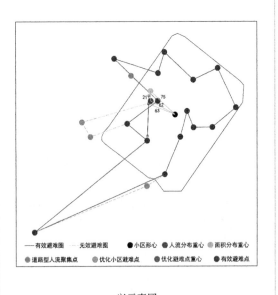

兴元嘉园

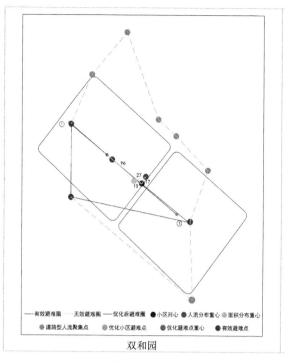

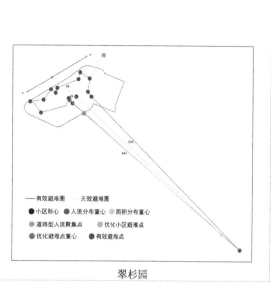

双和园　　　　　　　　　　　　　　　　　翠杉园

图 8-12　新小区优化前后避难场所布局指标比较（参见书末彩图）

8.3.5.2　距离之和比较

除了用重心偏离度来比较之外，还可以借助选址模型来进行分析，所使用的评价指标是样本小区所有居民的避难距离之和。评价方法是将样本小区在优化前后的数据进行比较，看看是否有所减少。在计算时，优化前的数据是样本小区中选择有效避难场所的居民的避难距离之和，优化后的数据是同一小区同样人数的避难距离之和。

如表 8-7 所示，老小区方面，距离之和普遍减少很多，最多的是仁义里，比例高达 96.6%；最少的是瑞金路小区，比例为 67.5%；8 个老小区的平均减少比例也高达 82.4%。可见，新避难场所的开辟，对于减少老小区居民的避难距离，效果非常明显。

表 8-7　老小区优化前后的避难距离之和

小区名称	优化前的避难 距离之和(m)	优化后的避难 距离之和(m)	距离减少量(m)	减少比例(%)
工人新村	31 642	3 384	28 258	89.3
明华新村	23 294	1 164	22 130	95.0
上海路小区	18 834	4 914	13 920	73.9
集庆门小区	41 252	8 084	33 168	80.4
瑞金路小区	30 455	9 898	20 557	67.5
三牌楼小区	31 443	4 888	26 555	84.5
山西路小区	20 247	5 760	14 487	71.6
仁义里	34 233	1 152	33 081	96.6
平均值	28 925	4 906	24 019	83.0

在新小区方面,距离之和减少比例最多的是龙凤花园,高达 90.5％,10 个新小区的平均减少比例为 45.1％,接近一半的比例(表 8-8)。与老小区相比,虽然效果没有老小区那么突出,但是整体效果也还是比较明显的。究其原因,是因为老小区现状,普遍没有内部型避难场所,居民的避难行为具有显著的外向性,优化时新增了内部型避难场所,使得避难场所从无到有,这个变化是跨越式的。而新小区现状,普遍有中心绿地,优化时拓展了有效面积,并通过增设出入口的方式,使得现有小区外围的避难场所与小区内部的交通联系比较便捷,使得避难场所从有到好,条件得到改善。另外,也有一个例外需要说明,就是翠杉园的数据表面上看变差了。其实,在翠杉园的西北侧,有一条滨河绿带,比较宽。由于这里有围墙阻隔,很少人选择到这里来避难。在优化时,在该方向上设置了小区出入口,增强了滨河绿地与小区内部的交通联系,以方便居民的出入,也提高了该绿地的利用效率。虽然翠杉园本身没有小区中心绿地,建筑在倒塌后,几乎将覆盖小区内部的全部空间,但是,滨河绿地受到的影响较小,完全可以解决该小区居民的避难问题,无需在小区内部再增设避难场所。故而,对此类外部有避难场所的小区而言,改善内外的交通联系是非常重要的,也是合理的。

表 8-8 新小区优化前后的避难距离之和

小区名称	优化前的避难距离之和(m)	优化后的避难距离之和(m)	距离减少量(m)	减少比例(%)
清江花苑	7 954	5 049	2 905	36.5
莫愁新寓	12 813	4 900	7 913	61.8
翠杉园	4 782	9 121	−4 339	−90.7
双和园	6 135	5 040	1 095	17.8
兴元嘉园	7 673	1 694	5 979	77.9
碧瑶花园	11 348	3 456	7 892	69.5
龙凤花园	21 516	2 046	19 470	90.5
金陵世纪花园	8 920	5 734	3 186	35.7
长阳花园	5 356	1 260	4 096	76.5
月安花园	9 858	2 378	7 480	75.9
平均值	9 635	4 068	5 568	45.1

由上表的数据可知,通过避难场所的优化调整和道路交通条件的改善,样本小区的避难距离数据得到较大改观。由此也说明,优化结果是比较理想的,前文提出的一系列概念、理念、原则和布局模式是合理的。

8.4 完善建议

8.4.1 避难场所应急配套设施的建设

在样本小区内外的避难场所,除了极个别的试点(如国防园)以外,都是只有场地而没有配套设施。如果要使得避难场所能够充分发挥作用,必须要配建应急设施。而且,不同等级的避难场所所需要配备的设施的类型也不同(表 8-9)。

表 8－9　避难场所项目设置要求

应急功能项目	应急设施	紧急避难场所	固定避难场所	中心避难场所
应急管理	应急指挥区	—	△	▲
	场所管理区	△	▲	▲
	应急标识	▲	▲	▲
	应急功能介绍设施	—	△	▲
	应急演练培训设施	—	△	▲
避难宿住	应急休息区	▲	▲	▲
	避难宿住区		▲	▲
	避难建筑	—	—	△
	避难场地	△	△	△
	帐篷		△	△
	简易活动房屋	—	△	△
应急交通	应急通道	▲	▲	▲
	出入口	▲	▲	▲
	应急停机坪	—	△	▲
	应急停车场	—	▲	▲
	应急交通标志	▲	▲	▲
	应急交通指挥设备	—	▲	▲
应急供水	应急水源		▲	▲
	应急储水设施	△	▲	▲
	净水滤水设施	△	▲	▲
	净水滤水设备或用品	△	▲	▲
	供水车停车区	△	△	△
	配水点	△	△	△
	市政应急保障输配水管线	—	▲	▲
	场所应急保障给水管线	—	△	▲
	市政给水管线	—	▲	▲
	场所给水管线	—	▲	▲
	应急水泵	△	▲	▲
	临时管线、给水阀	△	▲	▲
	饮水处	△	▲	▲
应急医疗卫生	应急保障医院	—	▲	▲
	应急医疗区	—	△	▲
	急救医院	—	△	▲
	重症治疗区	—	△	▲
	抢救伤病员的医疗设备	—	△	▲
	卫生防疫分隔	—	△	▲
	应急医疗所		▲	▲
	医疗卫生室/医务点	△	▲	▲
	医药卫生用品	△	▲	▲

应急功能项目	应急设施	紧急避难场所	固定避难场所	中心避难场所
应急消防	防火分区,防火分隔,安全疏散通道,消防水源	▲	▲	▲
	消防水井,消防水池,消防水泵	—	△	▲
	消防栓,消防管网	—	△	▲
	消防车,消防器材	▲	▲	▲
应急物资	应急物资储备区	—	—	▲
	物资储备库,物资储备房	—	▲	▲
	物资分发点	△	▲	▲
	食品、药品等应急物资	△	▲	▲
应急保障供电	市政应急保障供电	—	△	▲
	应急发电区移动式发电机组	—	▲	▲
	变电装置	—	▲	▲
	应急充电站、充电点	—	▲	▲
	紧急照明设备	△	▲	▲
	线路,照明装置	—	△	▲
应急通信	应急指挥区/应急指挥监控中心	—	△	▲
	应急通信设备,通信车	—	△	▲
	通信室、监控室用房	—	△	▲
	广播室	—	▲	▲
	应急广播设备(广播线路设备)	—	△	▲
	应急电话	—	▲	▲
应急排污	化粪池	—	▲	▲
	应急固定厕所	△	▲	▲
	应急临时厕所	△	▲	▲
	应急排污设施	—	△	▲
	应急污水吸运设备	—	△	▲
	污水管网、污水井	—	—	△
应急垃圾	应急垃圾储运区	—	—	△
	应急垃圾储运设施	—	△	▲
	固定垃圾站	—	△	▲
	垃圾收集点	△	▲	▲
应急通风设施	地下场所	▲	▲	▲
	应急建筑	▲	▲	▲
公共服务设施	综合服务区	—	—	△
	会议室	—	—	△
	管理办公室、警务室	—	△	△
	洗衣房	—	△	△
	开水间,盥洗室,应急洗浴	—	△	△
	售货站	—	△	△
	公用电话	△	△	△
	自行车存放处	—	△	△

注:"▲"表示应设;"△"表示宜设;"—"表示可选设。

住区避难圈

（1）紧急避难场所

按照国标的要求，紧急避难场所不仅是要能够满足震时居民的紧急避难需求，还要能够满足居民在 1～3 天以内的避难生活所需。因此，紧急避难场所应具备以下设施：① 应急厕所、应急垃圾收集点、应急照明设备、应急广播等设施和设备；② 应急交通标志、区域位置指示和警告标志，并宜设置场所设施标识。

（2）固定避难场所

固定避难场所应结合应急通信、公共服务、应急医疗卫生、应急供水等设施，统筹设置应急指挥和应急管理设施，配置管理用房。固定避难场所除应符合一般紧急避难场所建设要求以外，还应具备以下配套设施：应急避难场所标志、应急避难指挥中心、避难宿住区、应急供水设施、应急供电设施、应急卫生防疫系统、应急广播系统、应急消防水源、应急排污系统、应急垃圾处理系统、应急监控系统，以及应急停车场等。

（3）中心避难场所

中心避难场所应独立设置应急指挥区、应急管理区、应急物资储备区、应急医疗区、专业救灾队伍营地等。应急指挥区应配置应急停车区、应急直升机使用区及其配套的应急通信、供电等设施。

8.4.2　高层住宅室内避难空间的设置

对高层住宅内的居民而言，由于垂直方向距离长，避难困难。紧急避难除了需要设置一定规模的室外型避难场所外，还需要设置一定量的室内避难空间。当然，室内型避难空间无法在现有的高层住宅建筑内开辟，只能是针对新建高层住宅，提出相应的建议，即建议在高层建筑内部设置避难层和避难室。

高层住宅内部的避难层和避难室的设置，又涉及现行标准的调整，因为现行国标中没有此类强制性规定。例如，1995 年颁布的《高层民用建筑设计防火规范》中规定："建筑高度超过 100 m 的公共建筑，每 15 层必须设置避难层。"亦即，建筑物设置避难层要符合两个条件：首先必须是超过 100 m 高度的高楼；其次，须属于商场、写字楼等公共建筑。而对于高层住宅建筑，则没有此项强制性要求。

与国标相比，上海的地方标准要有所进步。2011 年，上海市开始施行新的《住宅设计标准》，在国内的住宅建筑设计标准中，首次提出了新建高度超过 100 m 的超高层住宅，将和公共建筑一样，必须设置避难层；避难层的设置要求是每平方米 3 人、间隔不超 15 层。而这个规定也是针对 100 m 以上的超高层住宅；而对于 100 m 以下的高层住宅，则没有强制性要求。这里，笔者建议，对于 100 m 以下的高层住宅建筑，也可以设置避难层，每 15 层设一层；高层住宅总层数不足 15 层的，也需要设一个避难层。

或者，也可以借鉴新加坡的经验，在新建高层住宅建筑中，建议设置避难室，每户设置一间，面积在 1～3 m² （图 8 - 13）。例如，新加坡在 1997 年修正的《民防法》中规定：每套房屋都必须设置一间避难室。该避难室为坚固的混凝土浇筑结构，一般都靠近有水、有粮的地方，如厨房。其墙壁、地板和天花板都被强化，连门都是厚铁板制成，非常坚实稳固。在房屋装修中，这个避难室不能被钻孔和撞击破坏，里面还有电话、网络、插头等，以方便紧急情况下与外界的联系。每户一间避难室,在地震来临时,对于居民的紧急避难,是非常有效的。而且,在高层住宅正成为我国各地住宅建设主流趋势的背景下,避难室的设置,也是非常必要的。

图 8 - 13　高层住宅内的避难室

资料来源:新加坡建屋局.

8.5　小结

本章论述了三个方面的内容:一是避难圈布局的数学模型;二是避难圈的划设方法;三是样本小区避难圈的优化。

(1) 避难圈布局的数学模型

本书构建了避难圈布局的数学模型,并提出,评判这个避难圈构型是否优良的关键条件就是,小区中所有居民到达各避难场所的距离之和达到最小,即总移动距离最小。

(2) 避难圈的划设方法

避难圈圈形优良度的评判依据,就是避难圈圈形的紧凑度最高和偏离度最小,提出了 10 种基本圈形及其图示。该 10 种圈形非常好、紧凑度很高、偏离度最小的形式,做到了"两心合一"的要求,即小区形心和避难场所的面积重心合二为一。但是,不同圈形的效率是不同的。因此,结合数学模型,计算出各基本圈形的距离之和,并对其进行排序。

根据就地平衡原则,居住小区是一个基本的避难空间单元,最理想的情况是,每一个居住小区都应有其专属的避难圈;那么,该避难圈的服务范围是本小区的空间区域,服务对象应是本小区的全体居民,服务半径也就等同于本小区居民的最大避难距离。

根据城市居住区的空间规模特征,本书将以 1 000 m 见方的街区为一个基本的空间研究尺度,可以将避难生活圈划分为以下三个基本等级,分别对应不同的空间尺度。并以典型布局模式为例,对不同等级下的布局进行了图示和说明。

最后,对避难路径在距离、线形、方向性、连续性提出了相应要求。同时,提出理想模式中要求小区主路应不被倒塌建筑所覆盖,并给出了小区内部主路两侧建筑间距的计算公式。

（3）避难圈的优化

按照"就地平衡"的理念对样本小区的避难圈进行优化,提出需要在居住小区的街坊内部解决本小区常住人口的低层次避难问题。老小区和新小区在优化策略上有所差异,其中,老小区以边角式为主,新小区以中心式或混合式为主。

优化过程具体包括四个步骤:第一,计算样本小区现时的人口数,按照紧急避难和短期固定避难的人均用地指标来计算本小区现有人口的避难用地需求数量;第二,对小区现时建筑的倒塌覆盖情况进行模拟,计算小区内部有效空地的面积,比较需求与现时供给之间的差距;第三,在样本小区内开辟出新的有效空地,满足小区人口的避难需求;第四,将样本小区优化前与优化后的偏离度数据和距离之和数据进行比较分析,从而可以明显看出,样本小区的避难圈优化是有效的。

（4）完善建议

主要提出两个方面的建议:一是针对很多潜在避难场所资源和已指定作为避难场所的场地缺乏应急配套设施的问题,提出了不同等级的避难场所需要配套的应急设施的种类;二是针对新建高层住宅小区建筑内部垂直方向上疏散困难的问题,通过借鉴国内外相关经验,建议在未来新建的高层住宅内部设置避难层和避难室。

第9章　结论与展望

9.1　主要结论

（1）居民的避难行为具有有限理性的特征

紧急情况下，安全是人们的第一需要，也是非常理性的需求。按照传统规划的思路，在选择避难场所时，居民可以得到所有相关信息，在多种方案中选择了最佳方案，从而达到避难效用的最大化。但是，这种以"完全理性"为前提的情况不可能出现。在现实中，居民所获得的信息、知识和能力都是有限的，所能够考虑的方案也是有限的，未必能做出使得效用最大化的决策。其原因是受到人的基本生理限制、认知限制、动机限制及其相互影响的限制。

在调查中发现，在面临选择具体的避难路径和避难地点时，居民的选择是理性的，但这种理性又是有限的。具体体现在以下四个方面：

① 掌握信息不充分。在地震发生时，居民不可能完全掌握灾害的相关信息。特别是对将要发生多大程度的灾害、灾害将会影响到多大的范围以及将造成多大的损失等问题，不可能有充分的认识。在诸多条件未知的情况下，常人很难做出完全理性的行为决策。因而，诸多不理性行为的出现，也有其合理性的一面。

② 居民所做出的避难行为和空间选择不一定都是最佳方案。在震时非常复杂的条件下，人的选择会受到非常多要素的影响，所做出的决策不一定是效用最大化的决策。例如，很多居民在避难地点的选择上出现一定的偏差，导致无效选择的比例在总体上偏高；在避难路径的选择上，部分居民的避难目标的方向性较弱，路线较为迂回，绕曲性较高。

③ 避难的动机也有一定差异。不同人群的身体条件不同，对灾害的了解程度也不同，对安全程度的追求也不同。例如，部分老年人由于自身身体条件较弱而选择了原地不动，部分居民选择了房前屋后的空地来避难，也有极少数居民选择了较远处的大型公园绿地去避难。可见，不同居民对于安全空间的理解不同，导致对于避难地点的选择也出现较大的差异性。

④ 居民对选择的避难地点并没有抱有最大效用的目标，而是达到自己内心预期的暂时安全的满意程度为基准。例如，很多居民选择了城市道路作为紧急避难地点，而实际上，城市道路是不能作为避难场所来使用的。这一现象的发生，反映了在紧急条件下，居民首先选择的是那些能够让他们获得暂时安全感的地方，而不一定是安全有效的避难场所。

由此可见，居民自主的避难行为具有有限的合理性，需要从中提取合理的成分，以便在后期实践中进行合理引导,并成为避难空间布局规划的重要参考。

(2) 空间的可避难性直接决定了避难行为的效率

城市空间为避难行为的发生和发展提供空间载体,所有的避难行为都在空间中发生。虽然影响避难行为效率的要素有很多;但是,总体来讲,城市空间的可避难性对人的避难行为的效率有着决定性影响。所谓可避难性,是指城市空间能够为人的避难疏散行为提供的各种合适的空间类型及其高效的组合方式。空间的可避难性,受到多方面要素的影响,包括城市空间的形态格局,如建筑和人口的总量与分布密度、开放空间的分布和路网的形式。具体到住区层面,主要包括小区内部建筑布局、路网形式、小区出口数量与位置、有效避难场所的数量与位置、与小区出口的位置和距离关系、城市道路的平面线型和断面形式等等。

在小区中,居民选择开始避难的时机、路线的转折、短暂停留、滞留、集中、分散、结束避难等行为,在不同的空间中发生。对一个完整的避难行为来讲,起点、过程和终点,构成了两点一线;两点之间的空间位置和距离关系,以及路径的绕曲程度,就影响到单个居民避难行为的效率。对一个小区来讲,整个小区的路网形式、建筑排列方式、中心绿地的有无、小区出口的位置、街头绿地的位置等,都会对小区居民的整体避难效率产生影响。例如,在老小区中,由于小区内部缺少中心绿地和广场,居民避难行为的外向性和分散性非常明显;新小区中的情况与老小区相比,形成了鲜明的对比,由于中心绿地的广泛存在,居民避难行为的向心性和群集性就非常突出。对于整个住区来讲,住区的规模、街区花园与广场、小区的规模、居住区级的路网形式等因素,会直接影响到住区的可避难性。

避难行为对城市空间的生成和改变提出了特殊需求,避难行为活动的开展是避难空间产生并进行合理布局的根本动因。为了提高避难的效率,就需要提高城市空间的可避难性,也就是需要提高城市中各类避难相关空间要素的组合效率。

(3) 住区层面适宜解决的重点是紧急和短期固定避难问题

根据本书提出的避难需求理论和需求层次理论,人对避难的需求会随着时间和距离的变化而变化;人对避难的需求也可以分为不同的层次,不同的需求层次需要有不同层次的供给。由此可知,不同层次的需求需要有不同等级和规模的避难场所来应对,需要在不同的空间层面解决。同理,不可能在某一区域内解决所有的避难问题;对某一特定区域而言,需要解决和能够解决的避难问题,要依托自身避难资源条件和在城市中的地位而定。对于住区而言,也是如此,需要根据住区自身的空间资源条件,以及居民的避难行为特征来综合确定适宜解决的避难问题类型和层次。

调查发现,居民自主选择的有效避难场所绝大多数都是低等级的避难场所;在样本小区周边不远处,即使有大型公园或体育场馆,也很少有人选择,这与距离、可达性、避难的紧迫程度有关。从有效场地的数量和分布范围来看,也是以中小规模的场地为主。结合一般居住区的用地规模、功能布局和空间特征,本书提出,在住区层面,能够提供的避难场所的规模应以中小型为主,这些等级的场地,比较适宜应对居民的紧急避难和短期固定避难,加上一部分的中期固定避难;而长期固定避难和中心避难的需求,则需要在城市层面进行统一安排。这符合一般居民的避难行为特征,特别是紧急避难以就近为主的原则,也符合避难需求和供给的层次性理论。

（4）避难资源的供需平衡点应成为限制城市开发强度过高的重要指标

从节约土地的角度上讲，城市开发宜走集中式、紧凑型的发展道路；于是，在这样的规划思想指导下，高强度开发就成为一种必然选择。但是，高强度开发也应有一定限度。过高强度的开发，特别是超过城市正常承载力的开发，也会带来很多负面问题，如交通拥堵、生态环境恶化、房价飞涨等。那么，适宜的强度值究竟是多少，如何确定，学术界已从生态环境、基础设施供给、交通等领域进行了不少探讨。本书提出，避难资源的供需平衡点，也应成为确定城市开发强度的重要参考指标；避难资源需求和供给理论是避难圈规划布局的理论基础。

在城市层面，城市开发重视"集中"，避难疏散重视"分散"，两者需要找到一个双方都可以接受的点，这个点，就是避难资源的需求和供给的平衡点。根据预先设定的城市规模和强度等指标，来预测居民对避难资源的总体需求量，根据需求量和可供给量的差值大小来对原先的开发强度指标进行适当的调整，使两者达到平衡。之后，将对避难资源的总体需求规模进行分解，按照全城的人口分布特征进行布局各等级避难场所，将避难场所的分布与避难场所的分布形成较强的对应关系，以方便居民使用。而此时，在避难空间的作用下，城市空间也可以达到"松紧适宜"的状态。

同理，在小区层面，本书从居住小区层面提出的避难场所布局模式和避难圈的划设方法，也是基于就地平衡的理念。可以推测的是，如果每个小区或者每个街坊的避难需求和供给都能够做到就地平衡的话，那么，就低层次的避难问题而言，在全城层面，应该没有问题，这也是典型的化整为零的做法。每个小区或街坊的避难供需平衡点，也理应成为制定该小区或街坊的容积率、绿地率等指标的重要参考依据。

（5）供需关系是影响避难生活圈布局形式的决定性因素

避难生活圈的布局形式，受到避难资源的需求条件和供给条件两方面状态的影响。需求多，而供给少，则避难圈的规模必然大且圈形偏差；需求少，而供给多，则避难圈的规模就小且圈形好。供需平衡，是一个理想状态，也是规划的长期目标。

现实情况是，大部分地区都是处于供不应求的状态，特别是在大城市、特大城市的中心城区，人口和建筑均高度密集，人口分布和开放空间分布在空间上严重不对应；故而，其有效避难圈规模较大且形状较差就成为可以理解的常态。理想避难圈是努力的方向，现阶段的工作就是要弥补现状与理想之间的差距。

避难生活圈的规划目标之一，就是要做到高效、快捷、直接，并尽可能有利于居民形成一定的行为习惯。在进行规划布局时，应遵循以下原则：就近避难、就地平衡、层次多样、均衡分布、点小量多、先小后大。理想的避难生活圈布局模式，应同时满足圈形的紧凑度最优和重心的偏离度最小等两个基本条件。基于此，本书将独立街坊式居住小区作为避难空间的基本单元，提出了避难场所布局的基本类型，并给出了不同规模条件下的居住小区避难场所布局范例。

9.2 创新点

（1）将居民的避难行为选择特征作为研究出发点

目前国内关于避难问题的研究，多集中于避难场所的选址和布局方面，所依据的主要是

2007年版的国标《城市抗震防灾规划标准》，而相关的基础理论研究非常缺乏。因为行为方式是空间布局和优化的基础。因此，本书从研究居民的避难行为特征入手，为更好地进行避难空间规划布局寻找科学的理论基础。研究的内容主要包括居民选择避难路径和避难场所的空间特征和行为特征，以及这些行为特征产生的行为学或心理学原因。同时，为了能对避难行为特征进行量化考核，创立了一系列评价指标，例如避难路径的方向性、绕曲性、集中度、连续性和拥挤性、避难地点的有效性、避难圈的偏离度与紧凑度、避难行为的群集性与分散性、向心性与外向性等。其中，典型的居民避难行为特征包括：群集性、分散性等；在避难空间选择方面，呈现出非常明显的就近性、向心性和边界效应；在空间影响方面，某些线性要素对居民避难行为产生的阻隔效应非常显著。

（2）从居住小区层面提出避难圈的基本布局模式

对于居民而言，在地震发生时，知道有哪些场所可以去避难，并能够快速到达是非常重要的。因此，避难圈需要针对每个小区来划设，避难场所也需要针对每个小区来指定。理想的情况是，在每个小区的出入口和中心绿地广场处，以及每个街坊的转角或道路交叉口处，应设置避难场所标示牌，应清晰地告知当地居民避难场所的位置和路径。本书尝试在这一方面做出一些探索。

首先，通过研究分析居民的避难路径和避难场所的选择行为特征，提出了安全可靠与就地平衡、方向明确与就近避难、路线简洁与畅通无阻、层次多样与均衡分布、点小量多与先小后大的基本原则，提出了在街坊内解决紧急避难问题的观点。

其次，提出了避难资源的需求理论和供给理论，避难需求的层次理论和避难资源供给的层次理论，并初步提出了避难资源的需求曲线、需求函数，以及避难资源的供给函数和供给曲线。

第三，针对独立街坊式居住小区，依托各级绿地广场，提出了避难场所布局的4种基本类型及其112种具体模式，总结出10种优良的避难圈构型；并提出最优的布局模式应保证避难圈重心与小区几何中心完全重叠，最理想避难圈的重心偏离度应该为0。

（3）对国标中的相关指标提出了完善建议

根据前文对居民避难行为特征的研究，对国标中的相关指标提出了一定的完善建议。① 针对紧急避难场所的服务半径问题，提出适宜的半径小于150 m，且最大半径宜小于300 m。② 对居住小区中30%公共绿地的规范要求，进一步提出完善建议，提出了集中绿地比例的概念和要求。例如，在多层小区，为满足紧急避难的需求，需提供不小于4%的集中绿地；为满足短期固定避难的需求，则需提供不小于8%的集中绿地等。

9.3 展望

（1）特定人群的避难行为特征

不同人群由于自身属性的特点，在避难行为上存在一定的差异。本书对居民避难行为的分析，以总体特征为主，没有对不同属性人群的具体避难行为特点进行深入研究分析。在后续研究中，可以对特定人群的行为特点和心理特点展开详细调研，总结出具体的规律和特征,以便在震后开展避难组织工作时,能够针对不同属性的人群提供更好的避难服务。

(2) 避难行为与城市空间的互动关系

城市空间是广大民众开展各种行为的载体,空间为行为提供了场地,并通过各种方式约束着人的行为,当然也包括避难行为。另一方面,行为的需求是空间生成并发生变化的重要依据。同理,人的避难行为需求,也必然会对城市空间的形态格局造成一定的影响。行为与空间的关系非常密切,避难行为与城市空间的关系也是如此。但是,究竟避难行为会对城市空间产生哪些方面的具体需求,城市空间又在哪些方面约束、规范、引导或者误导人的避难行为,什么样的城市空间形态和格局更加有利于人的避难行为,两者之间究竟存在何种互动关系,这些问题的解决,将对城市民众有效开展避难行为产生巨大的影响,也是后续研究的重要课题之一。

参 考 书 目

[1] 王江波,苟爱萍. 对避难场所规划中若干关键问题的思考[J]. 四川建筑,2011,31(05): 52－54

[2] 苏幼坡. 城市灾害避难与避难疏散场所[M]. 北京:中国科学技术出版社,2006:1－6

[3] 陈艳华,苏幼坡,朱丽. 自然灾害的预防与自救避难[M]. 北京:中国建筑工业出版社,2012

[4] 冉茂梅. 基于地震避难行为心理的避难地空间体系研究[D]. 重庆:西南交通大学,2012

[5] 刘更才. 城市地震时人的心理反应与应急对策[J]. 灾害学,2001(04):72－76

[6] 程辉,崔秋文. 地震灾害的心理科学和行为科学研究[J]. 国际地震动态,2008(11):167

[7] 朱华桂. 突发灾害情境下灾民恐慌行为及影响因素分析[J]. 学海,2012(05):90－96

[8] 岳丽霞,欧国强. 灾害发生时影响居民心理承受能力的社会心理因素分析[J]. 灾害学,2006(1):113－116

[9] 王玉玲,姜丽萍. 不同人群在灾害事件中的心理行为反应及干预的探讨[J]. 中国卫生事业管理,2007(10):691－893

[10] 王玉玲,姜丽萍. 灾害事件对人群的心理行为影响及其干预研究进展[J]. 护理研究,2007,21(34):3113－3115

[11] 陈兴民. 个体面对灾害行为反应的心理基础及教育对策[D]. 重庆:西南师范大学,2008

[12] 苏筠,伍国凤,朱莉. 自然灾害知觉的不安全心理特性与调适建议[J]. 灾害学,2008,23(02):19－23

[13] 苏筠,谢静晗,马飞燕,等. 汶川地震对北京公众灾害认知的影响[J]. 地震研究,2011,34(3):378－383

[14] 文彦君,周旗,桑蓉. 城市中学生地震灾害感知研究——以陕西省宝鸡市石油中学为例[J]. 灾害学,2010,25(04):78－83

[15] 文彦君. 城市小区居民地震灾害认知与响应的初步研究——以宝鸡市宝钛小区为例[J]. 中国地震,2011,27(2):173－181

[16] 马德富. 论农民灾害心理及行为选择的有限理性及对策[J]. 湖北社会科学,2010(03):76－79

[17] 郁耀闰,周旗,徐春迪. 不同地貌类型区农村居民的灾害感知差异分析——以陕西省宝鸡地区为例[J]. 安徽农业科学,2008,36(32):14255－14257

[18] 戸川喜久二. 群集流の観測に基く避難施設の研究[R]. 建築研究報告(14),1955

[19] 戸川喜久二. 避難階段條件算出の一般式とその計算例[R]. 日本建築學會研究報告(15),1951

[20] 星野昌一. 高層建築の防火および避難設計について[J]. 建築雑誌,82(979),1967

［21］芦浦義雄. 超高層と深層部の防火避難と消防［J］. 建築界，13（1）. 1964－01

［22］石塚輝雄. 東京都——江東デルタ地帯大震災時の避難対策［J］. ジュリスト（437），74－78，1969-11-01

［23］上田光雄，紙野桂人. 地方街と群集避難［J］. 建築と社会，51（2），44－45，1970-02

［24］崛内三郎，室崎益輝，田中哮義. 3）地震時における避難計画に関する研究：その1 避難広場の計画条件の設定［C］. 学術研究発表会梗概集. 構造・材料・施工，（11），9－12，1971-05

［25］谷口汎邦，植田光洋山香祥一郎，等. 既成市街地における住民の避難意識に関する基礎的研究［C］. 学術講演梗概集. 計画系52（建築計画・農村計画），705－706，1977-10

［26］浅井秀子，熊谷昌彦，佐久間治. 小学校における緊急地震速報を取り入れた避難訓練の意識調査について：中山間地域の学校教育施設における防災教育に関する研究その2（ものづくり教育・体験学習，教育）［J］. 学術講演梗概集. E-2，建築計画Ⅱ，住居・住宅地，農村計画，教育，2009，683－684，2009-07-20

［27］庄司学，伊藤めぐみ. 地震時における避難行動とライフラインの機能不全に対するリスク認知：神奈川県川崎市の防災シンポジウム参加者に対するアンケート調査を通じて［C］. 地域安全学会論文集（8），109－119，2006-11

［28］広瀬弘忠. 避難時の住民心理（特集ソフト防災：災害時の安全確保）——（避難行動の課題と対策）［J］. 土木学会誌，97（6），18－20，2012-06-15

［29］関澤愛. 震災時の一斉避難・集団行動に起因する問題を考える：ビル避難から帰宅困難問題まで［J］. 月刊フェスク －（366），2－7，2012-04

［30］大佛俊泰，守澤貴幸. 都市内滞留者・移動者の多様な状態と属性を考慮した大地震時における広域避難行動シミュレーションモデル［C］. 日本建築学会計画系論文集，76（660），389－396，2011

［31］川上真. 迅速な避難の実現に向けて：受け身の避難から自発的な避難へ、住民の意識改革（特集 ソフト防災：災害時の安全確保）［J］. 土木學會誌，97（6），25－28，2012-06-15

［32］前田愛. 防災先進県・和歌山の取り組み（上）避難場所に「安全レベル」導入：住民の自主的な高台避難を促す［J］. 地方行政，（10277），14－17，2011-12-15

［33］Yiquan Song，Jianhua Gong，Yi Li. Crowd evacuation simulation for bioterrorism in micro-spatial environments based on virtual geographic environments. Safety Science，Volume 53，March 2013，Pages 105－113

［34］Thiago Tinoco Pires. An approach for modeling human cognitive behavior in evacuation models. Fire Safety Journal，Volume 40，Issue 2，March 2005，Pages 177－189

［35］J. Izquierdo，I. Montalvo，R. Pérez，V. S. Fuertes. Forecasting pedestrian evacuation times by using swarm intelligence. Physica A：Statistical Mechanics and its Applications，Volume 388，Issue 7，1 April 2009，Pages 1213－1220

［36］W. K. Chow. 'Waiting time' for evacuation in crowded areas. Building and Environ-

住区避难圈

ment,Volume 42,Issue 10,October 2007,Pages 3757 - 3761

[37] Paraskevi S. Georgiadou,Ioannis A. Papazoglou,Chris T. Kiranoudis. Modeling e-mergency evacuation for major hazard industrial sites. Reliability Engineering & System Safety,Volume 92,Issue 10,October 2007,Pages 1388 - 1402

[38] João Coutinho-Rodrigues,Lino Tralhão,Luís Alçada-Almeida. Solving a location-routing problem with a multiobjective approach:the design of urban evacuation plans. Journal of Transport Geography,Volume 22,May 2012,Pages 206 - 218

[39] Alexander Stepanov,James MacGregor Smith. Multi-objective evacuation routing in transportation networks. European Journal of Operational Research,Volume 198,Issue 2,16 October 2009,Pages 435 - 446

[40] Thomas J. Cova,Justin P. Johnson. A network flow model for lane-based evacuation routing. Transportation Research Part A:Policy and Practice,Volume 37,Issue 7,August 2003,Pages 579 - 604

[41] 刘树坤.大兴安岭森林火灾中居民避难行动的调查[J].灾害学,1990(2):47 - 52

[42] 郭丹.基于主体建模方法的多分辨率城市人口紧急疏散仿真研究[D].武汉:华中科技大学,2010

[43] 苏幼坡.城市灾害避难系列讲座避难动机、避难选择与行动[J].现代职业安全,2008(9):74 - 75

[44] 梁威,何春阳,陈晋,等.灾害避难行为的模拟模型研究(Ⅲ)——双人单房情况的避难模拟[J].自然灾害学报,2004(1):61 - 65

[45] 袁启萌,翁文国.基于幸存者调查的高层建筑火灾疏散行为研究[J].中国安全科学学报,2012(10):41 - 46

[46] 张培红,尚融雪,姜泽民,等.大型商场人员疏散行为的调查和分析[J].东北大学学报(自然科学版),2011(3):439 - 442

[47] 黄希发,张磊,徐颖.足球比赛结果与预期差异较大时观众疏散行为调查研究[J].中国安全生产科学技术,2011(7):74 - 78

[48] 郭雪,何理,石杰红,等.地铁不同人群疏散行为特征调查问卷研究[J].中国安全生产科学技术,2012(4):183 - 188

[49] 郭丹,王厚华,郭勇.高层建筑人员疏散行动时间的预测[J].消防科学与技术,2006(5):642 - 645

[50] 张培红,陈宝智,卢兆明.人员应急疏散行动开始前的决策行为[J].东北大学学报,2005(2):179 - 182

[51] 刘博佳.浅析基于避难行为特点的城市广场设计[J].建筑,2011(6):65 - 66

[52] 简贤文.避难时群集步行速度之调查研究(Ⅱ)[R].台湾行政主管部门科学委员会专题研究计划成果报告,2001

[53] 廖明川.火灾时人类之心理与行为研究[J].警学丛刊,1984,14(03):41 - 47

[54] 李泳龙,何明锦,戴政安.震灾境况条件下影响居民避难行为因素之研究——永康市为

例[J].(台湾)建筑学报,2008(09):27-44

[55] 庄智雄.救灾圈域划设决策支持系统之研究[D].台中:朝阳科技大学,2000

[56] 户川喜久二.根据群众流观测避难设施之研究[R].建筑研究报告,1955

[57] 神忠久.群集的种类与步行速度[J].火灾,1983,33(1):8-12

[58] 奈良松范,大岛泰伸,渡部学.日本火灾学会论文集[C].1996,33(1-2):11-17

[59] 廖显侑.应用Simulex模拟震灾发生后民众避难时间之研究——以台中市西区为例[D].台中:朝阳科技大学,2009

[60] 何明锦,简贤文.都市空间大量人群避难行为基础研究[R].台北:内政主管部门建筑研究所,1999

[61] 何明锦,简贤文.都市空间大量人群避难行为模式之建构[R].台北:内政主管部门建筑研究所,2000

[62] 陈亮全,简贤文.大规模地震灾害短期避难所需求性及居民避难行为研究[C].地震灾害境况模拟研讨会论文集,2001

[63] 何明锦,江崇诚.建筑物利用实态与人员避难行动特性调查研究(一):以百货商场为例[R].台北:内政主管部门建筑研究所,1999

[64] 邱景祥,林元祥,简贤文.9·21集地震灾害人群避难行为解释模式之实证调查分析[C].地震灾害境况模拟研讨会论文集,2001

[65] 简贤文.都市空间大量人群避难行为模式之建构(三):以大型商业设施为对象[R].台北:内政主管部门建筑研究所,2001

[66] 何明锦.建筑物利用实态与人员避难行动特性调查研究:以百货商场为例[R].台北:内政主管部门建筑研究所,1999

[67] 简贤文.大规模地震灾害时人群群集避难步行速度之调查研究(I)[R].台北:行政主管部门科学委员会专题研究计划成果报告,2000

[68] 简贤文.避难时群集步行速度之调查研究(II)[R].台北:行政主管部门科学委员会专题研究计划成果报告,2001

[69] 李明勋.台北市大规模地震时商圈活动人员避难行为特性之研究:以迪化街商圈、西门町商圈、顶好SOGO商圈、信义商圈为例[D].新竹:中华大学,2003

[70] 简贤文.都市空间大量人群避难行为基础研究[J]."中央警察大学"灾害防救学报,2000(1),57-72

[71] 简贤文,许铭显,江崇诚,等.大规模地震灾害人群避难行为整合研究[R].台北:行政主管部门科学委员会研究报告,2001

[72] 龚亚伟.应急救灾物资车辆最优路径选择的研究与实现[D].武汉:武汉理工大学,2008

[73] 崛内三郎,水野弘之,深谷俊昭.避難經路選択の構造および二方向避難の必要条件の事例研究[J].火災,1977(12):2-8

[74] 室崎益揮,北後明彦,荒木一郎.地下街のスライド提示による一対比較データのサーストンの一次元尺度構成法を用いた分析:避難經路選択に関する実験的研究·その1[C].日本建築学会学術講演梗概集計画系58(環境工学)[C],1983:315-316

[75] 北後明彦.避難経路選択に関する実験的研究[C].日本建築学会論文報告集(339),1984:84-89

[76] 植田公明,佐賀武司等.避難経路としての街路空間に関する研究[C].日本建築学会大会学術講演梗概集,1987:215-216

[77] 林広明,室崎益輝,西垣太郎.避難経路の記憶に影響を与える建築的要因に関する研究[C].日本建築学会大会学術講演梗概集,1994:1527-1528

[78] 梶秀樹等.繁華街の避難安全性評価に関する研究:繁華街避難モデルの構築[C].地域安全学会論文報告集(3),1993:165-170

[79] 久保田勝明.避難経路選択時の向光性に関する研究- その4:オフィスビルにおける避難訓練時の検討(そのⅡ)[C].日本建築学会大会学術講演梗概集(A-2),1996:159-160

[80] 内山宜之.長距離避難地区の解消方策に関する基礎的研究[C].日本建築学会大会学術講演梗概集(D),1991:1305-1306

[81] 建部謙治,久野修司,上野淳.阪神大震災における避難路の被害状況と避難行動に関する研究[C].日本建築学会大会学術講演梗概集(F-1),1996:41-42

[82] 安東大介,金谷和博,片谷教孝.避難阻害要因の確率分布を考慮した避難モデル[C].地域安全学会論文報告集(8),1998:272-277

[83] 市川総子,阪田知彦,吉川徹.道路閉塞による避難経路の危険性を考慮した避難地の配置に関する研究[C].日本建築学会学術講演梗概集(F-1),2001:489-490

[84] 鄭軍植,吉村英祐.避難経路の選択法とネットワーク信頼度変化の関係について[C].日本建築学会学術講演梗概集(E-1),2008:827-828

[85] 老田智美,田中直人.肢体不自由者および視覚障害者による避難用エレベータを利用した避難経路検証実験:障害者交流施設におけるユニバーサルデザイン化に関する研究 その1(車いす避難,建築計画Ⅰ)[C].日本建築学会学術講演梗概集(E-1),2003:927-928

[86] Thomas J. Cova, Justin P. Johnson. A network flow model for lane-based evacuation routing [J]. Transportation Research Part A:Policy and Practice,2003,37(7):579-604

[87] Yongtaek Lim, Sungmo Rhee. An Efficient Dissimilar Path Searching Method for E-vacuation Routing[J]. KSCE Journal of Civil Engineering, 2010(1):61-67

[88] P. Lin,et al. On the use of multi-stage time-varying quickest time approach for optimization of evacuation planning[J]. Fire Safety Journal,2008,43(4): 282-290

[89] Casadesus Pursals, Federico Garriga Garzon. Optimal building evacuation time considering evacuation routes Salvador[J]. European Journal of Operational Research 192. 2009:692-699

[90] K. Park,M. Bell,I. Kaparias, K. Bogenberger. Learning user preferences of route choice behavior for adaptive route guidance[J]. IET Intell. Transp. Syst.,1,2007

（2）：159－166

[91] A Rahman, A. K. Mahmood, and E. Schneider. Using agent-based simulation of human behavior to reduce evacuation time：Proceedings of the 11th Pacific Rim International Conference on Multi-Agents：Intelligent Agents and Multi-Agent Systems, December 15,2008[C]. Berlin：Springer,2008：357－369

[92] Ishimoto Y., Kobayashi H., Hashimoto S.. Multi-agent simulation of civilian's evacuation：WMSCI 2007：11TH WORLD MULTI-CONFERENCE ON SYSTEMICS, CYBERNETICS AND INFORMATICS, Orlando, July 8－11, 2007[C]. Florida：IIIS, 2007：51－54

[93] N. -J. Shih et al. A virtual-reality-based feasibility study of evacuation time compared to the traditional calculation method [J]. Fire Safety Journal,2000,34(4)：377－391

[94] Debra F. Laefer, M. ASCE; and Anu R. Pradhan. Evacuation Route Selection Based on Tree-Based Hazards Using Light Detection and Ranging and GIS[J]. Journal of Transportation Engineering, 2006,132(4)：312－320

[95] Ferranti E, Trigoni N.. Robot-assisted discovery of evacuation routes in emergency scenarios：2008 IEEE INTERNATIONAL CONFERENCE ON ROBOTICS AND AUTOMATION, Pasadena, May 19－23,2008 [C]. New York：IEEE, 2008：2824－2830.[96] 张恒维.以多属性决策选择都市最适避难路径之研究[D]. 台中：逢甲大学,2007

[97] 陈亮全,詹士梁,洪鸿智.都会地区震灾紧急路网评估方法之研究[J]. 都市与计划, 2003,31(1)：47－64

[98] 严国基.灾害疏散紧急路网信赖度评估与重建之研究[D]. 台北："国防大学",2005

[99] 侯鹏曦.防震灾存活路网设计模型[D]. 新竹：交通大学,2006

[100] 萧素月.地震灾害避难疏散最适路径之研究——以南投都市计划区范围为例[D]. 台北：台湾大学,2003：2

[101] 萧素月.地震灾害避难疏散最适路径之研究：以南投都市计划区范围为例[D]. 台北：台湾大学,2003：83

[102] 张明辉.地震灾害发生时避难路径选择与其效能分析之研究——以台北市万华区西藏路、西藏路125巷、万大路、万大路237巷所围成之街廓为例[D]. 台北：台湾科技大学,2005

[103] 魏航,魏洁.随机时变网络下的应急路径选择研究[J]. 系统工程学报,2009(2)：99－103

[104] 卢茜.地震灾害应急物流系统中公路运输路径选择的研究[D]. 北京：北京交通大学,2009

[105] 贺振欢,杨肇夏,承向军,等.ATIS混合诱导模式下出行者路径选择仿真研究[J]. 系统仿真学报,2009,21(22)：7334－7341

[106] 干宏程.VM S诱导信息影响下的路径选择行为分析[J]. 系统工程,2008(03)：11－16

住区避难圈

[107] 闫乃帅,曹凯.出行信息诱导下的路径选择行为模型[J].农业装备与车辆工程,2009 (07):15-18

[108] 景玲.城市动态路径诱导系统框架及最优路径选择算法研究[D].重庆:重庆大学,2002

[109] 刘艳红.交通信息作用下的驾驶员路径选择行为研究[D].重庆:西南交通大学,2009

[110] 许娟,邵春福,线凯.信息和诱导对驾驶员径路选择行为的影响研究[J].内蒙古科技与经济,2004(11):53-55

[111] 王宏仕,许强.基于驾驶员偏好的最优路径选择方法[J].交通标准化,2008(12):176-179

[112] 杨群,关伟,张国伍.基于合理多路径的路径选择方法的研究[J].管理工程学报,2002 (04):42-45

[113] 高峰,王明哲.面向决策过程的动态路径选择模型[J].交通运输系统工程与信息,2009,9(05):96-102

[114] 夏冰,张佐,张毅,等.基于多智能体系统的动态路径选择算法研究[J].公路交通科技,2003,20(01):93-96

[115] 张毅华,郑长江,丁金学.基于蚂蚁寻径原理的最优路径选择算法[J].系统工程,2008,26(07):108-111

[116] 张文洁,邓卫.基于蚁群算法的动态路径选择问题[J].交通科技与经济,2009(01):51-53

[117] 陈京荣,俞建宁,李引珍.基于蚁群算法的多属性路径选择模型[J].系统工程,2009,27 (05):30-34

[118] 李祚泳,钟俊,彭荔红.基于蚁群算法的两地之间的最佳路径选择[J].系统工程,2004,22(07):88-92

[119] 陈艳.基于蚁群算法的最优路径选择研究[D].北京:北京交通大学,2007

[120] 王希伟,李铁柱.基于改进蚁群算法的车辆路径选择研究[J].佛山科学技术学院学报(自然科学版),2009,27(5):9-13

[121] 刘经宇,方彦军.蚁群算法在城市交通路径选择中的应用[J].西南交通大学学报,2009 (06):912-917

[122] 郑向瑜.改进的蚁群算法在移动 Agent 路径选择中的应用研究[D].无锡:江南大学,2009

[123] 李博文,余博,杨晓明.基于模糊神经网络的应急物流最优路径选择[J].物流技术,2009,28(12):162-164

[124] 孙燕,孙峥.基于混沌神经网络的最优路径选择算法[J].公路交通科技,2008(04):117-121

[125] 韩中华,吴成东,杨丽英,等.基于并行遗传神经网络算法的动态路径选择方法[J].微计算机信息,2005,21(12-2):166-168

[126] 胡春斌,安实,王健.基于模糊逻辑的路径选择模型[J].城市交通,2009,7(05):91-96

[127] 王秋平,焦宝.基于灰色模糊综合评判的最优路径选择[J].交通科技与经济,2010
(01):57-68

[128] 李丹丹.基于不确定偏好模糊决策的路径选择模型与算法[D].广州:暨南大学,2006

[129] 赵凛,张星臣.基于"前景理论"的先验信息下出行者路径选择模型[J].交通运输系统
工程与信息,2006(02):42-46

[130] 范文博,李志,蒋葛夫.基于参考依赖法的出行者日常路径选择行为建模[J].交通运输
工程学报,2009(01):96-108

[131] 刘建,邓云峰,宋存义.基于地理信息系统(GIS)的应急调度中最佳路径的一种选择方
法[J].中国安全科学学报,2006(04):9-12

[132] 傅小娇.城市防灾疏散通道的规划原则及程序初探[J].城市建筑,2006(10):90-92

[133] 室崎益辉.建築防災、安全.東京:鹿島出版會,1993:42-44

[134] 苏幼坡.城市灾害避难与避难疏散场所[M].北京:中国科学技术出版社,2006:1-61

[135] 宫建.奥运应急交通疏散路径选择模型研究[D].北京:北京工业大学,2007

[136] 黄隆飞,宋瑞,郑锂.大容量客车疏散路径模型选择[J].交通信息与安全,2009(05):
85-89

[137] 刘杨,云美萍,彭国雄.应急车辆出行前救援路径选择的多目标规划模型[J].公路交通
科技,2009(08):135-139

[138] 龚亚伟.应急救灾物资车辆最优路径选择的研究与实现[D].武汉:武汉理工大
学,2008

[139] 白永秀,周溪召.应急物资配送路径选择问题的研究[J].物流技术,2009,28(3):
88-91

[140] 刘丽霞,杨骅飞.突发事件等复杂情形下的交通路径选择问题[J].北京联合大学学报
(自然科学版),2004,18(03):68-71

[141] 刘万锋,刘伟.突发事件下的城市交通疏运路径选择模型[J].上海海事大学学报,
2009,30(03):46-53

[142] 范珉,余承华,田苗苗.基于空间网络的公共场所应急疏散路径选择[J].消防科学与技
术,2009(08):573-576

[143] 袁媛,汪定伟.灾害扩散实时影响下的应急疏散路径选择模型[J].系统仿真学报,
2008,20(6):1563-1566

[144] 蔡绰芳.从九二一震灾探讨都市防灾避难据点之规划建置[C].都市防灾及山坡地灾
害防制研讨会论文集,2003:5-17

[145] 苏幼坡.城市灾害避难与避难疏散场所[M].北京:中国科学技术出版社,2006:10-12

[146] 王东明,黄宝森,李永佳,等.应急避难场所的规划建设——基于玉树地震调查数据的
研究[J].自然灾害学报,2012(01):66-70

[147] "内政部".都市计划定期通盘检讨实施办法[S].台北,2002

[148] 何明锦.都市计划防灾规划手册汇编[R].台北:台湾内政主管部门建筑研究所,
2000:58

[149] 周天颖,简甫任.紧急避难场所区位决策支持系统建立之研究[J].水土保持研究,2001 (01):17-24

[150] 陈志芬.城市应急避难场所选址规划模型与应用[M].北京:气象出版社,2011

[151] 陈志芬,顾林生,陈晋,等.城市应急避难场所层次布局研究(Ⅰ)——层次性分析[J]. 自然灾害学报,2010(03):151-155

[152] 陈志芬,李强,陈晋.城市应急避难场所层次布局研究(Ⅱ)——三级层次选址模型[J]. 自然灾害学报,2010(05):13-19

[153] 李刚,等.基于加权 Voronoi 图的城市地震应急避难场所责任区的划分[J].建筑科 学,2006(6):55-59

[154] 刘强,阮雪景,付碧宏.特大地震灾害应急避难场所选址原则与模型研究[J].中国海洋 大学学报,2010(08):129-135

[155] 吴健宏,翁文国.应急避难场所的选址决策支持系统[J].清华大学学报(自然科学版), 2011(05):632-636

[156] 周亚飞,刘茂,王丽.基于多目标规划的城市避难场所选址研究[J].安全与环境学报, 2010(03):205-209

[157] 徐波,关贤军,尤建新.城市防灾避难空间优化模型[J].土木工程学报,2008(01): 93-98

[158] 徐礼鹏,刘启蒙,孙娇娇.基于 GIS 的安庆市应急避难场所空间布局特征分析与优化 [J].测绘与空间地理信息,2012(02):151-155

[159] 马浩然,冯启民.基于遗传算法的城市避震疏散优化模型研究[J].中国海洋大学学报, 2009(6):1301-1304

[160] 徐伟,冈田宪夫,徐小黎,等.基于营养系统的灾害避难所规划的概念模型[J].灾害学, 2008(04):59-65

[161] 阪田弘一,柏原士郎,吉村英祐[他],横田隆司.阪神・淡路大震災における避難所の 圏域構造に関する研究:神戸市灘区の避難所を対象として[C].日本建築学会計画 系論文集(501),131-138,1997-11-30

[162] 横田隆司,柏原士郎,森田孝夫,吉村英祐,阪田弘一,辻勝治.神戸市灘区における避 難所の圏域と避難者の退所先について:阪神・淡路大震災における避難所の研究 [C].学術講演梗概集.E-1,建築計画Ⅰ,各種建物・地域施設,設計方法,構法計画, 人間工学,計画基礎 1996,659-660,1996-07-30

[163] 横田隆司,柏原士郎,森田孝夫,吉村英祐,阪田弘一,辻勝治.避難者の家族構成から みた神戸市灘区の避難所の圏域構造について:兵庫県南部地震における避難所の 圏域構造に関する研究(3)(建築計画)[R].日本建築学会近畿支部研究報告集.計 画系(36),413-416,1996-07-03

[164] 阪田弘一,柏原士郎,森田孝夫,吉村英祐,井ノ本亘,城幸弘,辻勝治,永江功治.阪神 大震災における避難所の圏域構造について(1):神戸市灘区における場合[C].学術 講演梗概集.E-1,建築計画Ⅰ,各種建物・地域施設,設計方法,構法計画,人間工学,

計画基礎 1995,185 - 186,1995-07-20

[165] 冨田光則,森田孝夫,八木大志,柏原士郎,吉村英祐,阪田弘一.阪神大震災における
避難所の圏域構造について(2):神戸市長田区のT地区における場合[C].学術講演
梗概集.E-1,建築計画Ⅰ,各種建物・地域施設,設計方法,構法計画,人間工学,計画
基礎 1995,187 - 188,1995-07-20

[166] 八木大志,森田孝夫,冨田光則,柏原士郎,吉村英祐,阪田弘一.阪神大震災における
避難所の圏域構造について(3):神戸市長田区のM地区における場合[C].学術講演
梗概集.E-1,建築計画Ⅰ,各種建物・地域施設,設計方法,構法計画,人間工学,計画
基礎 1995,189 - 190,1995-07-20

[167] 吉村英祐,柏原士郎,森田孝夫,阪田弘一,井ノ本亘,城幸弘,辻勝治,永江功治.兵庫
県南部地震における避難所の圏域構造に関する研究(1):神戸市灘区における場合
(建築計画)[R].日本建築学会近畿支部研究報告集.計画系(35),401 - 404,1995-
06-13

[168] 冨田光則,森田孝夫,八木大志,柏原士郎,吉村英祐,阪田弘一.兵庫県南部地震にお
ける避難所の圏域構造に関する研究(2):神戸市長田区における場合(建築計画)
[R].日本建築学会近畿支部研究報告集.計画系(35),405 - 408,1995-06-13

[169] 苏幼坡.城市灾害与避难疏散场所[M].北京:科学出版社,2006

[170] 周天颖,简甫任.紧急避难场所区位决策支持系统建立之研究[J].水土保持研究,2001
(3):17 - 24

[171] 李刚,等.城市地震应急避难场所规划方法研究[J].北京工业大学学报,2006(10):
901 - 906

[172] 何淑华,等.城市地震应急疏散规划编制研究:以淄博市中心区地震应急疏散规划为
例[J].城市规划,2008(11):93 - 96

[173] 周晓猛,等.紧急避难场所优化布局理论研究[J].安全与环境学报,2006(7):118 - 121

[174] 東京都都市計画局防災計画部防災企画課.都市防災施設基本計画(抄)——防災生
活圏的形成——東京都[R],1981

[175] (日)三船康道.地域・地区防災手法[M].东京:株式会社,1995

[176] 谢政颖.防灾生活圈划设之研究:以台中市震灾为例[D].台中:逢甲大学,2012

[177] 涂佩菁.都市生活圈防灾规划原则之研究——以士林生活圈为例[D].台北:台北科技
大学,2011

[178] 曾一嵘.防灾生活圈规划之研究:以竹东镇为例[D].新竹:交通大学,2007

[179] (美)Dennis Coon.心理学导论——思想与行为的认识之路[M].郑钢,等,译.北京:中
国轻工业出版社,2004:14 - 15

[180] 张厚粲.行为主义心理学[M].杭州:浙江教育出版社,2003

[181] 张积家.普通心理学[M].广州:广东高等教育出版社,2004:33 - 35

[182] 张积家.普通心理学[M].广州:广东高等教育出版社,2004:37

[183] (美)John B,Best.认知心理学[M].黄希庭,译.北京:中国轻工业出版社,2000:

12 - 14

[184] 张积家. 普通心理学[M]. 广州:广东高等教育出版社,2004:432 - 444

[185] 张积家. 普通心理学[M]. 广州:广东高等教育出版社,2004:2 - 6

[186] 叶浩生. 西方心理学理论与流派[M]. 广州:广东高等教育出版社,2004:393 - 395

[187] 李英芹. 基于行为测量的煤矿人的不安全行为控制研究[D]. 西安:西安科技大学,2010:12 - 14

[188] 林玉莲,胡正凡. 环境心理学[M]. 北京:中国建筑工业出版社,2000:64 - 74

[189] (美)Dennis Coon. 心理学导论——思想与行为的认识之路[M]. 郑钢,等,译. 北京:中国轻工业出版社,2004:810

[190] (美)S. E. Taylor, L. A. Paplau, D. O. Sears. 社会心理学[M]. 谢晓非,谢冬梅,张怡玲,等,译. 北京:北京大学出版社,2004:176 - 178

[191] 于丹,董大海,刘瑞明,等. 理性行为理论及其拓展研究的现状与展望[J]. 心理科学进展,2008,16(5):796 - 802

[192] 孙岩,武春友. 环境行为理论研究评述[J]. 科研管理,2007(3):108 - 113

[193] 张文奎. 行为地理学研究的基本理论问题[J]. 地理科学,1990,10(2):159 - 166

[194] 柴彦威,颜亚宁,冈本耕平. 西方行为地理学的研究历程及最新进展[J]. 人文地理,2008(06):1 - 6

[195] 周天颖,简甫任. 紧急避难场所区位决策支持系统建立之研究[J]. 水土保持研究,2001(3):17 - 24

[196] 潘安平. 沿海农村台风灾害区"避难所"优化布局理论与实践研究:以浙江为例[M]. 北京:中国建筑工业出版社,2010:107 - 120

[197] 肖丹青. 认知地理学——以人为本的地理信息科学[M]. 北京:科学出版社,2013:57

[198] (美)雷金纳德·戈里奇,(澳)罗伯特·斯廷森. 空间行为的地理学[M]. 柴彦威,等,译. 北京:商务印书馆,2013:141 - 144

[199] 柴彦威,等. 城市地理学思想与方法[M]. 北京:科学出版社,2012:81 - 82

[200] 崔永霞. 灾难性恐慌心理研究及对其心理援助的思考[D]. 南京:南京师范大学,2010:26 - 27

[201] 林崇德,杨治良,黄希庭. 心理学大辞典(上)[M]. 上海:上海教育出版社,2003:695

[202] (美)丹尼斯·库恩(Dennis Coon),等. 心理学导论——思想与行为的认识之路(第11版)[M]. 郑钢,等,译. 北京:中国轻工业出版社,2008:571

[203] 易俗. 不同共情能力与群体恐慌情境对恐惧视频认知评价的影响[D]. 长沙:湖南师范大学,2013:7

[204] (日)柏原士郎,上野淳,森田孝夫. 阪神·淡路大震大震灾における避难所の避难所研究[M]. 大阪:大阪大学出版社,1998

[205] 肖江碧,等. 921集集震灾都市防灾调查研究报告总结报告[R]. 台湾内政主管部门建筑研究所,1999

[206] 侯玉波. 社会心理学[M]. 北京:北京大学出版社,2002:82 - 83

[207] （美）埃略特·阿伦森，提摩太·D·威尔逊，罗宾·M埃克特. 社会心理学（插图第7版）[M]. 侯玉波，等，译. 北京：世界图书出版社，2012：384-386

[208] （美）埃略特·阿伦森，提摩太·D·威尔逊，罗宾·M埃克特. 社会心理学（插图第7版）[M]. 侯玉波，等，译. 北京：世界图书出版社，2012：382-383

[209] 龚治国，魏玉. 西方经济学[M]. 北京：电子工业出版社，2009

[210] http://www.bjjtw.gov.cn/bmfw/jtzsjd/201104/t20110410_31417.htm

[211] （美）戴维·迈尔斯. 社会心理学（第8版）[M]. 侯玉波，乐国安，张智勇，译. 北京：人民邮电出版社，2006：153

[212] （美）埃略特·阿伦森，提摩太·D·威尔逊，罗宾·M埃克特. 社会心理学（插图第7版）[M]. 侯玉波，等，译. 北京：世界图书出版社，2012：254-268

[213] 孙科炎，李婧. 行为心理学[M]. 北京：中国电力出版社，2012：150-152

[214] （美）戴维·迈尔斯. 社会心理学（第8版）[M]. 侯玉波，乐国安，张智勇，译. 北京：人民邮电出版社，2006：172-173

[215] 孙科炎，李婧. 行为心理学[M]. 北京：中国电力出版社，2012：174

[216] 张积家. 普通心理学[M]. 广州：广东高等教育出版社，2004：534

[217] 孙科炎，李婧. 行为心理学[M]. 北京：中国电力出版社，2012：28-30

[218] 郑莘，林琳. 1990年以来国内城市形态研究述评[J]. 城市规划，2002(07)：59-64

[219] 罗名海. 武汉市城市空间形态的测度评价[J]. 新建筑，2005(01)：24-27

[220] 林炳耀. 城市空间形态的计量方法及其评价[J]. 城市规划汇刊，1998(03)：42-45

[221] 姚顺彬. 林地落界图斑的形状指数与地类属性应用技术研究——以江西省黄宜县为例[J]. 林业资源管理，2013(01)：91-94

[222] 卢思佳. 1990年以来中国城市空间形态的变化特征及影响因素分析[M]//规划创新：2010中国城市规划年会论文集，2010：1-11

[223] 刘灿然，陈灵芝. 北京地区植被景观中斑块形状的指数分析[J]. 生态学报，2000(04)：559-567

[224] 张治清，贾敦新，邓仕虎，等. 城市空间形态与特征的定量分析——以重庆市主城区为例[J]. 地球信息科学学报，2013(02)：297-306

[225] 王平，卢珊，杨桃，等. 地理图形信息分析方法及其在土地利用研究中的应用[J]. 东北师范大学学报（自然科学版），2002(01)：93-99

[226] 刘学录，董旺远，林慧龙. 景观要素的形状指数与形状特征的关系[J]. 甘肃科学学报，2000(03)：17-20

[227] 毛亮，李满春，刘永学. 一种基于面积紧凑度的二维空间形状指数及其应用[J]. 地理与地理信息科学，2005(05)：11-14

[228] 赵景柱，宋瑜，石龙宇，等. 城市空间形态紧凑度模型构建方法研究[J]. 生态学报，2011,31(21)：6339-6343

[229] 太田裕，镜味洋史，陈宏德. 探讨地震避难场所的部署计划[J]. 国际地震动态，1982(01)：16-20

后 记

　　本书撰写的初衷是希望对我国城市避难场所规划建设中出现的一系列新问题,遴选出具有理论价值和现实意义的方向,通过现状剖析人的避难行为与避难空间的关系,总结出其行为特征和空间特征,基本建构住区避难圈的空间布局模式,为未来的避难场所规划建设提供相应的依据和参照。本书的形成过程,其实是一个重新学习、重新认识的过程,提升了我对于避难行为与城市空间关系的既有认识,是对住区避难问题展开了一次尝试性的探索。

　　从2010年起,国家自然科学基金委员会给予立项的科研基金课题,多年来支持我完成这项基础性研究工作,在此表示感谢。

　　在研究过程中,得到了众多师长、同学以及亲朋好友的帮助与关怀,在此要对他们表示由衷的感谢。首先需要感谢的是导师戴慎志教授,他是我开展城市防灾研究的引路人,多年来的悉心培养与指导,使我获益良多。其次,需要感谢诸位师长,包括赵民教授、彭震伟教授、夏南凯教授、耿慧志教授、张冠增教授、耿宏教授、黄吉铭院长、孙斌栋教授、黄建中副研究员等。

　　然后,要感谢高晓昱老师、张瀚卿师兄、毛媛媛师姐、刘婷婷、陈鸿、赫磊、唐建辉、张谊、冯浩、张小勇、其布日、郭曜、陈敏、王树声、彭浩、郁璐霞、邹家唱、修林涛、王筱双、阎晶晶、曹凯等同窗。

　　同时,还要感谢我的学生们,在现场调研和统计分析等方面,提供了很多帮助,他们是胡晓晗、程哲、石磊、唐尧峰、陈少丹、黄亚蕾、杨梦凡、郑文雅、边懿、陈森等。

　　感谢刘杨博士,在我们的一次次讨论中,给了我诸多的启发和帮助。

　　感谢我的爱人苟爱萍博士,是她的不断鼓励,我才得以突破难关;我们的经常讨论,也给了我诸多的灵感和火花。

　　感谢我的父母和岳父母,是他们承担了繁重的家务,使我得以有时间从事研究工作。

　　感谢所有帮助过我的人,是他们的支持,才使我得以完成此课题的研究,并在这个领域中不断前行,在此表示衷心的谢意。

　　最后,由于种种主客观原因和作者水平有限,不免遗有漏错及主观片面之处,恳请学界前辈和同仁不吝赐教。

王江波

2015 年夏于亚青村

彩 图

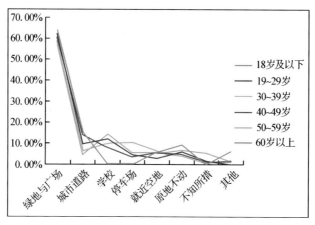

图 4-18 不同年龄组选择避难地点类型

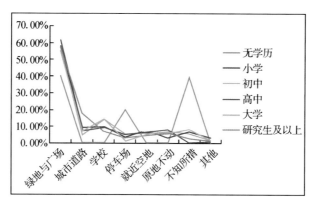

图 4-20 不同学历组选择避难地点类型

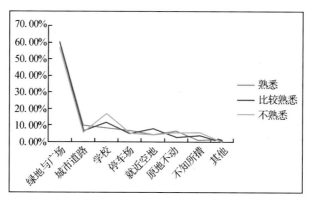

图 4-21 不同环境熟悉组选择避难地点类型

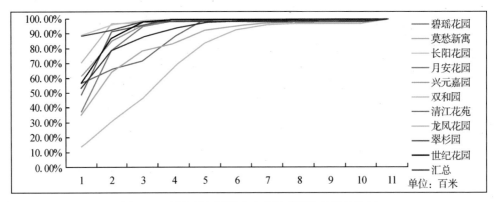

图 5-4 新小区各区间内实际避难距离的累计比例

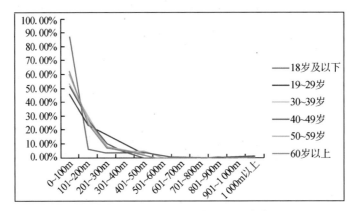

图 5-12 不同年龄组选择避难距离类型

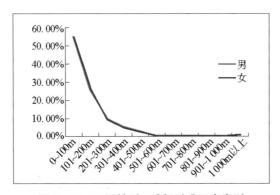

图 5-13 不同性别组选择避难距离类型

2

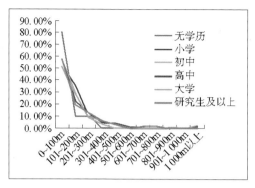

图 5-14 不同学历组选择避难距离类型

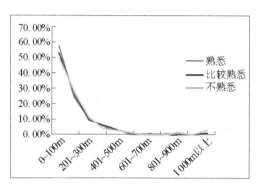

图 5-15 不同环境熟悉组选择避难距离类型

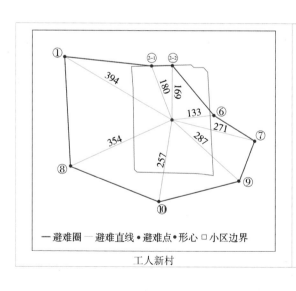

工人新村

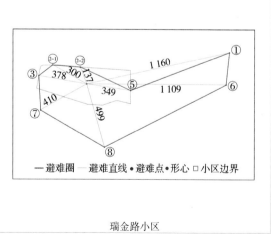

瑞金路小区

3

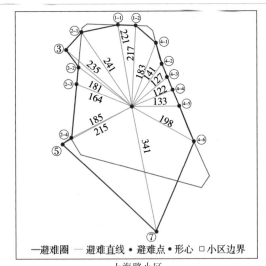

上海路小区

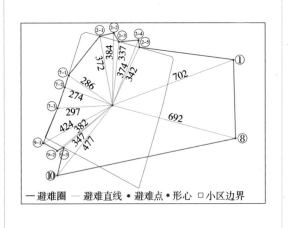

集庆门小区

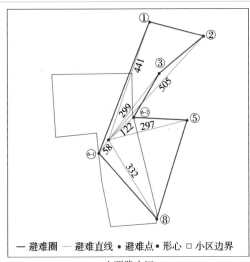

山西路小区

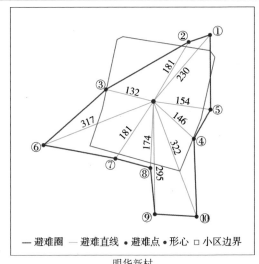

明华新村

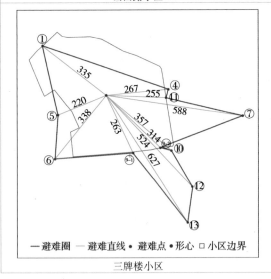

三牌楼小区

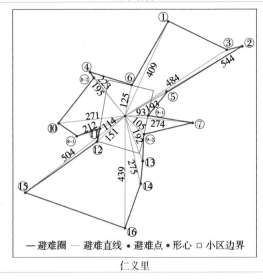

仁义里

图6-3 老小区避难圈的半径

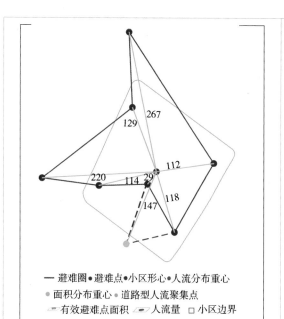

碧瑶花园

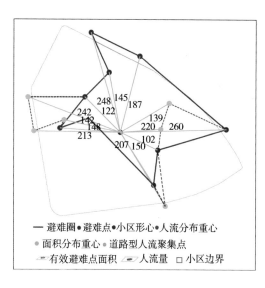

清江花苑

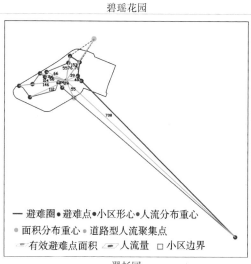

翠杉园

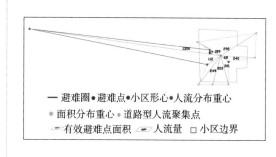

金陵世纪花园

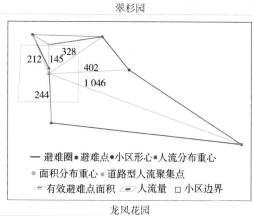

龙凤花园

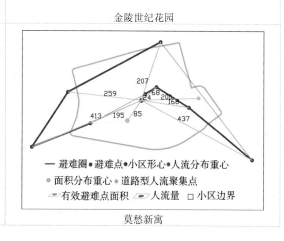

莫愁新寓

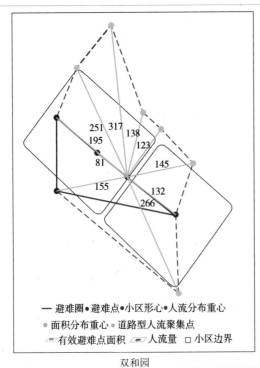

双和园

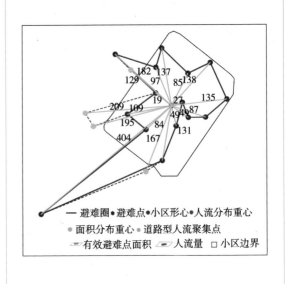

兴元嘉园

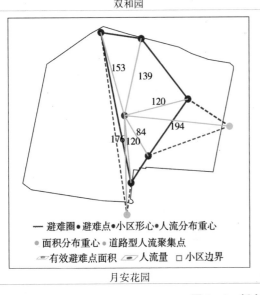

月安花园

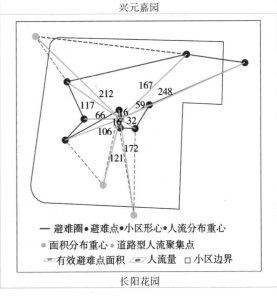

长阳花园

图 6-4 新小区避难圈的半径

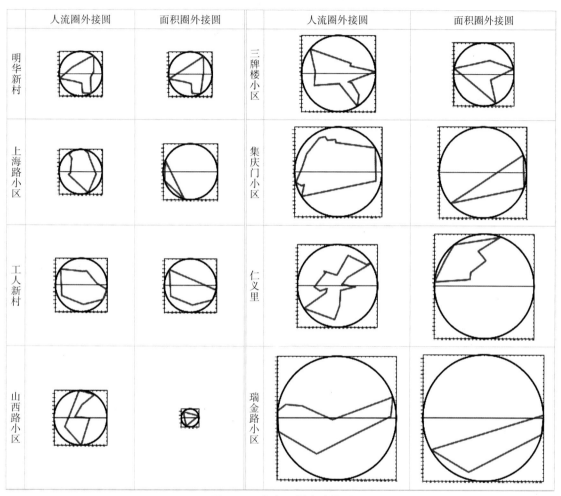

图 6-5 老小区最小外接圆

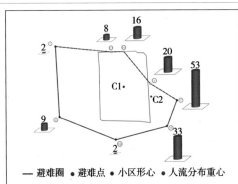

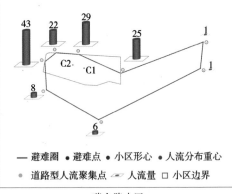

工人新村

瑞金路小区

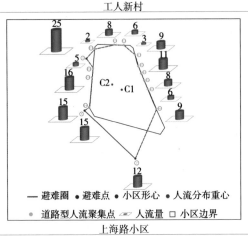

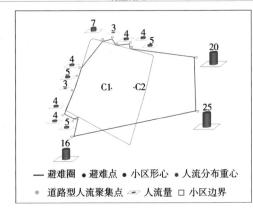

上海路小区

集庆门小区

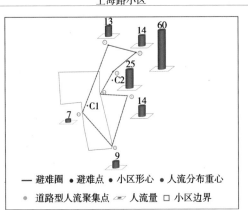

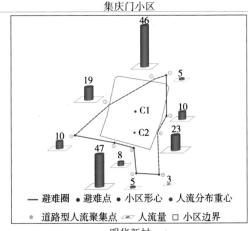

山西路小区

明华新村

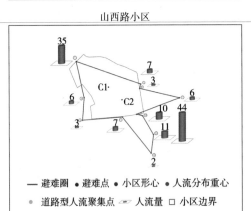

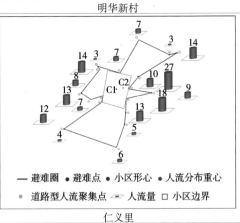

三牌楼小区

仁义里

图 6 - 7 老小区避难圈上的人流重心

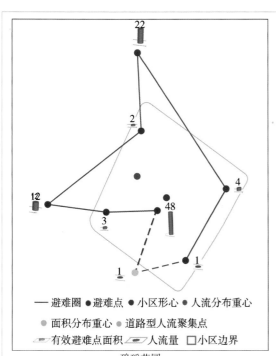

碧瑶花园

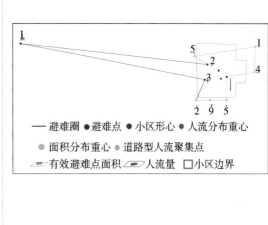

金陵世纪花园

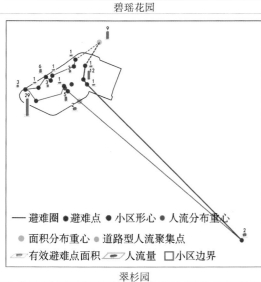

翠杉园

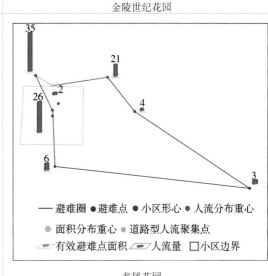

龙凤花园

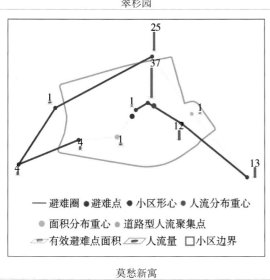

莫愁新寓

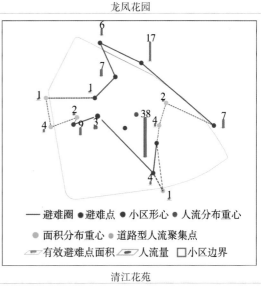

清江花苑

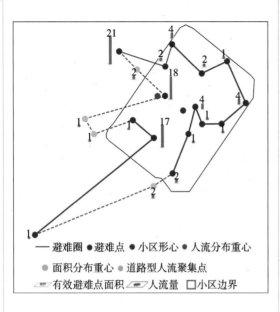

兴元嘉园

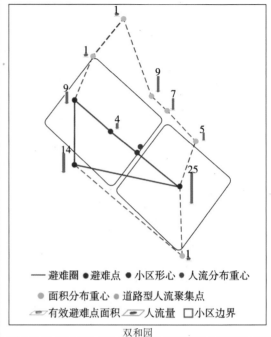

双和园

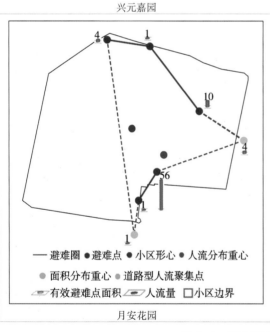

月安花园

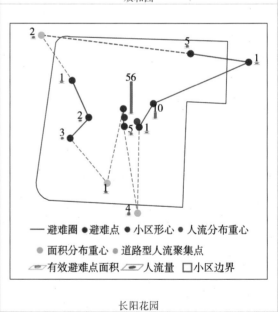

长阳花园

图 6-8 新小区避难圈上的人流重心

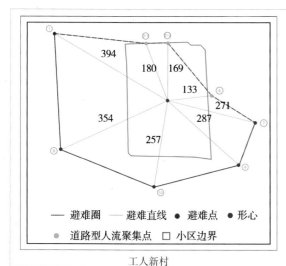

工人新村

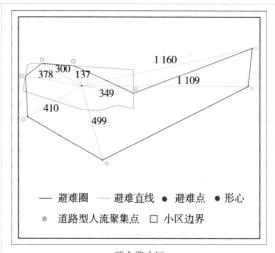

瑞金路小区

上海路小区

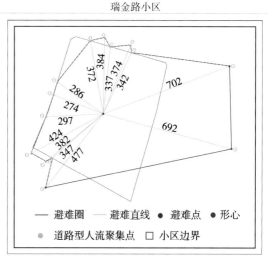

集庆门小区

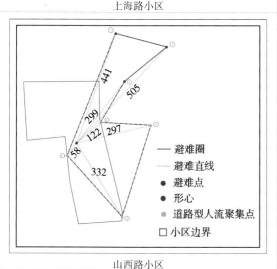

山西路小区

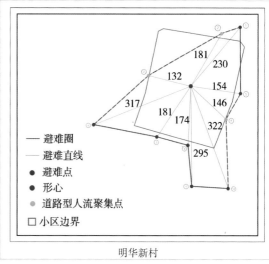

明华新村

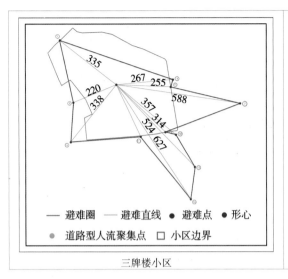

三牌楼小区

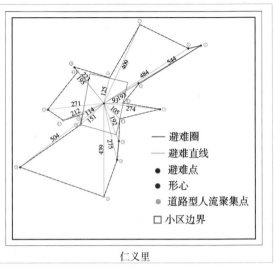

仁义里

图 6-9 老小区避难圈上的无效避难点

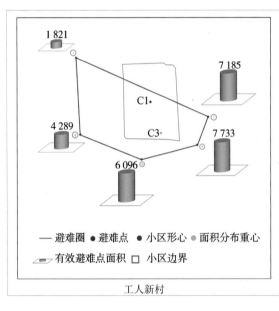

工人新村

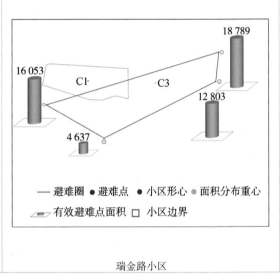

瑞金路小区

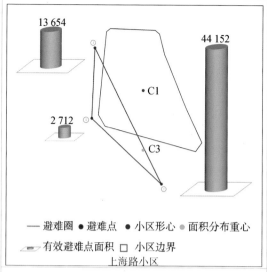

上海路小区

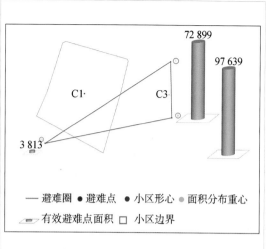

集庆门小区

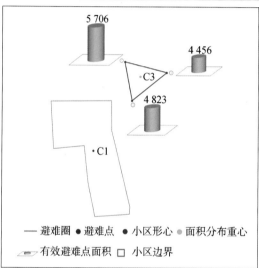

山西路小区

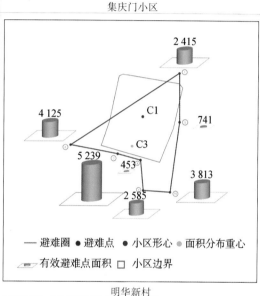

明华新村

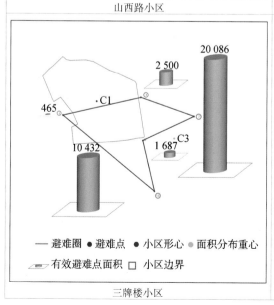

三牌楼小区

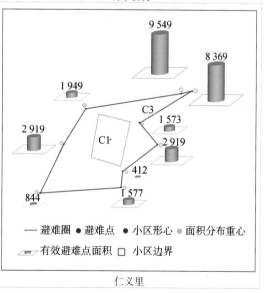

仁义里

图 6－10　老小区避难圈上的避难场所重心

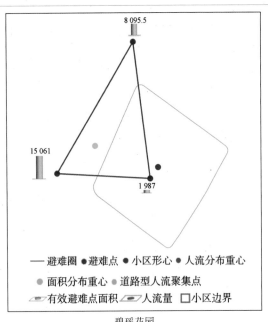

碧瑶花园

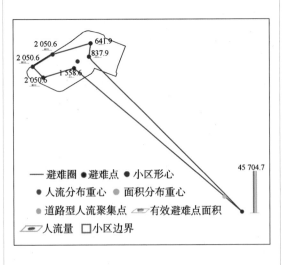

翠杉园

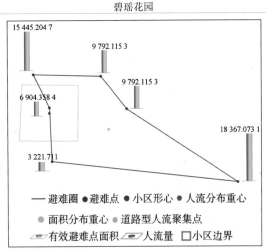

龙凤花园

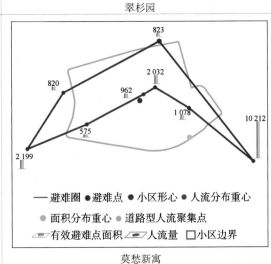

莫愁新寓

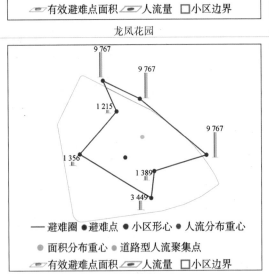

清江花苑

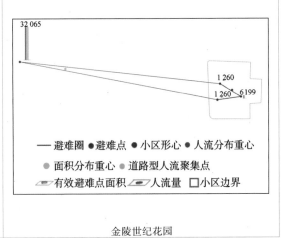

金陵世纪花园

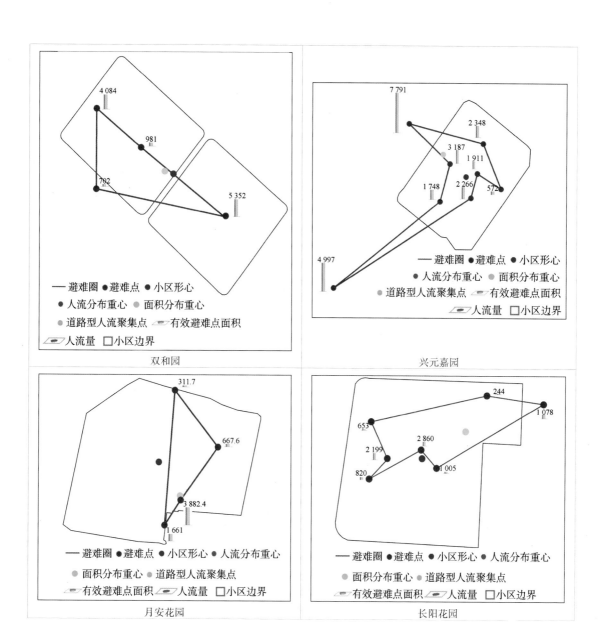

图 6-11 新小区避难圈各避难场所的面积重心

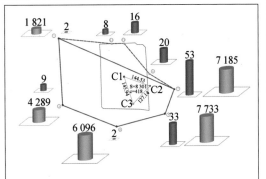

工人新村

瑞金路小区

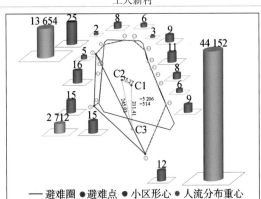

上海路小区

集庆门小区

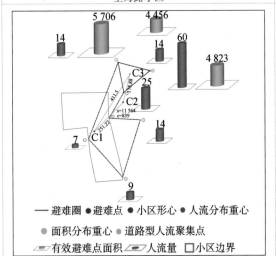

山西路小区

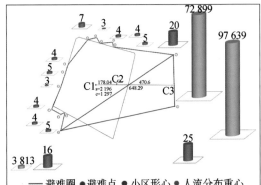

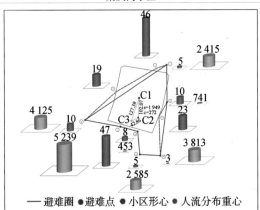

明华新村

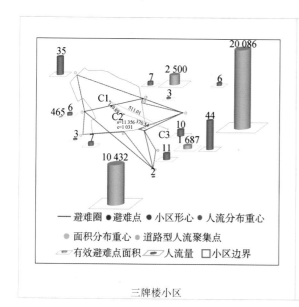

三牌楼小区

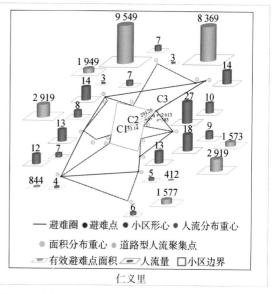

仁义里

图 6-12 老小区避难圈重心的偏离距离

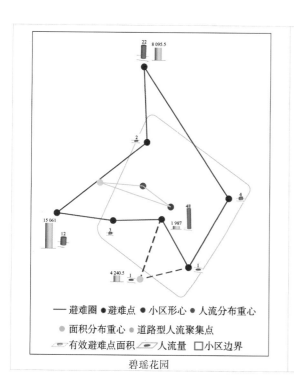

碧瑶花园

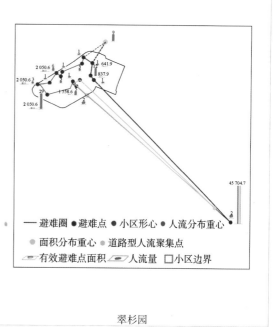

翠杉园

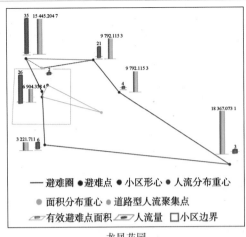

龙凤花园

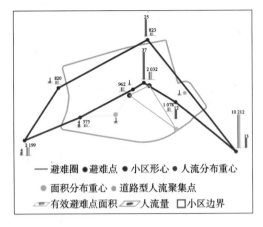

莫愁新寓

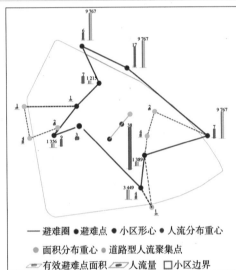

清江花苑

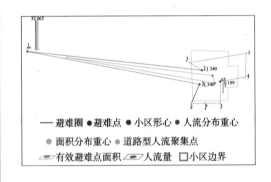

金陵世纪花园

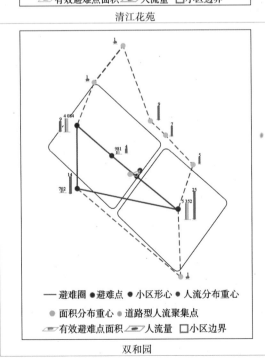

双和园

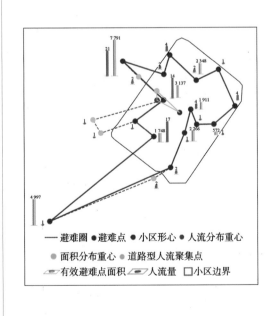

兴元嘉园

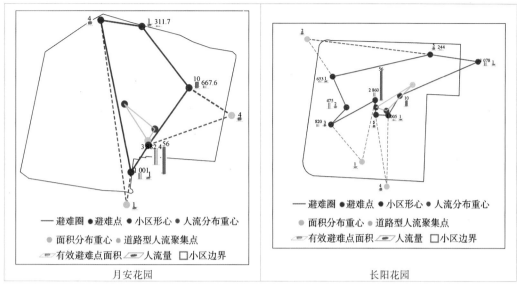

图 6-13 新小区避难圈重心的偏离距离

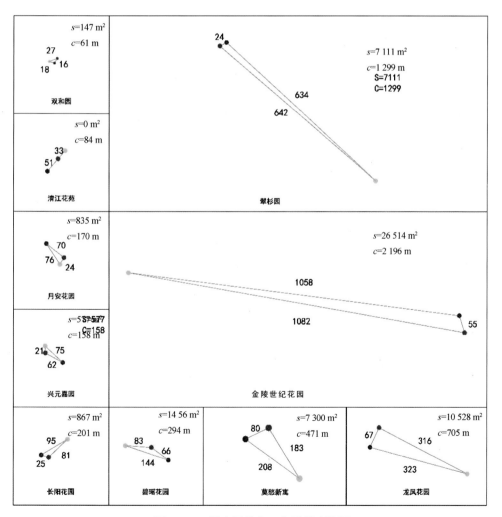

图 6-15 新小区偏心三角形基本数据

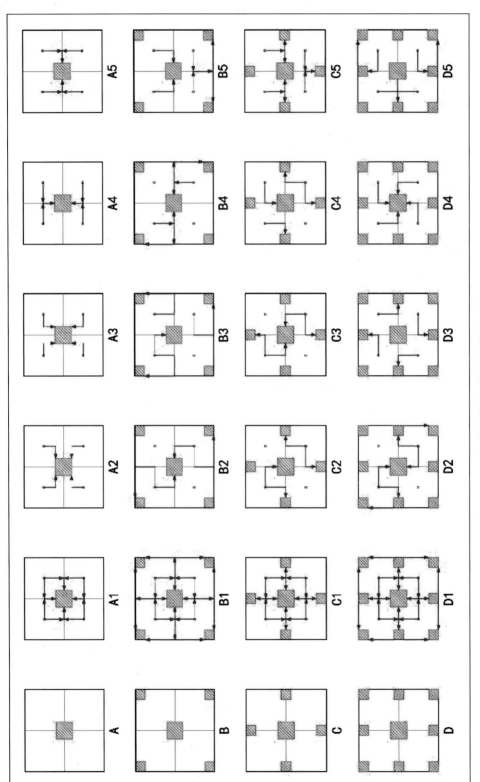

图 8-3　4 个基本模式图的路径模式示意图

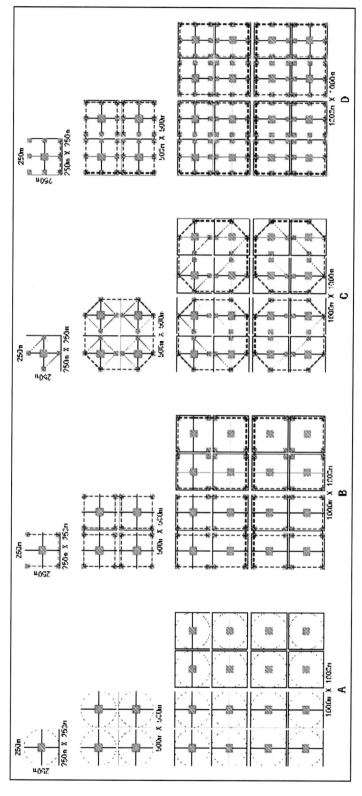

图 8-5　3 个层次不同避难场所布局模式示意图

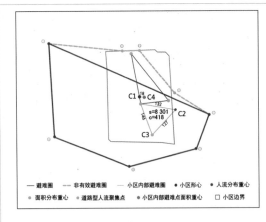

工人新村

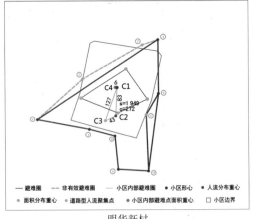

明华新村

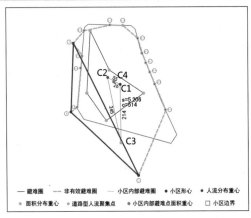

上海路小区

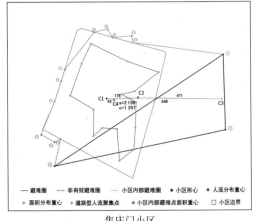

集庆门小区

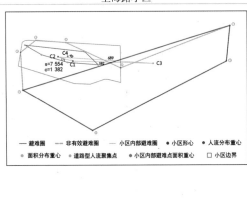

瑞金路小区

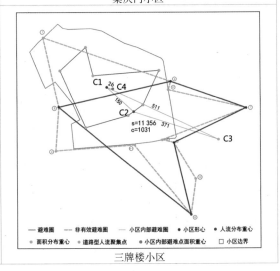

三牌楼小区

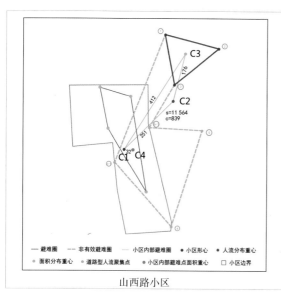

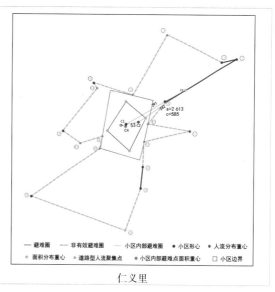

图 8‑11　老小区优化前后避难场所布局指标比较

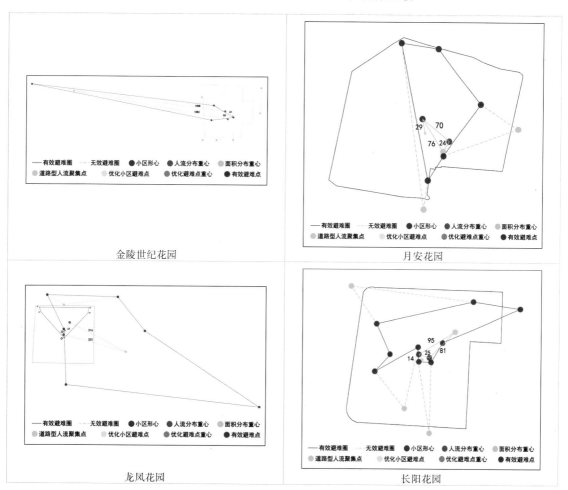

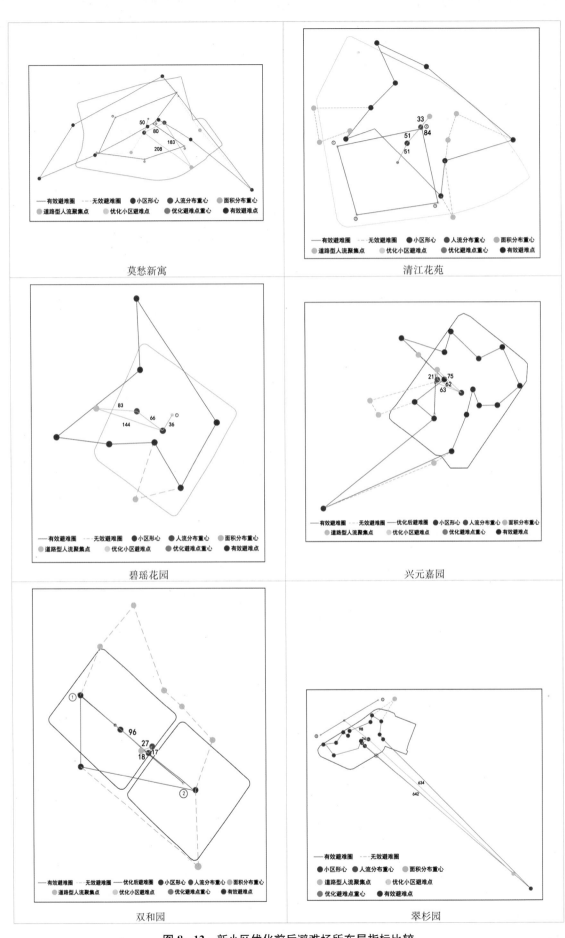

图 8-12　新小区优化前后避难场所布局指标比较